ELEKTRISCHE
KRAFTÜBERTRAGUNG
UND
KRAFTVERTEILUNG

NACH AUSFÜHRUNGEN DURCH DIE

ALLGEMEINE ELEKTRICITÄTS-GESELLSCHAFT
BERLIN.

Bearbeitet von **C. Arldt,** Oberingenieur.

Dritte vervollständigte Ausgabe.

Zu beziehen durch
Julius Springer in Berlin N., Monbijouplatz 3.
1901.

ISBN-13 : 978-3-642-89503-6 e-ISBN-13 : 978-3-642-91359-4
DOI : 10.1007/978-3-642-91359-4

Inhalts-Verzeichnis.

	Seite
Inhalts-Verzeichnis	5
Einleitung	9

I. Wesen der elektrischen Kraftübertragung.

1. Allgemeines 13
   a) Erklärung der Kraftübertragung im allgemeinen 13
   b) Erzeugung der Elektricität 14
   c) Elektrische Kraftübertragung 21
   d) Elektrische Kraftverteilung 22
2. Gleichstrom 27
   a) Gleichstrom-Dynamomaschinen 27
   b) Die elektrische Leitung bei Gleichstrom 36
   c) Gleichstrommotoren 43
   d) Wirkungsgrad der Gleichstrom-Maschinen 45
3. Drehstrom 52
   a) Drehstrom-Dynamomaschinen 52
   b) Die elektrische Leitung bei Drehstrom . 72
   c) Drehstrommotoren 78
   d) Wirkungsgrad der Drehstrom-Maschinen 87

II. Arten der Kraftübertragung.

4. Vergleich zwischen elektrischen und mechanischen Uebertragungen . . . 93

Seite
5. Vergleichung von Kraftübertragungs-Systemen, betrieben durch Druckluft, Druckwasser, Dampf oder Elektricität in ihrer Verwendung für Hebezeuge 101
   a) Kohlenverbrauch 101
   b) Rückstrom bei elektrischem Betriebe . . 106
   c) Vergleichung der vier Systeme 111

III. Der Elektromotor als Antriebsmittel.
6. Allgemeines 119
7. Primärstationen . . . . . . , ... 121
   a) Anordnung der Primärstation 121
   b) Parallelschaltung von Gleichstrom-Dynamos 123
   c) Parallelschaltung von Drehstrom-Dynamos und Einfluss der Phasenverschiebung bei denselben 129
   d) Akkumulatoren 161
8. Kraftübertragung mit Gleichstrom . 166
   a) Verwendung von Hauptstrommotoren . . 166
   b) Verwendung von Nebenschlussmotoren 168
   c) Anlassvorrichtungen 170
9. Kraftübertragung mit Drehstrom . . 179
   a) Transformatoren 182
   b) Anlassvorrichtungen 188
   c) Drehstrom-Gleichstrom-Umformer . . . 199
10. Verbindung des Elektromotors mit der anzutreibenden Maschine 208

IV. Elektrisch betriebene Maschinen und Apparate.
11. Elektrisch betriebene Ventilatoren . 225
   a) Elektrisch betriebene Schraubenrad-Ventilatoren 225
   b) Elektrisch betriebene Schleuderrad-Ventilatoren 228

	Seite
12. Elektrisch betriebene Pumpen	230
a) Elektrisch betriebene Kreiselpumpen	230
b) Elektrisch betriebene Kolbenpumpen	233
c) Selbstthätig regulierende Pumpen	237
13. Elektrisch betriebene Aufzüge	239
a) Anordnung elektrisch betriebener Aufzüge	239
b) Vergleich elektrisch und hydraulisch betriebener Aufzüge	242
14. Elektrisch betriebene Laufkrane	244
15. Elektrisch betriebene Drehkrane	252
16. Elektrisch betriebene Schiebebühnen und Drehscheiben	261
17. Elektrisch betriebene Bohrmaschinen	263
a) Elektrisch betriebene Schnell-Bohrmaschinen	263
b) Transportable elektrisch betriebene Bohrmaschinen	264
c) Elektrisch betriebene Radial-Bohrmaschine	267
18. Elektrisch betriebene Drehbänke, Hobelmaschinen und Fräsmaschinen	268
19. Elektrisch betriebene Giesserei-Maschinen	271
20. Elektrisch betriebene Holzbearbeitungsmaschinen	273
21. Elektrisch betriebene Webstühle und Hilfsmaschinen für Webereien	277
22. Elektrisch betriebene Maschinen für Bleichereien und Färbereien	284
23. Elektrisch betriebene Spinnereimaschinen	287
24. Elektrisch betriebene Maschinen für Buchdruckereien	290

	Seite
25. Elektrisch betriebene Poliermotoren	293
26. Elektrisch betriebene Centrifugen und Maschinen für Zuckerfabriken	295
27. Elektromotorischer Antrieb von landwirtschaftlichen Maschinen	301
28. Elektrisch betriebene Maschinen für Ziegeleien und Cementfabriken	306
29. Elektrisch betriebene Maschinen für Bergbau und Hüttenwesen	308
30. Elektrisch betriebene Maschinen für Schiffe	318
31. Elektrisch betriebene Rammen	326
32. Elektrisch betriebene Knetmaschinen für Konditoreien etc.	329
33. Elektrisch betriebene Eismaschinen	330
34. Elektrisch betriebene Bahnen und Lokomotiven	331

V. Maschinen-Tabellen.

35. Tabellen über Leistungen, Gewichte, Preise und Abmessungen von A. E. G.-Maschinen	338
36. Annähernde Angaben über Preise und Hauptabmessungen elektrischer Primärstationen bis 100 KW.	355

VI. Anhang.

37. Fragebogen	365
38. Elektrotechnische Masseinheiten	378
39. Alphabetisches Sachregister	379

Einleitung.

Mit der Erfindung des Glühlichtes beginnt das Zeitalter der Elektricität. In nie geahnter Schnelligkeit hat sich die elektrische Beleuchtung über die ganze Erde verbreitet, und zahlreiche Werke und Fabriken widmeten sich sofort diesem neuen, hoffnungsvollen Zweige der Technik.

So entstand die elektrotechnische Industrie, die zunächst die Herstellung von Maschinen und Apparaten für elektrische Beleuchtung, später auch solcher für Elektrochemie in das Gebiet ihrer Thätigkeit zog und sich binnen kurzer Zeit der Ausführung selbst der grossartigsten und umfangreichsten Anlagen gewachsen zeigte.

Bald aber trat noch eine neue Anwendung der Elektricität hinzu, welche schnell alle anderen Leistungen der Elektricität an Bedeutung überflügeln sollte, die elektrische Kraftübertragung. In sämtliche Gebiete des Maschinenbaues eingreifend, suchte sie eine immer innigere Verschmelzung der Elektrotechnik mit dem allgemeinen Maschinenbau herbeizuführen. Denn für eine richtige Anwendung der elektrischen Kraftübertragung sind nicht nur eingehende elektrotechnische Kenntnisse notwendig, es müssen vielmehr dem ausführenden Techniker auch die Eigenschaften und Anforderungen der zu betreibenden Maschinen genau bekannt sein. Es reichen also weder die besonderen Kenntnisse der Elektrotechnik, noch die Kenntnisse auf dem Gebiete des allgemeinen Maschinenbaues allein aus, sondern erst eine Verbindung beider ermöglicht die Erzielung wirklich befriedigender Ergebnisse.

Diese beiden Zweige der Technik in der für den Praktiker wünschenswerten Weise gemeinsam zu behandeln und besonders den auf dem Gebiete des allgemeinen Maschinenbaues sich bewegenden Techniker in der Anwendung der Maschinen und Apparate der A. E. G. zu unterweisen, soll der Zweck des vorliegenden Buches sein.

I.

Wesen der elektrischen Kraftübertragung.

1. Allgemeines.

a) Erklärung der Kraftübertragung im allgemeinen.

Die **Kraftübertragung** ist ein Vorgang, bei welchem die an der Erzeugungsstelle aufgenommene Kraft nach der Verbrauchsstelle überführt wird, um daselbst wieder abgegeben zu werden und Arbeit zu verrichten.

Demnach besteht jede Kraftübertragung aus drei Teilen, nämlich:

1. der Kraftaufnahme (Luftkompressor, Dynamo etc.),
2. der Kraftüberführung (Rohrleitung, Drahtleitung etc.),
3. der Kraftabgabe (Druckluftmotor, Elektromotor etc.).

Hierbei kann man entsprechend dem verwendeten Mittel fünf Gruppen von Kraftübertragungen unterscheiden.

Die erste Gruppe umfasst alle Kraftübertragungen mittels fester Körper, als Riemen oder Seile in Verbindung mit Transmissionswellen, Zahnrädern etc.

und findet fast ausschliesslich bei kleineren Entfernungen Verwendung.

In der zweiten Gruppe findet die Kraftübertragung mit Hilfe flüssiger Körper statt, wobei meist Wasser zur Anwendung kommt.

Das Uebertragungsmittel der dritten Gruppe bilden die dampfförmigen Körper, von denen hauptsächlich der Wasserdampf in Frage kommt.

In der vierten Gruppe sind luftförmige Körper, insbesondere die atmosphärische Luft, das Mittel der Kraftüberführung.

Das Kraftübertragungsmittel der fünften Gruppe endlich bildet die Elektricität.

Die zuerst genannte Gruppe erfordert für das Kraftübertragungsmittel keine besonderen Leitungen, während diese bei den Gruppen zwei bis fünf nicht zu umgehen sind.

Das jüngste der aufgeführten Uebertragungsmittel, die Elektricität, soll nun in ihrer Wirkungsweise einer genaueren Erörterung unterworfen werden.

Die Kraft aufnehmende, Strom erzeugende Maschine bei der elektrischen Kraftübertragung ist die Dynamomaschine, die Kraft abgebende, Strom verbrauchende der Elektromotor und das Verbindungsglied zwischen beiden die elektrische Leitung.

b) Erzeugung der Elektricität.

Die Erzeugung der Elektricität geschieht in der Dynamomaschine. Jede Dynamo besteht aus zwei Hauptteilen: den Feldmagneten und dem Anker.

Die ersteren werden von einem Eisenkörper gebildet, welcher aus den mit Erregerspulen versehenen Polen, im einfachsten Falle zwei, besteht. Zwischen letzteren bildet sich ein magnetisches Feld, das man sich aus magnetischen Kraftlinien zusammengesetzt denkt. Die Richtung dieses Feldes wird so angenommen, dass seine Kraftlinien vom Nordpol N nach dem Südpol S verlaufen (Fig. 1).

Der Anker enthält eine Anzahl Windungen aus isoliertem Kupferdraht und die nötigen Vorrichtungen zur Abnahme des elektrischen Stromes.

Es wird nun entweder der Anker in dem magnetischen Felde drehend bewegt oder das magnetische Feld im Anker.

Zunächst sei ein Anker aus nur einer Windung bestehend angenommen, der im Felde bewegt wird.

Für die stromerzeugende Dynamomaschine gelten dann folgende Fundamental-Sätze:

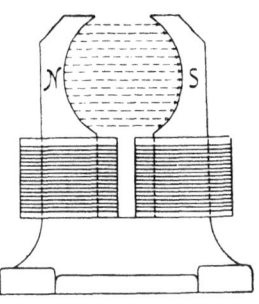

Fig. 1.

1. bei jeder Aenderung der Anzahl der durch die Windung des Ankers umschlossenen Kraftlinien (d. h. also wenn von der Windung Kraftlinien geschnitten werden) wird ihr eine elektromotorische Kraft von einer gewissen Spannung induziert.

2. Die Höhe der Spannung ändert sich dabei in gleichem Masse, wie die Anzahl der durch die Spule umschlossenen Kraftlinien schneller oder langsamer sich ändert. Also schnelle Abnahme oder Zunahme bedeutet hohe Spannung, langsame Abnahme oder Zunahme niedere Spannung.

3. Einer Abnahme der Kraftlinien entspricht eine Stromrichtung im Sinne des Uhrzeigers, wenn man die Windung in der Richtung der Kraftlinien vom Nordpol

nach dem Südpol betrachtet; einer Zunahme die entgegengesetzte Stromrichtung.

Wird also eine Windung W, (Fig. 2), in der durch einen Pfeil angegebenen Drehrichtung durch das Magnet-

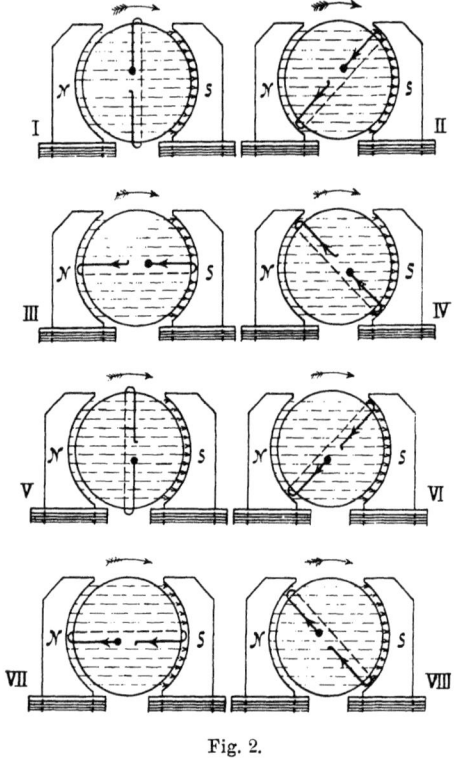

Fig. 2.

feld NS bewegt, so wird in ihr eine elektromotorische Kraft induziert, welche einen Strom in der eingezeichneten Richtung hervorzurufen im Stande ist.

In Stellung I (Fig. 2) ändert sich (bei kleinsten Stellungsänderungen) die Anzahl der durch die Windung gehenden Kraftlinien nicht; es wird also keine elektromotorische Kraft induziert.

In Stellung II nimmt die Kraftlinienzahl ab, es entsteht demnach eine solche Kraft und zwar von zunehmender Spannung.

In Stellung III findet die grösste Abnahme statt (Anzahl der Kraftlinien gleich Null); hier also höchste Spannung.

In Stellung IV nimmt die Kraftlinienzahl wieder zu, es findet also weiter Induktion statt. Da hier die Abnahme der Kraftlinien in eine Zunahme übergegangen

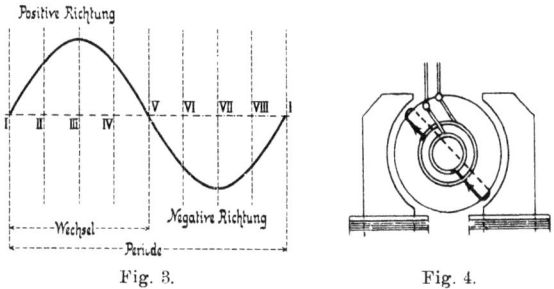

Fig. 3.   Fig. 4.

ist, müsste sich eigentlich die Stromrichtung ändern; es gehen aber auch gleichzeitig die Kraftlinien von Stellung III an in entgegengesetzter Richtung durch die Windung, demnach bleibt (nach Satz 3, S. 15) die Stromrichtung dieselbe.

In Stellung V wird, genau wie in Stellung I, keine elektromotorische Kraft induziert.

In Stellung VI findet eine Abnahme der Kraftlinien statt, daher erfolgt Induktion, und zwar, da Zunahme in Abnahme übergegangen ist, von entgegengesetzter Richtung, wie in Stellung IV.

Stellung VII und VIII entsprechen Stellung III und IV. Aus Stellung VIII gelangt die Windung nach Vollendung einer Umdrehung wieder nach I, worauf sich die geschilderten Vorgänge bei der nächsten Umdrehung wiederholen etc.

Den Verlauf der induzierten Ströme und Spannungen nach Grösse und Richtung, wie er während einer Umdrehung sich gestaltet, giebt Fig. 3.

Verbindet man nun eine solche Spule W mit zwei Metallringen, den **Schleifringen** (Fig. 4), die voneinander isoliert sind und sich mit drehen, so kann man von diesen mit Hülfe zweier feststehender, federnder Kontakte, der **Bürsten**, den Strom abnehmen, um ihn zur Arbeitsleistung weiter zu leiten. Der bisher beschriebene Strom, der bei jedem Durchgang durch einen Pol seine Richtung wechselt, heisst **Wechselstrom**.

Spannung und Stromstärke nehmen dabei einen Verlauf, wie er in Fig. 3 dargestellt ist. Die Zeit, innerhalb welcher die Spannung oder der Strom die Umwandlung von Null durch ein positives Maximum nach Null und weiter durch ein negatives Maximum wiederum zum Werte Null zurück einmal ausführt, heisst eine Periode. Die Zeit, welche gebraucht wird, um nur einmal von Null durch ein positives oder negatives Maximum gebend wieder auf Null zurückzukehren, heisst ein Wechsel. Es ist also eine Periode gleich zwei Wechseln.

Die A. E. G. verwendet in der Hauptsache Ströme mit 100 Wechseln in der Sekunde (gleich 50 Perioden oder einer Frequenz von 50 in der Sekunde).

Der weiter unten (S. 52) ausführlich besprochene **Drehstrom** ist eine Kombination von mehreren Wechselströmen und wird von der A. E. G. hauptsächlich deshalb dem einfachen Wechselstrom vorgezogen, weil der einfache Wechselstrommotor bisher noch nicht diejenige Vollkommenheit und Betriebssicherheit erlangt hat, wie sie der Drehstrommotor besitzt.

Verwendet man an Stelle der Schleifringe Segmente, angeordnet entsprechend Figur 5, so wechseln immer in Stellung I und V (Figur 2) die Bürsten die Segmente, also gerade in demjenigen Augenblick, in dem der Strom seine Richtung wechselt. Es wird hierdurch erreicht, dass, wenngleich der Strom in der Windung

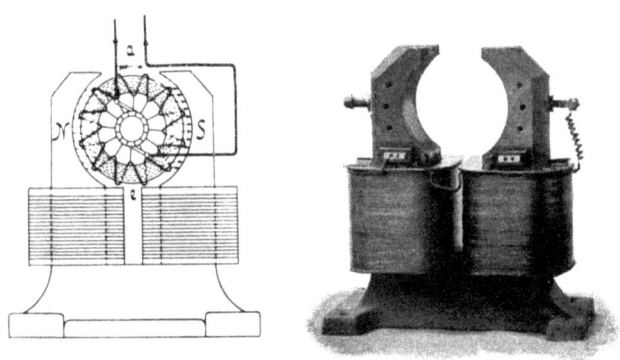

Fig. 5.

Fig. 6.

Fig. 7.

die entgegengesetzte Richtung annimmt, der Strom im äusseren Stromkreise doch immer die gleiche Richtung behält; es giebt **Gleichstrom.**

Jede Dynamo erzeugt also Wechselstrom; nur wird bei den Gleichstromdynamos durch die Segmente, welche den Kommutator bilden, der Strom immer nach derselben Richtung hin kommutiert.

Bezüglich der Anordnung der Windungen auf dem Anker ist zu bemerken, dass dieselben zur Erreichung eines möglichst bequemen Weges für die magnetischen Kraftlinien auf einem aus Eisenblechen hergestellten Kern

Fig. 8.

untergebracht werden. Hierbei sind zwei Anordnungen möglich, nämlich Trommelanker, entsprechend Fig. 2, oder Ringanker, entsprechend Fig. 5. Letztere Abbildung zeigt gleichzeitig die Anordnung von 12 Windungen, wie denn überhaupt in der Praxis, um die Maschine möglichst vollkommen auszunützen, so viel Windungen auf dem Anker verteilt werden, als auf dem Eisenkern Platz haben. Dieselben werden dabei in geeigneter Weise untereinander und mit den Schleifringen bezw. den Kommutatorsegmenten verbunden.

Einen Elektromagneten von kleineren Gleichstrommaschinen, wie sie vielfach gebaut werden, zeigt Fig. 6, den zugehörigen Ringanker mit Kommutator Fig. 7.

Grössere Maschinen erhalten statt eines Polpaares mehrere; so zeigt Fig. 8 das Elektromagnetsystem einer Gleichstrommaschine Modell S G der A. E. G., welche zehn Pole besitzt, und Fig. 9 den zugehörigen Trommelanker.

Fig. 9.

Bezüglich der Wahl der Stromart, ob Gleichstrom oder Drehstrom bezw. Wechselstrom, ist in Abschnitt III Genaueres angegeben.

c) Elektrische Kraftübertragung.

Bei einer elektrischen Kraftübertragung gestaltet sich nun der Vorgang folgendermassen:

Die Dynamomaschine D (Fig. 10) erzeugt bei ihrem Betriebe elektrischen Strom von einer bestimmten Spannung, welcher in der Leitung L_1 weitergeführt wird nach dem Elektromotor M und durch die Rückleitung L_2 nach der Dynamomaschine zurückkehrt, so den elektrischen Stromkreis schliessend. Mit Hülfe des elektrischen Stromes ist jetzt der Motor imstande, Arbeit zu leisten, indem er etwa eine Arbeitsmaschine, eine Transmission etc. antreibt.

Die Wirkung der Elektricität in Bezug auf Spannung und Stromstärke lässt sich nun derjenigen des Wassers vergleichen, wobei die Spannung dem Drucke des Wassers und die Strommenge, meist Stromstärke genannt, der Wassermenge entspricht.

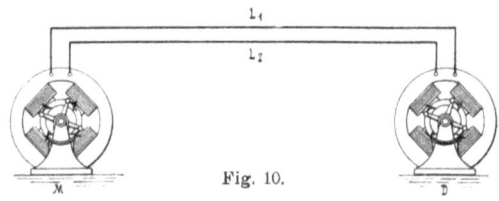

Fig. 10.

Ist bei einer Pumpe die Leistung dem Produkt aus Druckhöhe und Wassermenge proportional, so ergiebt sich bei elektrischem Betriebe die Leistung der Dynamomaschine als das Produkt aus Spannung und Stromstärke. Ist E die Spannung in Volt und J die Stromstärke in Ampere, so ist die Leistung gleich $E.J$, ausgedrückt in Volt-Ampere oder Watt. 1000 Watt bezeichnet man als Kilowatt $=$ KW.

Ebenso entspricht dem Reibungswiderstande des Wassers in dem Leitungsrohr der Widerstand in den elektrischen Zuleitungen.

d) Elektrische Kraftverteilung.

Ausser dieser eigentlichen Uebertragung der Kraft von dem Orte der Erzeugung, auch Primärstation,

Maschinenstation oder Centrale genannt, nach der Stelle an welcher die Arbeit zu leisten ist, der Sekundär- oder Motorenstation, kommt bei Kraftübertragungsanlagen meist noch ein zweites, sehr wichtiges Moment in Betracht, nämlich die **Kraftverteilung.**

In den selteneren Fällen wird von der Maschinenstation aus nur ein Motor betrieben. Meist ist die Anzahl der Motoren grösser, so dass die Kraft, welche an einer einzigen Stelle erzeugt wird, **auf mehrere Verbrauchsstellen zu verteilen ist.**

Diese Verteilung kann auf zweierlei Weisen vor sich gehen, wie sich wiederum leicht unter Hinweis auf einen Betrieb durch Wasser erklären lässt.

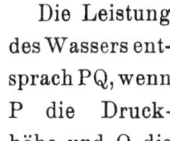

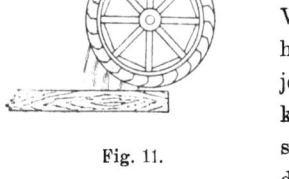

Fig. 11.

Die Leistung des Wassers entsprach PQ, wenn P die Druckhöhe und Q die Wassermenge in der Zeiteinheit bedeutet, und es sollen jetzt drei gleichgrosse Sekundär-Maschinen durch dasselbe betrieben werden. Jede derselben verbraucht also $\frac{PQ}{3}$ der Gesamtleistung des Wassers. Dieses $\frac{PQ}{3}$ lässt sich nun auf zweierlei Art herleiten: aus $\frac{P}{3} \cdot Q$ oder aus $P \cdot \frac{Q}{3}$.

Der erste der obigen Ausdrücke besagt, dass jede der Sekundär-Maschinen T_1, T_2, T_3 (Fig. 11), als welche hier Wasserräder angenommen sind, mit einem Drittel der vorhandenen Druckhöhe arbeitet, während die gesamte zur Verfügung stehende Wassermenge durch alle drei nacheinander hindurchfliesst. Man nennt daher diese Schaltweise, bei welcher die Sekundär-Maschinen in einer Reihe liegen, die Hintereinander-, Reihen- oder Serien-Schaltung. Da die Wassermenge hierbei in allen Teilen dieselbe ist, so sind auch die Leitungen überall gleich gross.

Im zweiten Falle (Fig. 12) arbeiten dagegen die Sekundär-Maschinen alle mit derselben Druckhöhe, verbrauchen aber nur je ein Drittel der vorhandenen

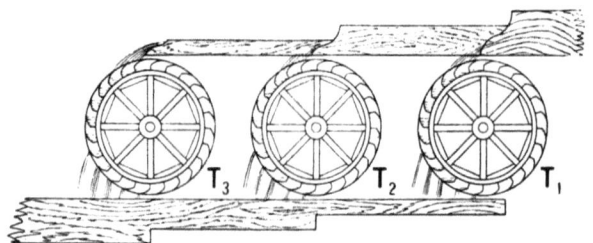

Fig. 12.

Wassermenge. Es zweigt sich also von der Hauptzuleitung zunächst die Leitung nach der Sekundär-Maschine T_1 ab, wodurch die Hauptzuleitung entsprechend schwächer genommen werden kann, da sie nur noch die Wassermengen für die beiden übrigen Sekundär-Maschinen T_2 und T_3 weiterführt. Hierauf geht die Leitung für die Sekundär-Maschine T_2 ab, welche neben T_1 liegt, und wird die jetzt noch übrig gebliebene Wassermenge zu der wiederum neben diesen beiden liegenden Sekundär-Maschine T_3 geleitet. Entsprechend dieser Anordnung wird die Schaltweise als Nebeneinander- oder Parallel-Schaltung bezeichnet. Die Hauptleitungen werden hierbei, da sich die Wassermenge nach jeder Abzweigung vermindert, immer schwächer.

Ein weiterer Unterschied beider Schaltweisen liegt noch darin, dass bei Hintereinander-Schaltung das ganze System gestört und ausser Thätigkeit zu setzen ist, wenn eine der Sekundär-Maschinen, also hier ein Wasserrad, durch Absperren des Wasserzuflusses angehalten wird, während bei der Parallel-Schaltung die übrigen Räder ohne Störung weiterarbeiten.

Ganz entsprechend gestalten sich die Vorgänge bei der elektrischen Kraftverteilung.

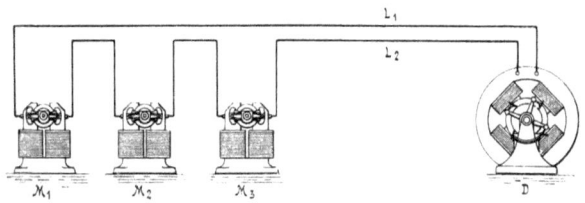

Fig. 13.

Die Leistung der stromerzeugenden Dynamomaschine ist, in Volt-Amp. oder Watt ausgedrückt, gleich EJ. Soll nun diese Leistung, entsprechend dem eben erläuterten Beispiel, auf drei gleich grosse Elektromotoren verteilt werden, so verbraucht jeder derselben $\frac{E \cdot J}{3}$ Watt. Dies kann man wiederum auf zweierlei Weise herleiten, aus $\frac{E}{3} \cdot J$ oder aus $E \cdot \frac{J}{3}$. Bei der erstgenannten Anordnung, der **Hintereinander-Schaltung oder Serien-Schaltung** (Fig. 13), fliesst der Strom mit derselben Stärke, mit der er aus der Primär-Dynamomaschine tritt, hintereinander durch sämtliche Elektromotoren. Wird einer derselben, z. B. M_1, ausgeschaltet, während gleichzeitig die beiden Zuführungsdrähte desselben leitend mit einander verbunden werden, so dass also der Stromkreis nicht unterbrochen wird, so betreibt die Primär-Dynamomaschine nur noch die Motoren M_2 und M_3. Die Leistung derselben ist jetzt $\frac{2\,E}{3} \cdot J$, die Stromstärke ist also, wie oben die Wassermenge, dieselbe geblieben, d. h. das System der Hintereinander-Schaltung arbeitet mit konstantem Strome, während die

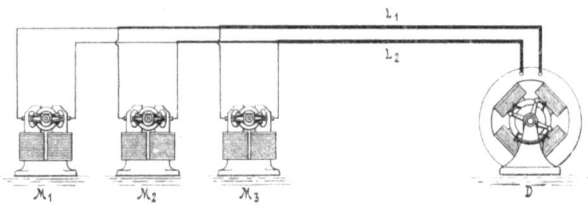

Fig. 14.

Spannung der Primär-Maschine der Belastung entsprechend geändert werden muss.

Bei der zweiten Anordnung (Fig. 14) bei welcher jeder Motor $E \cdot \frac{J}{3}$ Watt verbraucht, zweigt sich ein Teil des Stromes nach jedem derselben ab, während die Spannung dieselbe bleibt, auch wenn man einen oder mehrere Motoren ausschaltet. Es verringert sich nur die Stromstärke, während die Spannung dieselbe bleibt, d. h. bei **Nebeneinander-Schaltung** oder **Parallel-Schaltung**, bei welcher jeder Motor parallel zu den übrigen liegt, wird mit konstanter Spannung gearbeitet. Das letztgenanne ist das bei weitem am meisten verwendete System.

2. Gleichstrom.

a) Gleichstrom-Dynamomaschinen.

Die Dynamomaschinen, welche bei der elektrischen Kraftübertragung mittels Gleichstromes verwendet werden, stimmen im allgemeinen mit denjenigen für elektrische Beleuchtung überein, und zwar kommen dabei drei Arten von Gleichstrom-Dynamomaschinen in Betracht, deren Unterschied in der Schaltungsweise ihrer Magnetwickelungen liegt. Es sind dies erstens die Nebenschlussmaschinen (Fig. 15), bei denen die Magnetwickelung im Nebenschluss zu dem Anker sich befindet, also beide, Magnetstrom und Ankerstrom, parallel nebeneinander geschaltet sind; zweitens die Hauptstrom- oder Serienmaschinen (Fig. 16), bei denen die Magnetwickelungen gleichwie der Anker selbst in ein und demselben ungeteilten Strome, dem Hauptstrom, hintereinander liegen, und drittens die Verbund- oder Compoundmaschinen (Fig. 17), bei welchen beide Schaltungsweisen vereinigt sind.

Für die Spannung einer bestimmten Gleichstrommaschine, deren mechanische Verhältnisse der Konstanten c_1 entsprechen, gilt die Gleichung:

$$E = c_1 \, H \, n$$

wobei E die Spannung in Volt, H die Stärke des

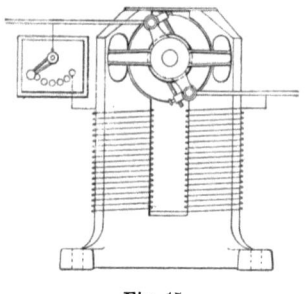 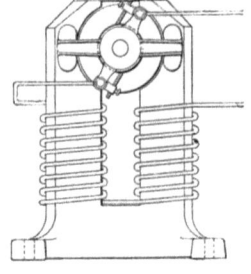

Fig. 15. Fig. 16.

magnetischen Feldes (an Kraftlinien), n die Umdrehungszahl in der Minute, a die Anzahl der Windungen auf dem Anker und c_1 (wie schon erwähnt) eine der jeweiligen Konstruktionsart, mechanischen Dimensionierung etc. der betreffenden Dynamo entsprechende Konstante bedeutet.

Hat man konstante Umdrehungszahl, so ist die Spannung E nur abhängig von der Stärke des Magnetfeldes H, welch letzteres, wenn die Dynamo als Nebenschluss-Dynamo von aussen erregt wird, durch den Nebenschluss-Regulator eingestellt wird.

Es sei nun augenommen, dass in einem Ringanker die Kraftlinien des erregenden Magnetfeldes, wie Fig. 18 darstellt, von N nach S verlaufen, sodass bei der angegebenen Drehrichtung die in den Windungen entstehenden Ströme die eingezeichneten Richtungen haben.

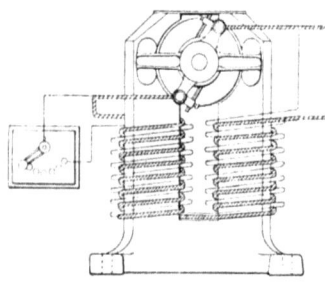

Fig. 17.

Durch das Magnetfeld entstehen im Ankerkern die Pole s (gegenüber N) und n (gegenüber S) in der Polachse.

Jede von einem Strom durchflossene Windung erzeugt aber ihrerseits ein eigenes magnetisches Feld. Dies geschieht auch in dem Anker der Dynamo, und zwar erzeugen die Windungen des Ankers hier ein Magnetfeld mit den Polen n', s'. Die Polachse dieses Feldes steht dabei senkrecht auf der Polachse ns (Fig. 18).

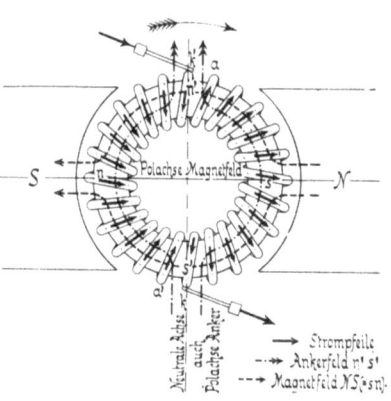

Fig. 18.

Diese beiden Felder setzen sich nun zusammen zu einem resultierenden Feld $n''\,s''$ (Fig. 19), mit verschobenen Kraftlinien, dessen resultierende Polachse, in der Drehrichtung gegenüber der Polachse ns verschoben ist, und zwar um so mehr, je stärker das Magnetfeld $n'\,s'$ ist.

Da die Stärke dieses Feldes $n's'$ direkt abhängt von der Stromstärke in den Ankerwindun-

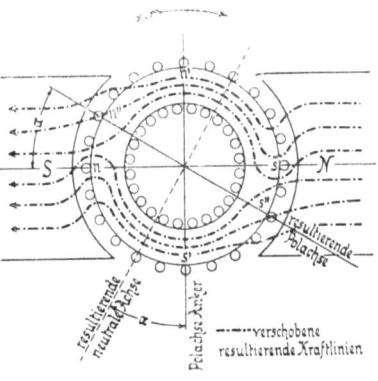

Fig. 19.

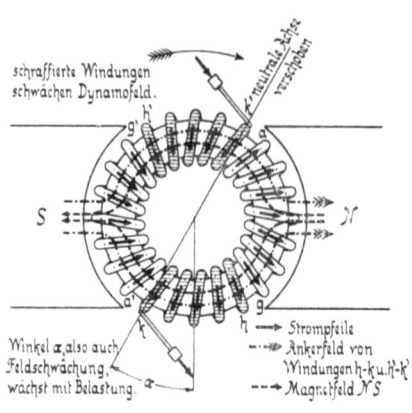

Fig. 20.

gen, so wird auch die Verschiebung der resultierenden Polachse, bezw. Winkel α (Fig. 19) um so grösser werden, je grösser die Belastung der Dynamo ist.

Die Bürsten der Dynamo müssen nun stets zur Vermeidung von Funkenbildungen am Kommutator in einem Ankerdurchmesser liegen, der annähernd senkrecht auf der Polachse steht, und bezeichnet man diese Linie als neutrale Achse. Es müssen also bei einer Dynamo die Bürsten bei Aenderungen der Belastung mehr oder weniger in der Drehrichtung verschoben werden, um immer in der neutralen Achse zu bleiben.

Durch diese Verschiebung entsteht nun eine besondere Rückwirkung eines Teiles des Ankerfeldes auf die Stärke des Magnetfeldes.

Im Falle Fig. 18 würden die Kraftlinien des Ankerfeldes $n'\,s'$ genau symmetrisch zur neutralen Achse verlaufen, so dass die eine Hälfte der Windungen a bis k in Bezug auf die Stärke des Magnetfeldes NS, die andere Hälfte a' bis k' kompensiert (ein Fall, der indessen praktisch nicht eintreten kann). Infolgedessen würde das Ankerfeld $n'\,s'$ auch keinerlei Einfluss auf die Stärke des Magnetfeldes NS haben.

Anders dagegen gestalten sich diese Verhältnisse bei verschobener neutraler Achse (Fig. 20). Hier liegen nur die Windungen a bis g und a' bis g' symmetrisch zum Magnetfeld NS, heben sich also in ihrer Wirkung auf dieses gegenseitig auf. Das durch die Windungen k bis h und k' bis h' erzeugte Ankerfeld dagegen ist dem Magnetfeld direkt entgegengesetzt und wirkt demnach schwächend auf dieses zurück. Man nennt diesen Vorgang die Ankerrückwirkung oder Ankerreaktion.

Hat man also eine Nebenschlussdynamo, bei welcher die erregende Kraft des magnetischen Feldes immer konstant gehalten wird (ausserdem auch, wie oben gesagt, die Umdrehungszahl n) und steigert man bei dieser die Belastung, so wird entsprechend der Belastung die Ankerrückwirkung zunehmen, d. h. es wird, trotz gleich gross gehaltener Erregerstromstärke des magnetischen Feldes, die Anzahl der wirksamen Kraftlinien desselben abnehmen und in der oben angegebenen Gleichung der Wert von H und somit auch die Spannung E sinken.

Es muss daher nunmehr durch Einstellen des Nebenschluss - Regulators (Fig. 21), der Erregerstrom entsprechend verstärkt werden, damit die Spannung wieder auf ihre normale Höhe kommt.

Hat man dagegen eine Compoundmaschine, so wird hier bei einer Erhöhung der Belastung gleichzeitig das magnetische Feld durch den in den Hauptstromwindungen

Fig. 21.
Nebenschlussregulator

Fig. 22. Gleichstrommaschine „E G"

fliessenden Strom verstärkt und durch geeignete Wahl der Verhältnisse dieser Windungen zum Nebenschluss kann man bei Belastungsänderungen auf annähernd gleiche Spannung kommen; es wird also hier die Ankerrückwirkung durch die Hauptwickelung aufgehoben.

Gleichzeitig mit der eben beschriebenen Ankerrückwirkung kommt ferner noch der Widerstand der Ankerwickelungen in Betracht, der gleichfalls einen gewissen mit der Belastung veränderlichen Spannungsverlust hervorruft, welcher, mit dem Spannungsverlust durch die Ankerrückwirkung zusammen, den gesamten Spannungsabfall der Dynamo ergiebt.

Die von der A. E. G. für Primärstationen verwendeten Gleichstrom-Dynamomaschinen sind im folgenden beschrieben. Sie werden hauptsächlich als Nebenschlussdynamos gebaut, bei Bedarf jedoch auch als Hauptstromoder Compounddynamos.

Die Wahl der anzuwendenden Maschinenart ist im Abschnitt III genauer besprochen.

Die kleineren Maschinen bis zu einer Betriebskraft von 18 PS sind nach Modell EG gebaut (Fig. 22). (Genaueres hierüber unter Gleichstrommotoren, S. 44.)

Als grössere Maschinen bis zu 220 PS dienen die Dynamos Modell S G (Fig. 23), **vier- oder mehrpolige** Maschinen, deren Gehäuse aus Flusseisen bestehen und bereits oben, (Fig. 8, S. 20), besprochen wurden. Die Anker dieser Maschinen (Fig. 9) werden als Gitteranker gebaut, meist unter Verwendung von Flachkupferstäben als Wickelung. Normal erhalten die

Fig. 23. Gleichstrommaschine „S G"

Fig. 24. Gleichstromdynamo durch **Dampfmaschine** betrieben, 1000 **K W**. 260 Volt.

Centrale Luisenstrasse der Berliner Elektricitäts-Werke.

Dynamos SG_{150} bis SG_{600} zwei Lager, also fliegende Riemscheibe. Die grösseren Dynamos erhalten noch ein drittes Aussenlager, so dass hier die Riemenscheibe oder die Seilscheibe zwischen zwei Lagern liegt.

Die grössten Dynamos, bis zu 2000 PS und mehr, werden ähnlich ausgeführt wie die S G-Maschinen nach

Fig. 25. Gleichstrom-Dampfdynamo für Schiffe.

Modell F und EF (Fig. 24). Die Polgehäuse sind hier, ebenso wie bei den grösseren SG - Dynamos, zweiteilig hergestellt.

Der Erregerstrom aller dieser Maschinen, d. h. der zur Bildung des magnetischen Feldes erforderliche Strom für die Magnetschenkel des Gehäuses, wird bei der Gleichstrommaschine von dieser selbst bezw. von den Sammelschienen geliefert, wie die Schaltungs-Skizzen

(Fig. 15 bis 17, S. 28) zeigen. Für das Angehen der Maschine genügt dabei der im Gehäuse stets zurückbleibende geringe Rest des sogenannten remanenten Magnetismus. Sind mehrere Dynamos vorhanden, welche in Parallelschaltung arbeiten, so wird zweckmässig der Erregerstrom von den Sammelschienen der Schalttafel abgenommen (Fig. 64, S. 124); desgleichen, wenn eine Dynamomaschine mit einer Akkumulatorenbatterie nebeneinander geschaltet ist.

Ausser für Riemenbetrieb, oder bei den grösseren Maschinen auch für Seilbetrieb, werden die vorstehend aufgeführten Maschinen von der A. E. G. ferner noch für direkten Anschluss an Dampfmaschinen gebaut, und zwar die kleineren als Modelle DD in Verbindung mit Eincylinder-Dampfmaschinen bis zu ca. 31 PS und als Modell CSD (Fig. 25) in Verbindung mit Verbund-Dampfmaschinen bis zu ca. 175 PS.

Die grössten Dynamos, Modell F und EF, werden fast immer direkt mit der Dampfmaschine gekuppelt, (Fig. 24), da sowohl Riemenbetrieb als auch Seilbetrieb sich ungünstiger als direkter Antrieb stellt.

Bei Antrieb mittels Turbinen wird meist die Dynamo direkt von der Turbinenwelle betrieben (Fig. 26).

Die am Ende des Buches stehenden Tabellen (Abschnitt V, Tabellen 1 bis 3) geben eine Zusammenstellung über Leistungen und Gewichte der A. E. G.-Gleichstrom-Dynamomaschinen, sowie über die Dimensionen derselben.

b) Die elektrische Leitung bei Gleichstrom.

Die Weiterleitung des Stromes von der Dynamomaschinen-Station nach den Elektromotoren vermittelt

Fig. 26. Gleichstromdynamo durch Turbine betrieben, 620 KW, 150 Volt.
Kraftübertragungswerke Rheinfelden.

die elektrische Leitung. Dieselbe besteht fast ausnahmslos aus Kupferdrähten. Innerhalb der Gebäude und Fabriken sind diese meist mit einer isolierenden Hülle versehen und werden entweder in Hartgummirohren, Papier- oder Metallrohren, oder auf Porzellanrollen verlegt. Die letztere Art ist in Fabrikräumen die gebräuchlichste.

Im Freien werden die Leitungen oberirdisch oder unterirdisch verlegt. In ersterem Falle sind sie blank, d. h. sie besitzen keine isolierende Hülle und ihre Befestigung geschieht mittels Porzellanisolatoren, welche entweder an den Aussenwänden der Gebäude oder auf freistehenden Masten befestigt sind.

Wird die Leitung unterirdisch verlegt, so findet meist eisenband- oder eisendrahtarmiertes Bleikabel Verwendung, welches direkt in das Erdreich eingebettet wird.

Um die Kosten für die elektrische Leitung in möglichst engen Grenzen zu halten, ist zweckmässig die Spannung mit wachsender Länge der Leitung zu erhöhen. Die niedrigste allgemein übliche Spannung bei Antrieb von Elektromotoren ist 100—120 Volt.

Der Spannungsverlust oder Spannungsabfall einer Leitung ist der Unterschied der Spannung an den Bürsten der stromerzeugenden Dynamomaschine und derjenigen an den Bürsten des Motors oder an den Beleuchtungsapparaten etc. und wird hervorgerufen durch den Widerstand der Leitung (S. 22 u. 42). Derselbe soll, wenn Motoren und Beleuchtung gemeinsam betrieben werden, im allgemeinen bei Leitungen von nicht zu grosser Ausdehnung unter Anwendung von Dynamomaschinen mit konstanter Spannung drei Prozent dieser Spannung für Hin- und Rückleitung nicht überschreiten.

Bei reinen Motoren-Anlagen ist jedoch, um an Anlagekosten für die Leitung zu sparen, ein grösserer Spannungsverlust durch Verminderung des Leitungs-Querschnittes zulässig. Hierin kann so weit gegangen werden, bis unter Berücksichtigung der Amortisation und Verzinsung der Anlage die günstigsten Gesamt-Betriebskosten sich ergeben.

Ein Mittel, an Leitungskosten zu sparen, bietet auch das Dreileitersystem, welches für grössere Gleichstrom-Anlagen, namentlich städtische Centralen, fast ausschliesslich Anwendung findet.

Dasselbe besteht aus drei Leitungen, welche in der Regel zwei hintereinander geschaltete Dynamomaschinen D_1 und D_2 (Fig. 27) in der Weise verbinden, dass die Drähte a und c von dem freien positiven bezw. negativen Pole der beiden Maschinen ausgehen, während der mittlere Draht b an die beiden anderen, miteinander verbundenen (negativen bezw. positiven) Pole angeschlossen ist. Hat jede einzelne Maschine z. B. eine Spannung von 220 Volt, so beträgt ohne Berücksichtigung des Spannungsverlustes in den Leitungen die Spannung zwischen den Drähten a und b, bezw. b und c ebenfalls 220 Volt, die Spannung zwischen a und c aber 440 Volt.

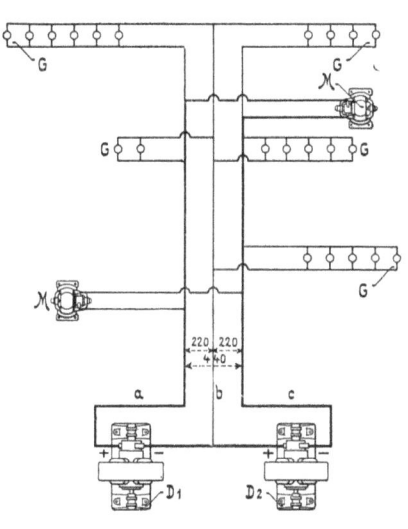

Fig. 27.

Der Strom von 220 Volt speist die Glühlampen G etc., derjenige von 440 Volt betreibt die Motoren M.

Die mittlere Leitung *b* dient hierbei als Ausgleichsleitung, da sie nur von einem Strome durchflossen wird, welcher dem Belastungsunterschied in beiden Teilen des Dreileitersystems entspricht; daher wird sie meist nur halb so stark im Querschnitt genommen als die beiden Aussenleiter.

Den Hauptnachteil dieses Dreileitersystems, besonders für die Anwendung bei kleineren Anlagen, bildet der Umstand, dass immer mindestens zwei Dynamomaschinen in Betrieb sein müssen oder eine Dynamomaschine in Verbindung mit zwei Akkumulatorenbatterien.

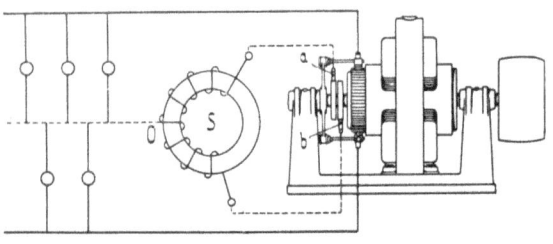

Fig. 28.

Um nun eine Dreileiter-Anlage mit nur einer Dynamomaschine ohne Akkumulatorenbatterie betreiben zu können, wird zwischen die Dynamo und die Leitung ein besonderer der A. E. G. patentierter Apparat, der Spannungsteiler, D. R. P. No. 73892, eingeschaltet.*) Die Maschine wird zu diesem Zwecke mit zwei Schleifringen versehen, deren Bürsten *a* und *b* (Fig. 28) durch Leitungen mit dem Spannungsteiler *S* verbunden sind. Von diesem erfolgt nun bei *O* die Abnahme des Ausgleichs- oder Null-Leiters.

---

*) Näheres siehe Vortrag von M. von Dobrowolsky, Elektrotechnische Zeitschrift 1894, S. 323.

Der Spannungsteiler selbst ist in der Form eines gewöhnlichen Wechselstromtransformators gebaut (Fig. 29), enthält keine beweglichen Teile und erfordert keine Bedienung.

Der Spannungsteiler bewirkt einen Ausgleich auch bis zu den grössten Differenzen in den beiden Netzhälften. Allerdings wächst mit der Differenz auch die Verschiedenheit der Spannungen. Jedoch wird man schon mit Rück-

Fig. 29. Spannungsteiler.

sicht auf den Spannungsabfall im Mittelleiter die Verteilung der Lampen auf die beiden Netzhälften so vornehmen, dass durch den Mittelleiter möglichst wenig Strom fliesst.

Die Abweichung der Spannungen in den beiden Netzhälften von der mittleren Spannung beträgt bei einer Belastung des Mittelleiters mit

15 % des Aussenleiterstromes ca. 1,5 %,
20 % „   „   „ 2,0 %,
25 % „   „   „ 2,5 % u. s. w.

Bei grösseren Belastungs-Ungleichheiten, die jedoch erfahrungsgemäss in Centralen nicht vorkommen, ist zu empfehlen, einzelne Lampengruppen umzuschalten.

Bezüglich der Dimensionierung von Leitungen ist folgendes zu bemerken:

Der Querschnitt einer elektrischen Leitung richtet sich bei gegebenem Spannungsverlust nach der Stromstärke. Es sei:

$e =$ Spannungsverlust in Volt,
$i =$ Stromstärke in Amp.,
$w =$ Widerstand der Leitung in Ohm,
$L =$ Entfernung der Verwendungsstelle, d. h. des Motors etc., von der Stromquelle in m (2 L also Länge der Hin- und Rückleitung),
$q =$ Querschnitt der Leitung in qmm,
$c =$ spezifischer Leitungswiderstand des Kupfers, d. h. der Widerstand eines Kupferdrahtes von 1 m Länge und 1 qmm Querschnitt in Ohm. Derselbe schwankt je nach der chemischen Reinheit des Kupfers und der Temperatur zwischen $1/50$ und $1/60$.

Es lautet nun das Ohmsche Gesetz für einen einfachen Leiter allgemein: „Spannung $=$ Stromstärke $\times$ Widerstand", also für den vorliegenden Fall
„Spannungsverlust $=$ Stromstärke $\times$ Widerstand" oder
$$e = i \times w.$$

Ferner ist für Hin- und Rückleitung zusammen
$$w = c \frac{2 \cdot L}{q}, \text{ hieraus findet man}$$
$$e = i \cdot c \frac{2 \cdot L}{q} \quad \text{und} \quad q = c \frac{i \cdot 2 \cdot L}{e}, \text{ d. h.}$$

Querschnitt $=$ spez. Widerstand $\times \dfrac{\text{Stromstärke} \times \text{doppelte Leitungslänge}}{\text{Spannungsverlust}}$.

Zum Schutze der Leitungen und der elektrischen Maschinen gegen eine zu hohe Stromstärke werden an allen Abzweigstellen der Leitung, sowie vor jeder Dynamo und jedem Motor Sicherungen eingeschaltet. Dieselben bestehen aus Drähten oder Streifen eines Materials, welches infolge des durchfliessenden Stromes sich erheblich schneller erwärmt als die Leitungen und Maschinen. Wächst nun der Strom stark an, so tritt infolge der hierdurch hervorgerufenen Erwärmung ein Durchschmelzen des Sicherungsstreifens ein, wodurch die in der betreffenden Abzweigleitung liegenden Gegenstände ausgeschaltet werden.

Genauere Angaben über Beanspruchung, Verlegung und Sicherung der verschiedenen Leitungen sind enthalten in den drei vom **Verband Deutscher Elektrotechniker** herausgegebenen **Sicherheitsvorschriften***) für elektrische Starkstrom-Anlagen, Mittelspannungs-Anlagen und Hochspannungs-Anlagen. An der Ausarbeitung dieser Vorschriften selbst, die bereits von zahlreichen Behörden und Verwaltungen als massgebend anerkannt worden sind, ist auch die A. E. G. in wesentlicher Weise beteiligt gewesen.

c) Gleichstrommotoren.

Schickt man in eine Gleichstrom-Dynamomaschine einen elektrischen Strom, so entsteht durch Wechselwirkung von Magnetfeld und Ankerstrom eine Zugkraft, durch welche der Anker in Umdrehung versetzt wird und nunmehr, entsprechend der verwendeten Spannung und Stromstärke, mechanische Arbeit leisten kann. Die Dynamomaschine ist damit zum Elektromotor geworden,

---

*) Zu beziehen von Julius Springer, Berlin, oder R. Oldenbourg, München. Preis je Mk. 0,50.

und zwar entsprechend der Schaltung zum Nebenschluss-Motor (Fig. 15, S. 28) oder zum Hauptstrom-Motor (Fig. 16, S. 28).

Bei Nebenschluss-Motoren bleibt hierbei die Drehrichtung dieselbe, während sie bei Hauptstrom-Motoren die entgegengesetzte wird.

Die oben angeführten Gleichstrom-Dynamomaschinen werden daher auch von der A. E. G. gleichzeitig als Elektromotoren gebraucht. Für kleinere Kräfte von $1/2$ bis 10 PS finden dabei die Maschinen Modell EG (Fig. 22, S. 32) Anwendung. Es sind dies Maschinen mit Gusseisengehäuse und flusseisernen Polkernen; EG_5 und EG_{10} haben zweipolige, EG_{20} bis EG_{100} vierpolige Gehäuse. Dieselben werden auch in geschlossener Form (Fig. 30) hergestellt.

Als Motoren für grössere Kräfte dienen Maschinen Modell SG (Fig. 23, S. 33).

Bei den kleinsten Leistungen von $1/16$ bis $1/4$ PS kommen Motoren Modell PM (Abschnitt IV, Teil 25) zur Verwendung.

Fig. 30. Gleichstrommotor „E G" geschlossen.

Fig. 31. Gleichstrommotor „P G".

Als langsam laufende Motoren, insbesondere für Druckerpressen etc., sind noch die Motoren Modell PG (Fig. 31) mit vierpoligem Flusseisengehäuse zu erwähnen.

Die am Ende des Buches stehenden Tabellen (Abschnitt V, Tabellen 1 bis 3) geben eine Zusammenstellung über die Leistungen und Gewichte der A. E. G.-Gleichstrom-Elektromotoren. Die in denselben enthaltenen Masstabellen gelten gleichzeitig für Elektromotoren und für Dynamo-Maschinen desselben Modelles.

d) Wirkungsgrad elektrischer Gleichstrom-Maschinen.

Unter dem Wirkungsgrad einer Dynamo-Maschine versteht man das Verhältnis der von der Dynamo an den Klemmen abgegebenen elektrischen Energie oder Arbeit zu der für den Betrieb der Dynamo-Maschine insgesamt aufgewendeten Arbeit.

Unter dem Wirkungsgrad eines Elektromotors versteht man das Verhältnis der geleisteten Arbeit zu der vom Elektromotor insgesamt aufgenommenen elektrischen Arbeit.

Bezeichnet man mit
  e die Klemmenspannung in Volt,
  i die Stromstärke im äusseren Stromkreis in Amp.,
  w_a den Widerstand des Ankers in Ohm,
  w_n den Widerstand der Nebenschlusswickelung der Magnete in Ohm,
  L die Leerlaufarbeit in Watt, so ist:

der Wirkungsgrad einer Nebenschluss-Dynamomaschine:

$$= \frac{\text{An den Klemmen abgegebene elektrische Arbeit}}{\text{An den Klemmen abgegebene elektrische Arbeit} + \left\{\begin{array}{l}\text{Im Anker aufgewendete elektrische Arbeit} \\ + \text{In den Magnetwickelungen aufgewendete elektrische Arbeit} \\ + \text{Leerlaufarbeit}\end{array}\right\}}$$

$$= \frac{e\,i}{e\,i + \left\{\left(i + \dfrac{e}{w_n}\right)^2 w_a + e\,\dfrac{e}{w_n} + L\right\}}$$

Der Wirkungsgrad eines Nebenschluss-Elektromotors:

$$= \frac{\text{Gesamte aufgenommene elektrische Arbeit} - \left\{\begin{array}{l}\text{Im Anker aufgewendete elektrische Arbeit} \\ + \text{In den Magnetwickelungen aufgewendete elektrische Arbeit} \\ + \text{Leerlaufarbeit}\end{array}\right\}}{\text{Gesamte aufgenommene elektrische Arbeit}}$$

$$= \frac{e\,i - \left\{\left(i - \dfrac{e}{w_n}\right)^2 w_a + e\,\dfrac{e}{w_n} + L\right\}}{e\,i}$$

Zur Bestimmung der Leerlaufarbeit einer Nebenschluss-Dynamomaschine lässt man dieselbe als Motor laufen; wobei sie aber dieselbe Umdrehungszahl haben muss wie später als Dynamomaschine. Die Leerlaufarbeit eines Nebenschlussmotors bestimmt man, indem man denselben leer laufen lässt und von der hierbei gebrauchten gesamten elektrischen Arbeit die im Anker und in den Magneten verbrauchte elektrische Arbeit, welche sich leicht bestimmen lässt, in Abzug bringt.

Bezeichnet man mit

e die Klemmenspannung der Maschine in Volt,
w_a den Widerstand des Ankers in Ohm,
w_m den Widerstand der Magnetwickelung in Ohm,

so ist:

der gesamte Wirkungsgrad einer **Hauptstrom-Dynamomaschine**:

$$= \frac{\text{An den Klemmen abgegebene elektrische Arbeit}}{\left\{\begin{array}{l}\text{An den Klemmen}\\\text{abgegebene}\\\text{elektrische Arbeit}\end{array}\right\} + \left\{\begin{array}{l}\text{Im Anker aufgewendete elektrische Arbeit}\\ + \text{ In der Hauptstrom-Magnetwickelung aufgewendete elektrische Arbeit}\\ + \text{ Leerlaufarbeit}\end{array}\right\}}$$

$$= \frac{e\,i}{e\,i + (i^2\,w_a + i^2\,w_m + L)}$$

der gesamte Wirkungsgrad eines **Hauptstrom-Elektromotors**:

$$= \frac{\left\{\begin{array}{l}\text{Gesamte}\\\text{aufgenommene}\\\text{elektrische Arbeit}\end{array}\right\} - \left\{\begin{array}{l}\text{Im Anker aufgewendete elektrische Arbeit}\\ + \text{ In der Hauptstrom-Magnetwickelung aufgewendete elektrische Arbeit}\\ + \text{ Leerlaufarbeit}\end{array}\right\}}{\text{Gesamte aufgenommene elektrische Arbeit}}$$

$$= \frac{e\,i - (i^2\,w_a + i^2\,w_m + L)}{e\,i}$$

Ueber den Wirkungsgrad elektrischer Maschinen ist ferner folgendes zu bemerken:

Da bei einem Nebenschlussmotor die für die Magnetisierung aufzuwendende Arbeit, sowie die Leerlaufarbeit bei allen Belastungen annähernd dieselbe bleibt, so wächst der Wirkungsgrad ein und desselben Elektro-

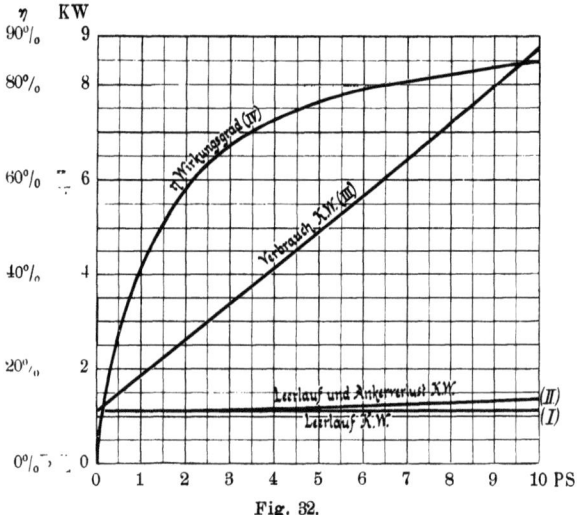

Fig. 32.

motors mit seiner Belastung, und zwar so lange, bis die mit dem Quadrat der Belastung steigenden Ankerverluste anfangen zu überwiegen.

Bei gutgebauten Dynamomaschinen und Motoren ändert sich der Nutzeffekt zwischen $^3/_4$ und $^5/_4$ der normalen Belastung nicht wesentlich.

Die Kurve IV (Fig. 32) zeigt diese Verhältnisse für einen zehnpferdigen Elektromotor. Die Gerade I giebt die Grösse der bei allen Belastungen gleichbleibenden Leerlauf- und Magnetisierungsarbeit an, während bei Kurve II noch die Ankerverluste hinzugefügt sind. Die Linie III giebt die Grösse der verbrauchten elektrischen Energie in KW an, während endlich die Kurve IV den Verlauf des Wirkungsgrades bei den Belastungen von Null bis 10 PS erkennen lässt.

Es sei hierbei besonders auf das anfänglich rasche Ansteigen dieser Kurve hingewiesen, welche zeigt, dass bereits bei der halben Belastung, also bei nur 5 PS,

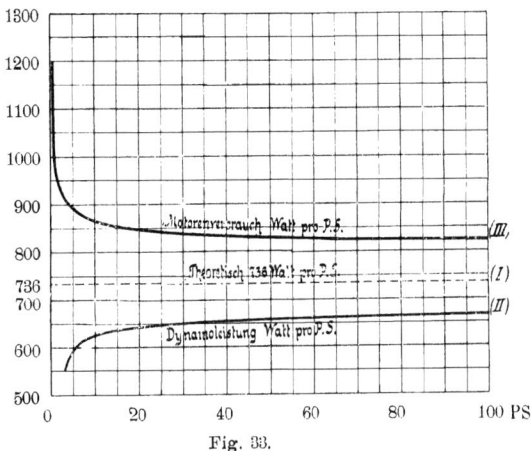

Fig. 33.

ein dem günstigsten Wirkungsgrade sehr nahe kommender Zustand erreicht worden ist.

In diesem Verhalten übertreffen die Elektromotoren und Dynamomaschinen die meisten anderen Kraftmaschinen, als Dampfmaschinen etc., in hervorragendem Masse.

Des weiteren zeigt Kurve III, dass ein zehnpferdiger Motor für die Pferdestärke bei normaler Belastung ca. 870 Watt verbraucht.

Theoretisch ist eine Pferdestärke gleichwertig einer Leistung von 736 Watt. Man kann also auch aus dem über diese Zahl hinausgehenden Mehrverbrauch für eine geleistete Pferdestärke auf den Wirkungsgrad eines Elektromotors schliessen. Wie in dieser Beziehung die Kurve III der Fig. 33 zeigt, brauchen die Elektromotoren bei normaler Belastung um so weniger Watt für die Pferdestärke, je grösser sie werden, sodass ein hundertpferdiger Motor nur noch ca. 820 Watt braucht, da er einen wesentlich günstigeren Wirkungsgrad besitzt als ein zehnpferdiger. Kennt man also die Leistung eines Motors in Pferdestärken, so kann aus den verbrauchten Watt für die PS und der Zahl 736 der Wirkungsgrad ermittelt werden zu

$$\frac{736}{\text{verbrauchte Watt pro PS}} = \text{Wirkungsgrad.}$$

Entsprechend ist das Verhältnis auch bei den Dynamomaschinen. Hier sollte theoretisch jede zum Antriebe verwendete Pferdestärke gleichfalls 736 Watt an den Klemmen erzeugen, entsprechend der Linie I, Fig. 33. Durch Leerlauf, Anker- und Magnetverluste wird jedoch diese Zahl herabgedrückt, so dass eine zehnpferdige Dynamomaschine, wie aus Kurve II, Fig. 33, zu ersehen ist, nur noch ca. 635 Watt, eine hundertpferdige ca. 670 Watt für die Pferdestärke bei normaler Belastung leistet; denn auch hier ist der Wirkungsgrad der grösseren Maschinen erheblich günstiger als derjenige der kleineren. Aus den geleisteten Watt pro PS und der Zahl 736 ergiebt sich der Wirkungsgrad einer Dynamomaschine folgendermassen

$$\frac{\text{geleisteten Watt pro PS}}{736} = \text{Wirkungsgrad.}$$

Selbstverständlich kann man auch ohne vorherige Bestimmung des Wirkungsgrades mit Hülfe der in den obigen Formeln enthaltenen Ausdrücke den Kraftbedarf von Dynamomaschinen und die Leistung von Elektromotoren bei verschiedener Belastung bestimmen.

Es ist der Kraftbedarf einer Nebenschluss-Dynamomaschine gleich:

$$ei + \left\{ \left(i + \frac{e}{w_n}\right)^2 w_a + e\frac{e}{w_n} + L \right\} \text{Watt.}$$

$$= \frac{ei + \left\{ \left(i + \frac{e}{w_n}\right)^2 w_a + e\frac{e}{w_n} + L \right\}}{9{,}81} \text{ m.kg.}$$

$$= \frac{ei + \left\{ \left(i + \frac{e}{w_n}\right)^2 w_a + e\frac{e}{w_n} + L \right\}}{736} \text{ PS.}$$

Der Wert einer Pferdestärke zu 736 Watt ergiebt sich daraus, dass 1 m. kg gleich 9,81 Watt ist, also 1 PS zu 75 m. kg gleich $75 \times 9{,}81$ oder gleich 736 Watt.

Die Leistung eines Nebenschluss-Elektromotors ist:

$$ei - \left\{ \left(i - \frac{e}{w_n}\right)^2 w_a + e\frac{e}{w_n} + L \right\} \text{Watt.}$$

$$= \frac{ei - \left\{ \left(i - \frac{e}{w_n}\right)^2 w_a + e\frac{e}{w_n} + L \right\}}{9{,}81} \text{ m.kg.}$$

$$\frac{ei - \left\{ \left(i - \frac{e}{w_n}\right)^2 w_a + e\frac{e}{w_n} + L \right\}}{736} \text{ PS.}$$

Es ist ferner der Kraftbedarf einer Hauptstrom-Dynamomaschine:

$$ei + (i^2 w_a + i^2 w_m + L) \text{ Watt.}$$

$$= \frac{ei + (i^2 w_a + i^2 w_m + L)}{9{,}81} \text{ m. kg.} = \frac{ei + (i^2 w_a + i^2 w_m + L)}{736} \text{PS.}$$

Die Leistung eines Hauptstrom-Elektromotors ist:

$$ei - (i^2 w_a + i^2 w_m + L) \text{ Watt.}$$

$$= \frac{ei + (i^2 w_a + i^2 w_m + L)}{9{,}81} \text{ m. kg} = \frac{ei - (i^2 w_a + i^2 w_m + L)}{736} \text{ PS.}$$

Die Formeln für Compoundmaschinen sind unter Berücksichtigung der Wickelungsarten der Magnete entsprechend gestaltet.

3. Drehstrom.

a) Drehstrom-Dynamomaschinen.

Der Drehstrom besteht aus einer Verkettung von drei einfachen Wechselströmen (entsprechend Fig. 3, S. 17), welche gleiche Periode besitzen, aber gleich-

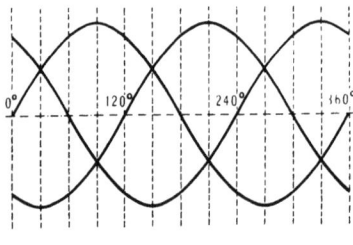

Fig. 34.

mässig gegeneinander verschoben sind. Der Verlauf dieser drei Ströme ist aus Fig. 34 zu ersehen.

Wird hierbei die Periode des Stromes I in 360° geteilt, so beginnt die Periode des Stromes II um 120°

später als diejenige von Strom I, während diejenige von Strom III wieder um 120⁰ nach Strom II beginnt.

Bewirkt wird diese Anordnung durch die Verteilung der Wickelungen auf dem Anker der Dynamo. Die im Drehstrom wirkenden einzelnen Ströme haben also gegeneinander eine Verschiebung von 120⁰.

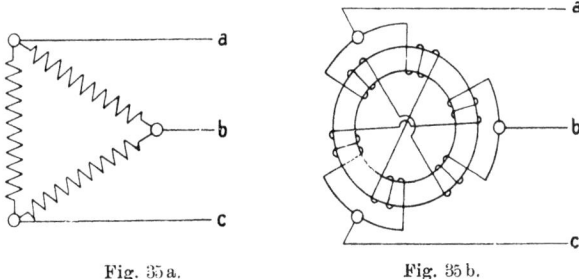

Fig. 35a.   Fig. 35b.

Fig. 34 gilt in gleicher Weise auch für die Spannungen; also auch die Spannungen der drei Ströme des Drehstromes haben gegeneinander eine Verschiebung von 120⁰.

Entsprechend diesen drei Strömen befinden sich nun auf dem Anker jeder Drehstrom-Dynamo drei Abteilungen von Wickelungen, welche auf zweierlei Weise untereinander verbunden werden können, nämlich als geschlossene oder Dreieck-Schaltung, (Fig. 35a und b), und als offene oder Stern-Schaltung, (Fig. 36a und b).

Bei beiden Schaltungen wird dabei ein derartiger Strom erzeugt, dass gleiche Spannung besteht zwischen den Leitungen a und b, b und c, sowie c und a.

Die A. E. G. verwendet fast ausschliesslich die offene oder Sternschaltung, da bei dieser interne Ströme in der

Maschine selbst stets vermieden werden. Im Gegensatz hierzu sind bei der Dreieckschaltung diese Ströme infolge der geschlossenen Form der Schaltung nur dann ausgeschlossen, wenn die einzelnen Wechselströme, welche den Drehstrom bilden, genau in der Fig. 34 dargestellten Form von reinen Sinuskurven verlaufen, eine Bedingung, die in der Praxis aber nur ausnahmsweise vollkommen zu erfüllen ist.

Sind dagegen bei der Sternschaltung die Stromkurven

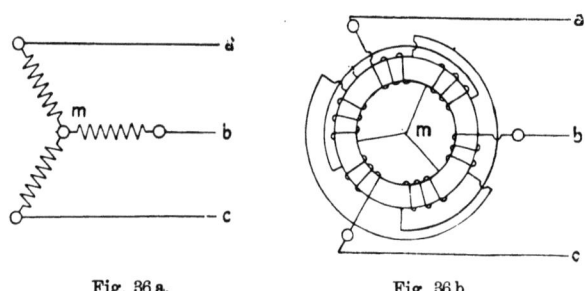

Fig. 36 a.   Fig. 36 b.

nicht ganz sinoidal, so vereinigen sich dieselben jedoch dadurch, dass immer zwei Wickelungsabteilungen in der Maschine hintereinander liegen, zu einer annähernden Sinuskurve in den Aussenleitern, was bei der Dreieckschaltung, da hier die Wickelungsabteilungen nur nebeneinander geschaltet sind, nicht der Fall sein kann.

Es wird ferner bei der Sternschaltung die Windungszahl der einzelnen Abteilungen für dieselbe Spannung etwas (1,732 mal) kleiner als bei der Dreieckschaltung.

Die Sternschaltung ermöglicht es auch noch, dass ein und dieselbe Maschine gleichzeitig Ströme einer anderen als der eben angeführten Spannung liefern kann, in ähnlicher Weise, wie dies der Spannungsteiler, (Fig. 28 S. 40), bei einer Gleichstrom-Dynamomaschine gestattet.

Zu diesem Zwecke wird aus dem Verbindungspunkte m der drei Wickelungen, (Fig. 36c und d), noch eine vierte Ausgleichsleitung d, D. R. P. No. 71137, herausgeführt und herrscht nun zwischen a und d, b und d, sowie c und d eine niedrigere Spannung als zwischen den Hauptleitern. Diese niedrigere Spannung nennt man die „Phasenspannung", während die zwischen den

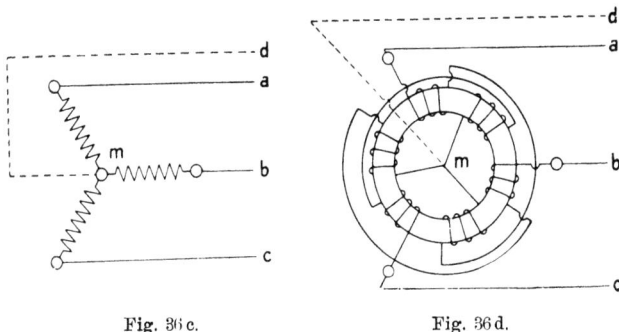

Fig. 36 c.   Fig. 36 d.

Hauptleitungen selbst herrschende die „Hauptspannung" genannt wird. Die Ausgleichsleitung gleicht auch hier die Belastungsunterschiede in den einzelnen Stromkreisen des Drehstromsystems aus.

Im Gegensatz zum Dreileitersystem (S. 39) ist jedoch hier die Hauptspannung nicht doppelt so gross als die Spannung zwischen einem Aussenleiter und der Ausgleichsleitung, sondern infolge der eigentümlichen Verhältnisse bei der Addition von Wechselstrom-Spannungen nur $1{,}732 (= 2 \sin 60^{0})$ mal so gross als die Phasenspannung.

Soll also letztere Spannung 110 Volt betragen, so ist hierzu eine Hauptspannung von $1{,}732 \times 110 = 190$ Volt erforderlich.

Es sei nun

E die Hauptspannung in Volt,
e die Phasenspannung in Volt,
J die Stromstärke jeder Leitung in Amp.,

dann ist die Leistung einer Drehstromdynamo gleich 3e.J, und da nun

$$E = 1{,}732\,e \text{ also } e = \frac{E}{1{,}732}, \text{ so wird auch}$$

$$3\,e\,J = 3 \cdot \frac{E}{1{,}732} \cdot J.$$

Also die Leistung der Drehstrom-Dynamo-Maschine gleich 1,732 . E . J Watt.

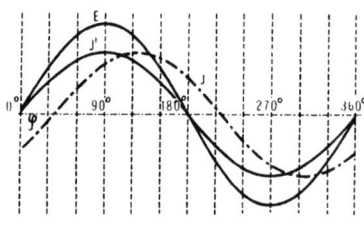

Fig. 37.

Hierbei ist allerdings vorausgesetzt, dass Strom und Spannung in ihrer Phase nicht gegeneinander verschoben sind, d. h. dass Beginn und Ende der Perioden beider miteinander übereinstimmen, wie es in Fig. 37 für einen einfachen Wechselstrom durch die Kurve der Spannung E und die Kurve des Stromes J' dargestellt ist.

Eine derartige Stellung beider Kurven findet stets dann statt, wenn die Dynamomaschine auf induktionsfreie Widerstände, also auf Glühlampen, Heizapparate etc. arbeitet.

Sind dagegen Apparate mit bedeutender Selbstinduktion, als Bogenlampen oder **ganz besonders Motoren**, mit Strom zu versehen, so tritt zwischen dem Strom und der zugehörigen Spannung eine **Phasenverschiebung** ein, deren Grösse (wenn man wie oben, Fig. 34, S. 52, die Periode des Stromes wiederum in $360°$ einteilt) bestimmt ist durch den Winkel φ, um welchen die Periodenanfänge der beiden entsprechenden Kurven, in Fig. 37 der Kurven E und J, verschoben sind. Unter diesen Umständen wird nun die **Leistung der Dynamo** aus der Spannung zwischen zwei Hauptleitungen E und der Stromstärke in jeder Leitung J gleich

$$1{,}732 \cdot E \cdot J \cdot \cos \varphi \text{ Watt}.$$

Es hat also die Drehstromdynamo jetzt eine proportional $\cos \varphi$ geringere Leistung an Watt als oben bei induktionsfreien Widerständen, wenngleich die Spannung zwischen zwei Leitungen und die Stromstärke jeder Leitung dieselben geblieben sind. $\cos \varphi$ wird daher auch als **Leistungsfaktor** bezeichnet. Wollte man die Leistung wieder auf dieselbe Höhe wie vordem bringen, so müsste entweder die Stromstärke oder die Spannung erhöht werden, was aber die Dimensionen der Ankerdrähte und die magnetischen Verhältnisse der Dynamo nicht zulassen, die für J Amp. bezw. E Volt konstruiert ist.

Es kommt dies besonders in Betracht bei der zum Betrieb der Dynamomaschine erforderlichen Kraft.

Soll z. B. eine Maschine NDM 500/100 (S. 64) nur Glühlampen speisen bis zu ihrer vollen Belastung von 100 KW, so ist keine Phasenverschiebung vorhanden oder, was dasselbe bedeutet, der Phasenverschiebungs-Winkel $\varphi = 0$ und daher $\cos \varphi = 1$. Es sind also für den Betrieb hierbei 148 PS aufzuwenden. Soll dagegen die Maschine Motoren speisen, welche eine Phasenverschiebung von ca. $25°$ erzeugen, so dass $\cos \varphi = \cos 25 = 0{,}9$ wird, so sind zum Antriebe der Maschine nicht mehr als $148 \cdot 0{,}9$, also 133 PS nötig, ihre Leistung ist also geringer geworden, wenngleich die Spannung zwischen zwei Leitungen mit 200 Volt und die Stromstärke jeder Leitung mit 290 Amp. dieselben geblieben sind.

Je schlechter d. h. kleiner das cos φ, desto ungünstiger wird also die Dynamo und mit ihr das ganze zugehörige Leitungsnetz ausgenützt.

Die entsprechend dem zuletzt genannten Falle thatsächlich geleisteten Watt, $= 1{,}732 \cdot E \cdot J \cos \varphi$, nennt man die wirklichen Watt, während die ohne Berücksichtigung des cos φ berechneten, $= 1{,}732 \cdot E \cdot J$, als scheinbare Watt bezeichnet werden. Es sind also:

Wirkliche Watt = Scheinbare Watt $\times$ cos φ.

Letztere sind auf die thatsächliche Leistung der Dynamo, also auch in Bezug auf den Wirkungsgrad (S. 87) ohne jeden Einfluss; es kommen hierfür vielmehr einzig und allein die wirklichen Watt in Frage.

Für das oben angeführte Beispiel der NDM 500/100 sind also bei Motorenbetrieb mit cos φ = 0,8 die wirklichen Watt $= 1{,}732 \cdot 200 \cdot 290 \cdot 0{,}8 = 80\,000$ Watt oder, = 80 KW. Die scheinbaren Watt hingegen stellen sich auf $1{,}732 \cdot 200 \cdot 290 = 100\,000$ Watt oder 100 KW.

Die scheinbaren Watt fallen mit den wirklichen Watt zusammen bei induktionsfreier Belastung, da dann cos φ = 1, also z. B. bei reinem Glühlampenbetrieb.

Um den Einfluss des cos φ klar zu erkennen, sei die Leistung eines einfachen Wechselstromes mit Spannung E und Stromstärke J betrachtet. Diese Leistung ist gleich

$$E \cdot J \cos \varphi.$$

Fig. 38 erläutert nun, wie mit wachsendem φ, d. h. mit wachsender Phasenverschiebung zwischen Spannung und Stromstärke ein und derselben Dynamo die Watt-

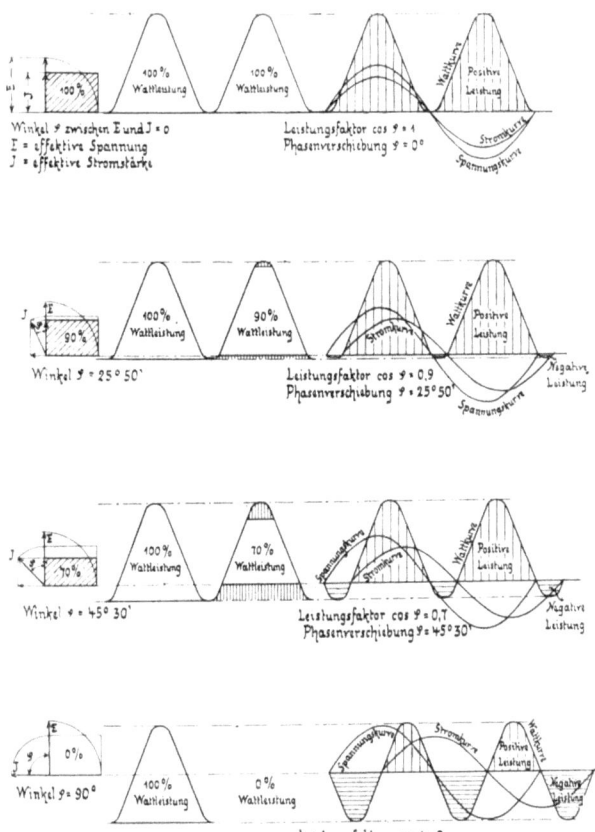

Fig. 38.

leistung derselben abnimmt, um bei $\varphi = 90^0$ gleich Null zu werden.

Im letzteren Falle ist also ein Strom J vorhanden, jedoch keinerlei Wattleistung. Dieser gegen seine

Spannung um 90⁰ verschobene Strom heisst **wattloser Strom**.

Wie schon früher (S. 18) erwähnt wurde, besteht jede Periode eines Wechselstromes bezw. Drehstromes aus zwei Wechseln. Die Anzahl dieser Wechsel in der Zeiteinheit ist nun direkt abhängig von der Polzahl und von der Umdrehungszahl der entsprechenden Dynamomaschine.

Ist nämlich:

z die Wechselzahl in der Sekunde,
p die Polzahl der Maschine,
n_s die Umdrehungszahl in der Sekunde, so wird

$$z = p \cdot n_s$$

„Wechselzahl = Polzahl × Umdrehungszahl", oder wenn n, wie meist angegeben wird, die Umdrehungszahl in der Minute bedeutet, so ist

$$60 \cdot z = p \cdot n.$$

So hat zum Beispiel die A. E. G. Drehstromdynamo NDM 750/30, welche 750 Umdrehungen in der Minute ausführt, 8 Pole, es ist also

$$z = 8 \, \frac{750}{60} = 100 \text{ Wechsel in der Sekunde.}$$

Diese Zahl von 100 Wechseln ist die von der A. E. G. für ihre Drehstromanlagen als normal angenommene sekundliche Wechselzahl. Sie ist gewählt einerseits mit Rücksicht auf die einfache Konstruktion der Motoren und anderseits mit Rücksicht auf ein gutes Brennen der Bogenlampen, welche bei weniger Wechsel kein ruhiges Licht mehr geben.[*]

Während nun beim Gleichstrom der Konstrukteur ausreichend unterrichtet ist, wenn ihm Stromstärke und

---

[*] Näheres über Drehstrom s. M. v. Dolivo-Dobrowolsky „Elektrotechnische Zeitschrift" 1891 S. 149 und Vortrag gehalten im Verein zur Beförderung des Gewerbefleisses am 13. Juni 1892 (s. Sitzungsbericht).

Spannung einer Maschine bekannt sind, so tritt bei dem Drehstrom stets noch die Frage nach der Wechselzahl hinzu, welche von grösster Wichtigkeit ist sowohl für die Abmessungen der Dynamomaschinen und Motoren als auch für die Bestimmung fast aller bei dem Drehstrom verwendeten Apparate und Instrumente.

Fig. 39. Drehstromdynamo „DM" und „LDM".

Die A. E. G. baut zwei Arten von Drehstromdynamos, welche sich durch die Anordnung der Magnete unterscheiden. Es sind dies die Maschinen Modell DM und LDM, bei denen die Magneten an dem feststehenden Gehäuse sich befinden, und die Maschinen Modell NDM, KDM und GDM, neuerdings Modell KSD, NSD und GSD (S. 72), bei denen die Magneten auf der drehbaren Welle angeordnet sind.

Die Drehstromdynamos Modell DM, (Fig. 39), und Modell LDM sind in ihrer Konstruktionsweise einander gleich. Ihre Magnetgehäuse bestehen meist aus Flusseisen mit einzelnen nach innen gerichteten Polen, welche, wie bei den Gleichstrommaschinen, so erregt werden, dass abwechselnd Nordpol und Südpol entsteht.

Fig. 40.

Auch in ihrer sonstigen Herstellungsweise und Anordnung sind diese Gehäuse ganz gleich denjenigen der Gleichstrommaschinen Modell SG, (Fig. 23), nur ist im allgemeinen die Polzahl bei Drehstrom erheblich grösser als bei Gleichstrom, da bei weniger Polen, entsprechend dem oben angegebenen Gesetz $60\,z = p\,n$, sich zu hohe Umdrehungszahlen ergeben würden.

Auch die Wickelung der Anker ist ganz ähnlich wie bei den SG-Maschinen, (Fig. 9, S. 21), nur werden die Spulenenden statt zu einem Kommutator zu Schleifringen geführt, und zwar zu drei Schleifringen, wenn die Dreieck-Schaltung, (Fig. 35a und b, S. 53), oder die Stern-Schaltung ohne Ausgleichsleitung, (Fig. 36a und b, S. 54), verwendet wird, und zu vier Schleifringen, wenn

Fig. 41.

bei letztgenannter Schaltung noch die Ausgleichsleitung hinzukommt, (Fig. 36c und d, S. 55). Da diese Schleifringe in sich vollkommen geschlossen sind, also keinerlei Stromunterbrechung in ihnen eintreten kann, so ist bei ihnen eine Funkenbildung, wie bei Gleichstrom ausgeschlossen. Auch ist eine Einstellung der Bürsten niemals nötig; dieselben stehen vielmehr in jeder Lage richtig.

Der Unterschied zwischen Modell DM und LDM besteht darin, dass die ersteren ihrer höheren Umdrehungszahl wegen sich für Riemenantrieb eignen, während die LDM-Maschinen, mit einer geringeren Geschwindigkeit arbeitend, für direkte Kupplung mit der antreibenden Dampfmaschine eingerichtet sind.

Die Drehstromdynamos DM und LDM werden nur für niedere Spannungen bis zu 200 Volt zwischen zwei

Fig. 42. Drehstromdynamo „NDM".

Leitungen, ausnahmsweise bis 500 Volt gebaut, da bei höheren Spannungen ein Nachspannen der Bürstenhalter oder ein Auswechseln der Bürsten während des Betriebes nicht statthaft sein würde.

Die Drehstromdynamos Modell NDM, KDM und GDM bzw. KSD, NSD und GSD (S. 72) sind in der Konstruktionsart einander vollkommen gleich und unterscheiden sich nur etwas in den äusseren Abmessungen.

Fig. 43. Drehstromdynamo durch Dampfmaschine betrieben, 3000 KW, 6000 Volt.
Centrale Oberspree der Berliner Elektricitäts-Werke.

Bei diesen Dynamos befinden sich die zur Stromerzeugung dienenden Windungen in dem feststehenden Ankergehäuse, (Fig. 40), während die zur Bildung der magnetischen Felder erforderlichen Elektromagneten auf dem sich drehenden Magnetinduktor, (Fig. 41), angeordnet sind. Die gesamte Anordnung dieser Drehstromdynamos, (Fig. 42), ist also derjenigen der Gleichstromdynamos, (Fig. 23, S. 33), insofern entgegengesetzt, als hier das Magnetfeld durch die feststehenden Windungen bewegt wird, bei Gleichstrom dagegen die Windungen durch das feststehende Feld. In beiden Fällen wird aber offenbar dasselbe Durchschneiden der Kraftlinien von den Windungen bewirkt.

Die Anordnung eines stillstehenden Ankergehäuses ist für Drehstrom besonders wichtig, da dasselbe in einfacher und betriebssicherer Weise die Anwendung auch der höchsten Spannungen gestattet; es wird der erzeugte Drehstrom unter Vermeidung jedweder Schleifkontakte nur von festen Klemmen abgenommen.

Der Gleichstrom zur Erregung wird dem Induktor durch Bürsten und Schleifringe zugeführt (Fig. 41 bis 43).

Diese Dynamos werden gebaut entweder für Riementrieb, die grösseren für Seiltrieb, oder auch für direkte Kupplung. Der Antrieb erfolgt in letzterem Falle meist durch Dampfmaschinen (Fig. 43). Bei direktem Betrieb mittels Turbinen wird die Dynamo zweckmässig unmittelbar von der Turbinenwelle betrieben (Fig. 44). In neuerer Zeit finden auch die bei Berg- und Hüttenwerken bisher nutzlos abgehenden Hochofen- und Schwelgase zum Betriebe von Dynamos Verwendung und dürfte dieser Betriebsart nach den bisherigen Ergebnissen eine hohe Bedeutung zukommen. Der Antrieb erfolgt hierbei (Fig. 45) in gleicher Weise, wie bei direktem Dampfmaschinenbetrieb.

Die am Ende des Buches stehenden Tabellen (Abschnitt V, Tabellen 4a bis c) geben eine Zusammen-

Fig. 44. Drehstromdynamo durch Turbine betrieben, 600 KW, 6900 Volt. Kraftübertragungswerke Rheinfelden.

stellung über die Leistungen, Preise und Gewichte der A. E. G.-Drehstromdynamos, sowie über die Hauptabmessungen derselben.

Der Gleichstrom für die Magneterregung wird meist erzeugt durch eine besondere kleine Erregerdynamo im

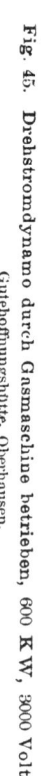

Fig. 45. Drehstromdynamo durch Gasmaschine betrieben, 600 KW, 3000 Volt. Gutehoffnungshütte, Oberhausen.

Gegensatz zu Gleichstromdynamos, welche den Magnetisierungsstrom selbst liefern können. Die A. E. G. verwendet hierzu meist Maschinen nach Modell EG, (Fig. 22, S. 32), oder PG, (Fig. 31, S. 45), welche entweder direkt mit der Welle der Drehstrommaschine selbst verbunden (Fig. 46), oder von der Betriebsmaschine mittels Riemens etc. angetrieben werden.

Fig. 46. Drehstromdynamo mit gekuppelter Erregermaschine.

Der zur Erregung erforderliche Kraftbedarf beträgt nur wenige Prozent desjenigen der Drehstromdynamo selbst, bei grösseren Maschinen weniger als 1 Proc., bei kleineren bis zu 4 Proc.

Um die Spannung einer Drehstromdynamo genau

einzustellen und bei den verschiedensten Belastungen konstant zu erhalten, schaltet man in den Erregerstromkreis einen veränderlichen Widerstand in Gestalt eines Magnetregulators ein, welcher in derselben Weise wie

Fig. 47. Drehstromdynamo-Gehäuse mit Zugstangen-Versteifung.

bei den Gleichstromdynamos der Nebenschlussregulator, (Fig. 21, S. 31), wirkt, so dass letztgenannter Apparat gleichzeitig auch als Magnetregulator bei Drehstrommaschinen in Verwendung genommen wird.

Es ist bei Drehstrom nicht erforderlich, dass die

Fig. 48. Drehstromdynamo mit Zugstangen-Versteifung, 1200 KW, 3900 Volt.
Maschinenfabrik der A. E. G.

Belastung der drei Phasen, falls eine Beleuchtungsanlage betrieben wird, immer eine genau gleiche ist. Vielmehr sind die Drehstromdynamos der A. E. G. derartig gebaut, dass selbst bei einem Unterschiede von 100 Proc. in der Belastung nur ein Spannungsunterschied von höchstens 7 Proc. an den Maschinenklemmen eintritt. Soweit als möglich wird man jedoch stets die Belastung gleichmässig verteilen.

Neuerdings hat die A. E. G. in dem Aufbau ihrer grossen Drehstromdynamos eine Vereinfachung eingeführt,[*]) indem sie bei den neuen Modellen KSD, NSD und GSD den gusseisernen Mantelring des Gehäuses, der den Eisenkern mit den Windungen bisher umfasste (Fig. 40, 42 bis 46), weglässt. Die erforderliche Versteifung des Eisenkernes wird dafür erzielt durch Anordnung des Gehäuses als Spannwerk, wobei einstellbare Zugstangen am Umfange dieses Gehäuses angreifen (Fig. 47 und 48).

b) Die elektrische Leitung bei Drehstrom.

Das Leitungsnetz einer Drehstromanlage besteht aus drei Leitungen, und, wenn bei Stern-Schaltung eine Ausgleichsleitung, (Fig. 36c und d, S. 55), verwendet wird, aus vier Leitungen.

Die Querschnitte dieser drei Leitungen sollen einander gleich sein, und auch die Ausgleichsleitung wählt man zweckmässig ebenso stark wie die Hauptleitungen.

Die Berechnung der Querschnitte dieser Leitungen ändert sich jedoch einigermassen gegenüber der Berechnung derselben bei Gleichstromanlagen.

---

*) O. Lasche: Die Konstruktion der Drehstrom-Dynamomaschine und ihre systematische Fabrikation (Zeitschrift des Vereins Deutscher Ingenieure 1901).

Es sei:

W = Watt in der Primärstation,

W_e = Watt am Ende der Leitung,

E = Spannung zwischen zwei Leitungen in Volt in der Primärstation,

J = Stromstärke jeder Leitung in Amp.,

L = Länge einer Leitung in m,

c = spezifischer Leitungswiderstand des Kupfers, ($\frac{1}{50}$ bis $\frac{1}{60}$, S. 42. Im Nachfolgenden ist der Einfachheit der Rechnung wegen der Wert $\frac{1}{50}$ eingesetzt),

P = Verlust von den in der Primärstation entwickelten Watt in Prozenten,

q = Querschnitt einer jeden der drei Leitungen in qmm.

Es ist nun bei Drehstrom:

$$W - W_e = 3 J^2 \frac{L \cdot c}{q}, \text{ und da } W_e = \frac{100 - P}{100} W$$

$$W \frac{P}{100} = 3 J^2 \frac{L \cdot c}{q}, \text{ demnach}$$

$$q = 100 \cdot c \cdot \frac{3 J^2 \cdot L}{P \cdot W} = \frac{2 \cdot L}{P} \cdot \frac{3 J^2}{W}.$$

Diese Gleichung mit $(\sqrt{3})^2 E^2 (\cos \varphi)^2$ erweitert, giebt

$$q = \frac{2 \cdot L}{P} \cdot \frac{3 J^2 (\sqrt{3})^2 E^2 (\cos \varphi)^2}{W (\sqrt{3})^2 E^2 (\cos \varphi)^2}$$

Es waren nun (S. 58) die Watt in der Primärstation $W = 1{,}732 \cdot E \cdot J \cdot \cos \varphi$ oder, da $1{,}732 = \sqrt{3}$,

$$W = \sqrt{3} \cdot E \cdot J \cdot \cos \varphi.$$

Dies eingesetzt in obenstehende Gleichung für q, giebt

$$q = \frac{2 \cdot L \cdot 3 W^2}{P W 3 E^2 (\cos \varphi)^2}, \text{ also}$$

$$q = \frac{2 \cdot L W}{P \cdot E^2 (\cos \varphi)^2}.$$

Sind an die betreffenden Leitungen nur Glühlampen oder synchrone Motoren (S. 78) angeschlossen, so wird $\cos \varphi = 1$.

Aus der oben angeführten Gleichung kann man nun aber nicht ohne weiteres den Spannungsabfall (S. 38) ableiten, wie es bei Gleichstromanlagen möglich ist. Denn bei Drehstrom ist es stets von grosser Bedeutung, ob an die Anlage Apparate von **induktionsfreien Widerständen**, also zum Beispiel Glühlampen, angeschlossen sind, oder **Apparate mit Selbstinduktion**, wie es die Drehstrommotoren mit Ausnahme der synchronen Motoren sind.

Hierdurch ist es bedingt, dass der Unterschied der Spannungen am Anfang und am Ende einer Leitung oft nahezu unabhängig vom Drahtquerschnitt ist. Es kann zum Beispiel der Fall eintreten, dass, bei konstant gehaltener Spannung von 100 Volt in der Primärstation, am Ende der Leitung 95 Volt vorhanden sind, wenn Glühlampen gespeist werden, während nur 85 Volt vorhanden sind, wenn der Strom, bei genau derselben Stromstärke wie vorher, zum Betriebe von Motoren dient. Da die Stromstärke also dieselbe geblieben ist, so ist auch der Wattverlust in der Leitung in beiden Fällen der gleiche; trotzdem ist aber der Spannungsabfall im letztgenannten Falle grösser als vorher. Dieser grössere Spannungsverlust in einem Leiter wird durch den **induktiven Spannungsabfall** oder die **Drosselung** hervorgerufen und hat seinen Grund darin, dass der Durchfluss eines Wechselstromes durch den Leiter von der Bildung eines magnetischen Feldes um denselben be-

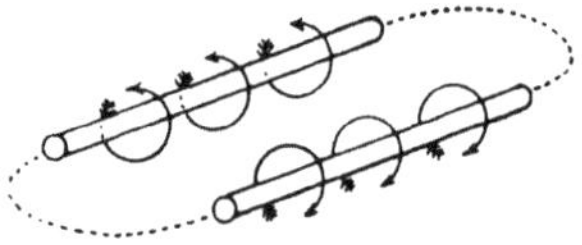

Fig. 49.

gleitet ist (Fig. 49). Dieses magnetische Feld wirkt nun seinerseits wieder auf den Leiter zurück und erzeugt in ihm eine elektromotorische Kraft, die Selbstinduktion, die den als Drosselung bezeichneten Spannungsabfall hervorbringt. Der Einfluss dieses induktiven Spannungsabfalles macht sich dabei um so deutlicher bemerkbar, je grösser die Phasenverschiebung zwischen Strom und Spannung ist.

Um die Drosselung auf das kleinste Mass einzuschränken, ist es erforderlich, das durch die Leitung gebildete Feld möglichst zu verringern.

Nun ist die Wirkung des magnetischen Feldes bei derselben Stromstärke abhängig von dem Inhalte der durch die Leitungen eingeschlossenen Fläche, (Fig. 49), welche letztere gleich dem Produkt aus dem Abstande der Drähte von einander mit der Länge der Leitung ist. Die Länge der Leitung ist meist gegeben. Um daher diese Fläche zu verkleinern, ist Hin- und Rückleitung möglichst nahe neben einander anzuordnen, und zwar ist dies um so mehr erforderlich, je länger die betreffende Leitung ist.

Verlaufen eine grössere Anzahl Leitungen zusammen, so sind demnach, um eine möglichst kleine Fläche des magnetischen Feldes zu erhalten, die Hin- und Rückleitungen bei Wechselstrom und die Leitungen der einzelnen Phasen bei Drehstrom zu vermischen und nicht etwa die gleichartigen Drähte zu Gruppen zu vereinigen.

Da ferner die Stärke des induzierten Feldes mit der Länge der Leitung zunimmt, so ist jede überflüssige Leitungsstrecke, jeder Umweg zu vermeiden. Denn diese können einen induktiven Spannungsabfall hervorrufen, der auch durch ausserordentliche Verstärkung des Leitungsquerschnittes nur wenig beeinflusst werden kann, weil die induktive Drosselung mit dem wirklichen Widerstand der Leitung in keinem Zusammenhange steht.

Die Stärke des, von einer Leitung um sich selbst gebildeten, magnetischen Feldes hängt ferner von der Stromstärke ab, da die magnetisierende Kraft einer Drahtwindung durch die Strommenge bestimmt wird. Hieraus erklärt sich der Umstand, dass bei grossen Stromstärken die Drosselspannung der Leitung sehr hoch anwachsen kann, falls nicht der oben angegebene Flächeninhalt der Leitungsschleife genügend klein genommen wird. Unbedingt nötig ist es daher, Anhäufungen von vielen Ampere in einer Leitung zu umgehen und statt einer einzigen Doppelleitung für grosse Stromstärke, zum Beispiel 600 Amp., besser mehrere Doppelleitungen für entsprechend kleinere Ströme, also etwa vier Doppelleitungen zu je 150 Amp. zu verwenden und diese dann, wie oben beschrieben, möglichst gemischt zu führen. Diese Forderung ist um so dringlicher, je länger die Strecke ist, auf welche die hohe Amperezahl übertragen werden soll. Es empfiehlt sich daher, für starke Ströme Kabel zu verwenden, in denen mehrere Drähte verseilt oder konzentrisch eng beisammen liegen. Aus denselben Gründen ist es auch oft zweckmässig, die Spannung höher zu wählen, als sonst aus ökonomischen Gründen genügend sein würde, und zwar erstens, weil hierdurch grosse Anhäufungen von Ampere leichter zu vermeiden sind, und zweitens, weil der etwa entstandene Betrag an Drosselspannung prozentual gegen die Arbeitsspannung geringer wird.

Die Anordnung von mehreren dünnen Leitungen an Stelle einer einzigen starken ist auch noch deshalb von Vorteil, weil hierdurch die Gesamtstärke der um die Leitungen gebildeten magnetischen Felder kleiner ausfällt, als die Stärke des Magnetfeldes, welches um eine

Einzelleitung von gleich grossem Gesamt-Querschnitt entsteht. Die Stärke der Felder ist nämlich abhängig von dem Umfang der Leitungen und nimmt bei gleicher Gesamt-Stromstärke und gleichem Gesamt-Querschnitt um so mehr ab, je grösser der Gesamt-Umfang aller Leiter ist. Der Umfang eines einzelnen Leiters ist aber wesentlich geringer als die Umfangs-Summe zweier oder mehrerer Leiter von gleichem Gesamt-Querschnitt, aber entsprechend kleineren Einzeldurchmessern.

Der Magnetismus einer Drahtwindung steigt nun bedeutend, wenn Eisen in die Nähe derselben gebracht wird, besonders, wenn die Anordnung dabei eine derartige ist, dass die magnetischen Kraftlinien, welche sich um den Draht herum bilden, Gelegenheit haben, gänzlich im Eisen zu verlaufen. Es ist daher nicht statthaft, einzelne Drähte in Eisenröhren zu verlegen oder für jede einzelne Leitung eisenarmierte Kabel zu verwenden, da hierbei des vollkommenen magnetischen Schlusses wegen schon ganz kurze Stücke genügen, um einen bedeutenden, induktiven Spannungsabfall hervorzurufen. Gleichzeitig wäre damit noch die Gefahr verbunden, dass infolge der fortdauernden Ummagnetisierung des Eisens das Rohr bezw. die Armierung sich leicht stark erhitzen kann.

Dagegen ist es zulässig, das ganze Leitungsbündel, d. h. Hin- und Rückleitungen, gemeinsam durch ein und dasselbe Eisenrohr zu führen oder mit einer gemeinsamen Eisenarmierung zu versehen, weil dann vermöge der entgegengesetzten Stromrichtungen das Eisen nahezu unmagnetisch bleibt. Bei Drehstrom sind statt Hin- und Rückleitung stets die drei zusammengehörigen Drähte zu verstehen.

Wie schon oben angeführt, sind alle Regeln zur Verminderung der Drosselung in Leitungen um so peinlicher zu beachten, je grösser die Stromstärke und je länger die betreffende Leitungsstrecke ist.

Die genaue Vorausberechnung der Selbstinduktion einer Leitung, also der Drosselspannung, ist sehr schwierig und kompliziert. Doch genügt es für den vorliegenden Zweck, ihren Einfluss zu kennen und die Regeln zu beachten, durch welche sie nach Möglichkeit vermindert werden kann.

Die Verlegung der Leitungen kann unter Berücksichtigung der jeweiligen Spannungen in derselben Weise wie bei Gleichstrom erfolgen (S. 36).

c) Drehstrommotoren.

Die Drehstrommotoren werden je nach der Anordnung des magnetischen Feldes eingeteilt in synchrone und asynchrone Motoren.

Die synchronen Motoren sind genau so gebaut wie die Drehstrom-Dynamomaschinen. Ihr magnetisches Feld wird also durch Gleichstrom erzeugt, der den Erregerspulen der einzelnen Magnetpole zugeführt werden muss.

In die Ankerwickelung wird der Drehstrom eingeführt.

Die synchronen Motoren gehen jedoch nicht ohne weiteres allein an. Sie müssen vielmehr erst auf ihre normale Umdrehungszahl gebracht werden, ehe sie zur Arbeitsleistung eingeschaltet werden können. Aber auch wenn dies geschehen ist, wird die Gefahr, dass sie bei Ueberlastung stehen bleiben, nie ganz vermieden.

Diese Motoren, welche ebensowohl für einfachen Wechselstrom, wie auch für Drehstrom verwendet werden können, haben dagegen den Vorteil, dass man durch entsprechende Einstellung der Erregung die Phasenverschiebung fast ganz vermeiden kann, so dass $\cos \varphi$ annähernd den Wert 1 erhält und demnach die Stromstärke in der Primärstation und in den Leitungen sich auf das kleinste Mass vermindert.

Die von der A. E. G. für gewerbliche Zwecke fast ausnahmslos verwendeten Drehstrommotoren gehören dagegen zu den asynchronen Motoren.

Bei diesen wird der von der Primärstation kommende Drehstrom in die Windungen des Motoren-Gehäuses eingeführt und erzeugt hier ein rotierendes magnetisches Feld, welches den Anker, indem es ihn mitnimmt, in Drehung versetzt.

Das Gehäuse des Drehstrommotors, in Fig. 50 schematisch dargestellt, ist mit drei Abteilungen von Windungen versehen, welche hier beispielsweise nach der Stern-Schaltung, (Fig. 36, S. 54), untereinander verbunden sind. Wird nun ein Drehstrom, nach Fig. 51 verlaufend in die Windungen dieses Gehäuses eingeführt, so ist zur Zeit a der Strom im Kreise I gleich Null, im Stromkreise II negativ und im Stromkreise III positiv, und es seien hierdurch die einzelnen Pole des Gehäuses, (Fig. 50 u. 51), in folgender Weise erregt:

Stromkreis I: Pol p = Null Pol p' = Null
Stromkreis II: Pol q = Südpol Pol q' = Nordpol
Stromkreis III: Pol r = Nordpol Pol r' = Südpol.

Diese einzelnen Komponenten setzen sich zu einem magnetischen Felde zusammen, dessen Richtung Fig. 52a zeigt.

Zur Zeit b, (Fig. 51), ist der Strom in den Kreisen I und III positiv und im Stromkreise II negativ, wodurch die einzelnen Pole in folgender Weise erregt werden:

Stromkreis I: Pol p = Nordpol Pol p' = Südpol
Stromkreis II: Pol q = Südpol Pol q' = Nordpol
Stromkreis III: Pol r = Nordpol Pol r' = Südpol.

Diese einzelnen Komponenten setzen sich zu einem magnetischen Felde zusammen, dessen Richtung Fig. 52b zeigt und welches der zur Zeit a eingenommenen Stellung gegenüber um 30 Grad verschoben ist.

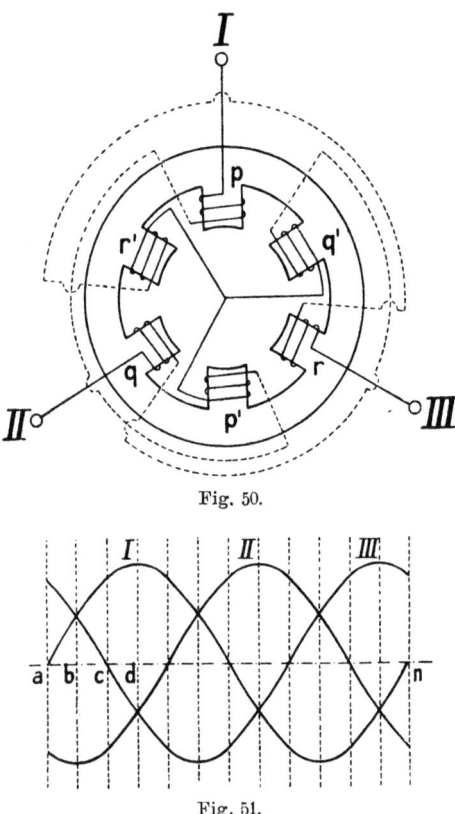

Fig. 50.

Fig. 51.

Zur Zeit c, (Fig. 51), ist der Strom im Kreise I positiv, im Stromkreise II negativ und im Stromkreise III gleich Null, wodurch die einzelnen Pole in folgender Weise erregt werden:

Stromkreis I: Pol p = Nordpol Pol p' = Südpol
Stromkreis II: Pol q = Südpol Pol q' = Nordpol
Stromkreis III: Pol r = Null Pol r' = Null.

Diese einzelnen Komponenten setzen sich zu einem magnetischen Felde zusammen, dessen Richtung Fig. 52c

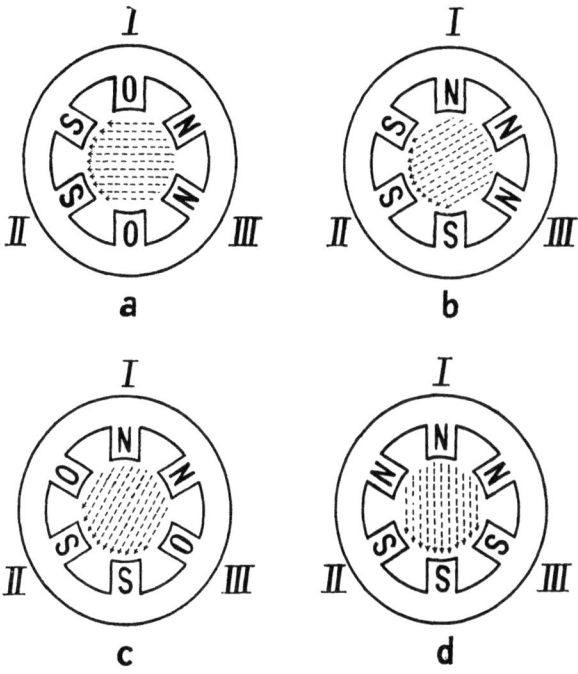

Fig. 52.

zeigt und welches seinerseits wiederum der zur Zeit b eingenommenen Stellung gegenüber um 30 Grad verschoben ist.

Zur Zeit d, (Fig. 51), ist der Strom im Kreise I positiv, in den Stromkreisen II und III negativ, wodurch die einzelnen Pole in folgender Weise erregt werden:

Stromkreis I: Pol p = Nordpol Pol p' = Südpol
Stromkreis II: Pol q = Südpol Pol q' = Nordpol
Stromkreis III: Pol r = Südpol Pol r' = Nordpol.

Diese einzelnen Komponenten setzen sich zu einem magnetischen Felde zusammen, dessen Richtung Fig. 52 d zeigt und welches seinerseits wiederum der zur Zeit c eingenommenen Stellung gegenüber um 30 Grad verschoben ist.

Im ganzen hat sich also das magnetische Feld des Gehäuses von Zeitpunkt a bis Zeitpunkt d um 90 Grad gedreht. Entsprechend dem Schema Fig. 51 setzt sich diese Drehung weiter fort, so dass zum Zeitpunkte n, also nach einer Periode, das Feld wieder dieselbe Stellung einnimmt wie zum Zeitpunkte a.

Fig. 53.

Befindet sich nun in dem Gehäuse ein drehbar gelagerter, mit in sich geschlossenen Windungen versehener Anker, so wird dieser von dem Felde, welches seinerseits Ströme in den Windungen induziert, mitgenommen und kann nun, entsprechend der in das Gehäuse eingeführten elektrischen Energie, Arbeit leisten. Es wird also bei dem Drehstrommotor nur dem Gehäuse der Betriebsstrom von aussen zugeführt.

Im Gegensatz hierzu muss bei Gleichstrommotoren der Strom dem sich drehenden Anker zugeführt werden, was mit Hülfe des Kommutators geschieht. Es kommt demnach bei dem Drehstrommotor der empfindliche Kommutator in Wegfall.

Der einfachste bei Drehstrom verwendete Anker, der von der A. E. G. zuerst konstruierte und ihr patentierte **Kurzschlussanker**, D. R. P. No. 51 083, besteht nur aus einem Eisenkern mit Nuten, in welchen Kupferstäbe liegen, die an den beiden Stirnseiten des Ankers,

an Verwendung finden, zeigt Fig. 58, Motoren desselben Modelles für Leistung unter 135 PS werden entsprechend Fig. 59 hergestellt.

Für besondere Zwecke, insbesondere für manche

Fig. 54. Kurzschlussanker.   Fig. 55. Stufenanker.

Fig. 56. Schleifringanker.   Fig. 57. Gehäuse geschlossen.
Drehstrommotor „KD" und „LKD".

Kranbetriebe etc. (Abschnitt IV, Teil 14 u 15), werden diese Motoren auch mit vollkommen geschlossenem Gehäuse, (Fig. 57 und 60), gebaut. Unrichtiger Weise wird dieses Schliessen indessen oft verlangt in Fällen, in denen offene Lager sehr wohl zulässig sind. Die dicht abgeschlossenen Motoren müssen mit Rücksicht auf die Erwärmung reichlicher bemessen sein und erfordern daher höhere Anschaffungskosten als offene Motoren. Bei den A.E.G.-Drehstrommotoren ist ein ängstliches Abschliessen um so weniger erforderlich, als bei ihnen, mit Ausnahme

Fig. 58. Drehstrommotor „HD".

natürlich der Lager, keine Teile besonders zugänglich zu sein brauchen und Schleifringe sowie Anker durch die übergreifenden Lagerarme gut und sicher geschützt sind.

Wie bei der Drehstromdynamo die Wechselzahl sich aus Polzahl und Umdrehungszahl ergiebt (S. 60), so folgt bei den Drehstrommotoren die Umdrehungszahl in der

Minute n aus der Wechselzahl in der Sekunde z und der Polzahl des Motor p in folgender Weise:

$$n = \frac{60 \cdot z}{p}.$$

Da nun die Polzahl immer eine **ganz bestimmte** ist, nämlich zwei, vier, sechs, acht etc., so sind bei gegebener

Fig. 59. Drehstrommotor „HD".

Wechselzahl nur ganz bestimmte Umdrehungszahlen möglich, also bei 100 Wechsel in der Sekunde nach obiger Formel 3000, 1500, 1000, 750 etc. Umdrehungen in der Minute.

Diese theoretische Geschwindigkeit erreicht jedoch der Drehstrommotor nur annähernd bei seinem Leerlauf.

Bei Belastung bleibt er hinter derselben um einen gewissen Betrag, Schlüpfung genannt, zurück; und zwar wächst diese Schlüpfung mit der Leistung und beträgt bei Vollbelastung ca. 5 Proc., so dass die thatsächlichen Umdrehungszahlen der Motoren hierbei ca. 2700, 1425, 950, 720 etc. in der Minute sind.

Die am Ende des Buches stehenden Tabellen (Abschnitt V, Tabellen 5 u. 6) geben eine Zusammenstellung

Fig. 60. Drehstrommotor „HD". Gehäuse geschlossen.

über die Leistungen, Preise und Gewichte der A. E. G.-Drehstrom-Elektromotoren, sowie über die Hauptabmessungen derselben.

d) **Wirkungsgrad elektrischer Drehstrom-Maschinen.**

Der Wirkungsgrad einer Drehstrom-Dynamomaschine hat annähernd denselben Wert wie der einer gleich grossen Gleichstrom-Dynamomaschine.

Er ergiebt sich aus den geleisteten wirklichen Watt und den dabei verbrauchten Pferdestärken folgendermassen:

$$\eta = \frac{\text{geleistete wirkliche Watt}}{\text{PS} \times 736}$$

Wie schon gesagt (S. 57) nimmt indessen die Leistung einer Drehstrom-Dynamomaschine mit wachsender Phasenverschiebung im Verhältnis von cos φ ab, wenngleich die Spannung zwischen 2 Leitungen und die Stromstärke jeder Leitung dieselben geblieben sind. Da nun aber die für die Erregung aufzuwendende Energie, auch bei dieser verminderten Leistung, annähernd gleich hoch bleibt, so wird der Wirkungsgrad der Drehstrom-Dynamomaschinen mit zunehmender Phasenverschiebung etwas ungünstiger.

Auch der Wirkungsgrad der Drehstrommotoren ist annähernd derselbe wie bei den Gleichstrommotoren, so dass also kleinere Motoren einen ungünstigeren Wirkungsgrad haben als grosse und dass ein und derselbe Motor bei geringerer Belastung nicht so günstig arbeitet als bei voller Leistung. Die Kurve I des Wirkungsgrades für einen fünfpferdigen Drehstrommotor KD 50 zeigt Fig. 61.

Der Wirkungsgrad selbst ergiebt sich aus den geleisteten Pferdestärken und den dabei verbrauchten wirklichen Watt folgendermassen:

$$\eta = \frac{\text{PS} \times 736}{\text{Gebrauchte wirkliche Watt}}$$

Bei einer Drehstrom-Kraftübertragungs-Anlage ist für die Motoren ausser dem Wirkungsgrad aber noch der Leistungsfaktor, das cos φ, von grosser Wichtigkeit, da derselbe, wie schon oben (S. 57) festgestellt, auf die Dimensionierung der Dynamomaschinen, Leitungen und Apparate von wesentlichem Einfluss ist. Je schlechter,

d. h. kleiner das cos φ, desto ungünstiger wird die Dynamo und mit ihr das ganze zugehörige Leitungsnetz ausgenützt.

Hervorgerufen wird nun dieses cos φ hauptsächlich durch die Motoren. Es ist daher von grösster Bedeutung,

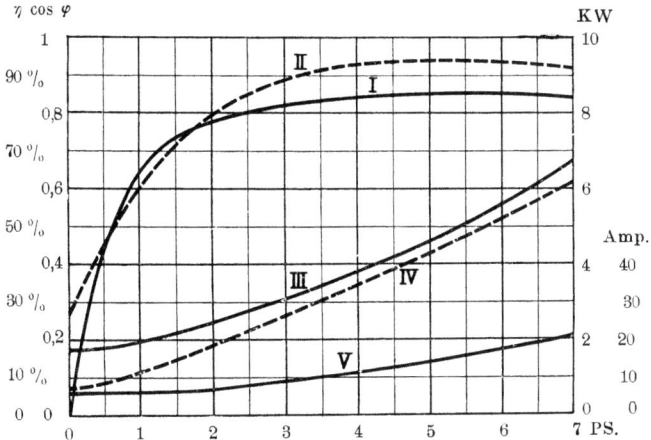

Fig. 61. Drehstrommotor, 5 PS normal.
Kurve I: η, Wirkungsgrad.   Kurve III: Scheinbare Kilowatt.
   „ II: cos φ, Leistungsfaktor.   „ IV: Wirkliche Kilowatt.
Kurve V: Stromstärke in Amp.

dass bei der Konstruktion der Motoren dieser Faktor gebührend berücksichtigt wird.

Den Verlauf des cos φ für einen Motor von normal 5 PS zeigt Kurve II (Fig. 61); innerhalb der Grenzen von 2,5 bis 7 PS ist der Wert des cos φ dabei gleich 0,85 bis 0,92, demnach ein für die Grösse des Motors sehr hoher, ohne dass indessen der Wirkungsgrad, die Anzugskraft oder andere Eigenschaften des Motors beeinträchtigt worden sind.

Es enthält Fig. 61 ausserdem noch die beiden Kurven III der scheinbaren und IV der wirklichen Kilowatt, die hier infolge des guten cos φ ziemlich dicht bei einander liegen.

Die Spannung wird bei Drehstromanlagen immer konstant gehalten, es ändert sich also mit dem schlechteren cos φ nur die Stromstärke. Da nun mit der Entlastung des Motors cos φ abnimmt, wie Fig. 61 zeigt, so ist selbst bei Leerlauf die Stromstärke noch recht erheblich, Kurve V; die Spannung, welche zu dieser Stromkurve gehört, ist zu 190 Volt zwischen zwei Leitungen angenommen. So erreicht die Leerlaufstromstärke bei kleineren Motoren, KD und LKD, annähernd $^2/_3$ bis $^1/_2$ des Wertes der Vollbelastung.

Bei den grösseren Motoren, Modell HD und LHD, stellt sich der Wert der Leerlaufstromstärke geringer, und zwar nimmt er ab bis $^1/_3$ der Stromstärke bei Vollbelastung.

Es ist daher, mit Rücksicht auf die Primärstation, bei Drehstrom von besonderer Bedeutung, dass die Motoren für ein gutes, d. h. dem Werte 1 nahe kommendes cos φ konstruiert sind und ausserdem möglichst mit voller Belastung arbeiten.

II.

Arten der Kraftübertragung.

4. Vergleich zwischen elektrischen und mechanischen Uebertragungen.

Wie schon früher erörtert, besteht eine elektrische Kraftübertragung aus drei Hauptteilen: der Dynamomaschine, der Leitung und dem Elektromotor. Diese drei Glieder reichen jedoch für den Betrieb einer Arbeitsmaschine nur dann aus, wenn diese Maschine dieselbe Umdrehungs-Geschwindigkeit hat wie der Elektromotor, so dass sie mit diesem unmittelbar gekuppelt werden kann. Sind die Geschwindigkeiten beider Maschinen aber nicht gleich, so muss noch ein mechanisches Uebersetzungsglied eingeschaltet werden, das den Wirkungsgrad der ganzen Anordnung unter Umständen wesentlich beeinflusst.

Selbst die direkte Kupplung — Scheibenkupplung, Muffenkupplung, Sellerskupplung etc. — kann sich nach einiger Zeit als kraftverzehrendes Zwischenglied erweisen, wenn die naheliegenden Lager infolge ungleicher Belastung sich ungleich ausgelaufen haben und Klemmungen u. dgl. entstehen, von solchen Klemmungen nicht zu reden, welche die Folge ungenauer Ausführung sind.

Auch Transmissionswellen und Riemenübertragungen sowie Räder und Schneckengetriebe weisen oft recht bedeutende Kraftverluste auf.

Um sich nun über die Wirkungsgrade aller dieser Betriebsmittel ein eigenes Urteil zu verschaffen, hat die A. E. G. in umfassendem Masse genaue dynamometrische Messungen unter Anwendung von Elektromotoren angestellt. Aus der beobachteten Stromstärke und Spannung wurde die Leistung derselben mit Hülfe der oben angegebenen Formeln (S. 46 etc.) bestimmt.

Von den Ergebnissen dieser Messungen sollen hier einige Daten mitgeteilt werden, soweit sie dem vorliegenden Zwecke der Vergleichung mechanischer und elektrischer Uebertragungen dienen können.*)

Es fand sich, dass Riemen bei einer mittleren Stärke von ca. 5—6 mm, bei einer Geschwindigkeit von 5 m in der Sekunde und bei Riemscheibendurchmessern von ca. 20 bis 60 cm für 1 cm Riemenbreite ca. 5 kgm verbrauchten.

Ferner ergab sich bei einfachen Stirnradübersetzungen mit Rädern von reichlich bemessenen Zahndimensionen, deren Zähne auf der Maschine geschnitten sind, ein Wirkungsgrad bis 97 Proc., bei doppelten bis 90 Proc., während er bei Rädern mit unbearbeiteten Zähnen bei einfacher Uebersetzung nur ca. 90 Proc. betrug und bei doppelter Uebersetzung auf 70 bis 65 Proc. sank. Bei hohen Geschwindigkeiten, mit denen man bei Elektromotoren im allgemeinen zu rechnen hat, ist deshalb — auch schon des stilleren Ganges wegen — die Anwendung gefräster Zähne in genauester Aus-

---

*) s. auch E. Hartmann, „Anwendung elektrischer Kraftübertragung", Zeitschrift des Vereins Deutscher Ingenieure 1892 S. 1113.

führung und von zweckmässiger Zahnform unbedingt erforderlich (S. 216). Wünscht man einen besonders stillen Gang, so kann man den Metallklang der Räder noch durch Bleifüllungen dämpfen, oder man fräst die Zähne etwas schraubenartig schräg und setzt je zwei Räder von entgegengesetzter Schrägung nebeneinander. Mit diesen sogenannten Pfeilrädern erreicht man bei entsprechenden, nicht zu hohen Belastungen noch einen verhältnismässig stillen Gang, selbst bei hohen Geschwindigkeiten.

Als Material der Zahnräder verwendet man zweckmässig Phosphorbronze- oder Stahl-Trieb in Verbindung mit Gusseisen-Rad. Auch haben sich unter Umständen bei nicht zu hohen Belastungen Rohhaut-Räder, welche aus fest zusammengepressten rohen Häuten bestehen und sich fast wie Metall fräsen lassen, gut bewährt. Dieselben haben noch den Vorteil, dass das durch sie erzeugte Geräusch gegenüber Metallrädern wesentlich vermindert ist.

Aber auch bei Einhaltung aller bisher genannten Bedingungen lässt sich ein wirklich geräuschloser Gang mit Stirnrädern nur erreichen, sofern die Umfangsgeschwindigkeit derselben im Teilkreise ca. 6 m in der Sekunde nicht übersteigt.

Für kleinere Kräfte eignet sich auch unter Umständen der Friktionsantrieb recht gut, wobei das Triebrad zweckmässig aus Leder, das getriebene aus Gusseisen herzustellen ist. (S. 220.)

Es erübrigt nun noch, einige Worte dem Schneckenbetrieb zu widmen, dessen Einfachheit selbst bei Ueberwindung der stärksten Uebersetzungen besonders bestechend für seine Anwendung erscheint. Für grössere Kräfte hat jedoch seine Verwendung bald ihre Grenze. Dagegen wird er bei der Wahl fester Materialien, als Stahlschnecke bei gefrästem Phosphorbronzerad, sowie unter Annahme reichlich bemessener Arbeitsflächen zu einem sehr brauchbaren Uebertragungsmittel für mittlere und kleinere Kräfte. Die eingängige Schnecke eignet sich mit ihrem geringen Wirkungsgrad von 40—60 Proc. nur für besondere Fälle. Wendet man dagegen mehrgängige Schnecken mit höherem Steigungswinkel bis 45° an, so ergiebt sich ein Wirkungsgrad bis zu 84 Proc., und es tritt dadurch der Schneckenbetrieb in die Reihe der brauchbaren Uebertragungsmittel ein.

Zweckmässig ist die Schnecke besonders bei intermittierendem Betriebe, da hierbei selbst bei höherer Beanspruchung kein Warmlaufen und nur geringe Abnutzung eintritt, während der Wirkungsgrad infolge des Kaltbleibens der Schnecke immerhin ein günstiger bleibt.

Zur Verbindung der Schneckenwelle mit der Welle des Elektromotors, wie auch an Stelle der bereits erwähnten festen Kupplungen verwendet die A. E. G. vielfach Bandkupplungen (S. 214).

Um einen Ueberblick über die Gesamtresultate der oben genannten Versuche zu geben, ist die beistehende Tabelle (S. 97) zusammengestellt. Hierbei bedeutet bei den mechanischen Transmissionen: die I. Stufe den Riemen zwischen Vorgelege und anzutreibender Maschine, die II. Stufe die Vorlegewelle, die III. Stufe die Primärtransmission samt Antriebsriemen.

In dieser Tabelle geben die Mittel- und Grenzwerte nicht nur Aufschlüsse über die Betriebsersparnisse, die mit elektrischer Uebertragung zu erzielen sind, sondern sie lehren auch, diejenigen Fälle zu finden, in denen der Ersatz anderer Transmissionsmittel durch den elektrischen Betrieb richtig ist.

Sie lassen erkennen:

1. Dass schwach besetzte Transmissionen von ausgedehnterer Wellenlänge oder mehr-

Vergleichstabelle der Wirkungsgrade mechanischer und elektrischer Uebertragungen.

No.	1	2	3	4	
Besetzung der Wellen	schwach	gut	voll	gut	
1. Mechanische Uebertragungen					
Wirkungsgrad der I. Stufe	0,395	0,860	0,930		
„ „ II. „	0,683	0,835	0,915		
„ „ III. „	0,762	0,840	0,775		
Gesamtwirkungsgrad 2 stufig	0,521	0,700	0,710	0,68	Bei Vollbelastung
	\multicolumn{3}{c}{im Mittel 0,644}		
3 „	0,206	0,605	0,660		
	\multicolumn{3}{c}{im Mittel 0,490}		„ 3/4 der Vollbelastung
2 „	0,465	0,640	0,645		
	\multicolumn{3}{c}{im Mittel 0,583}		„ 2/3 der Vollbelastung
2 „	0,433	0,607	0,620		
	\multicolumn{3}{c}{im Mittel 0,553}		
Mittlere Entfernung der Riemscheiben	2,08 m	0,55 m	0,375 m		

2. Mittel- und Grenzwerte	Mechan. Uebertragung	Elektr. Uebertragung	Ersparnisse durch elektr. Uebertrag. in Proc.	
a) Mittelwerte:				
Wirkungsgrade bei 2 Stufen	0,644	0,73	11,8	Bei Vollbelastung
3 „	0,490	0,73	32,9	„ 3/4 der Vollbelastung
2 „	0,583	0,70	16,7	
2 „	0,553	0,68	18,7	„ 2/3 der Vollbelastung
b) Grenzwerte:				
Wirkungsgrade bei 2 Stufen	0,521—0,710	0,73	28,6 — 2,7	Bei Vollbelastung
3 „	0,206—0,660	0,73	71,8 — 9,6	„ 3/4 der Vollbelastung
2 „	0,465—0,645	0,70	33,5 — 7,9	
2 „	0,433—0,620	0,68	36,3 — 5,9	„ 2/3 der Vollbelastung

3. Dampfbetriebe	Kleine Hochdruckmaschinen mit Centraldampfleitung	Grosse Centraldampfdynamo mit elektr. Uebertragung	Ersparnisse bei elektr. Uebertragung in Procenten
Stündl. Dampfverbrauch pro geleistete PS . kg	10—16	5—8	ca. 50

stufiger Riemenübertragung wohl stets mit Vorteil durch elektrischen Betrieb ersetzt werden, und zwar entweder:

a) dadurch, dass der Motor direkt an die Arbeitsmaschine angeschlossen wird, so dass er mit der letzteren ein organisches Ganzes bildet, Einzelbetrieb (S. 209), oder:

b) dadurch, dass der Motor, die Haupt- und Zwischentransmission ersetzend, eine kleinere Gruppe von Maschinen treibt mittels einer möglichst direkt an ihn angeschlossenen Zwischentransmission, welche thunlichst leicht, kurz und dabei dicht besetzt ist, Gruppenbetrieb (S. 208).

Die Ersparnisse bei elektrischem Betriebe gegenüber mechanischen Transmissionen betragen ca. 11,8 bis 32,9 Proc.

2. Dass der Ersatz von Dampfcentralen — mit einer Reihe kleiner Auspuffmaschinen, die an erstere angeschlossen sind — durch eine elektrische Centrale — bestehend aus einer ökonomisch arbeitenden Centraldampfdynamo mit einer Reihe an dieselbe durch Leitungsdrähte angeschlossener Elektromotoren — stets ganz erhebliche Vorteile bringt, indem dadurch selbst kleine Betriebe mit geringen Unterschieden der wirtschaftlichen Vorzüge grosser, sparsam arbeitender Dampfmotoren teilhaftig werden.

Die Ersparnisse bei elektrischem Betriebe gegenüber einer Dampfcentrale können betragen bis über 50 Proc.

3. Dass die Anwendung elektrischen Betriebes auf intermittierende Betriebe (Hebemaschinen, Aufzüge) unter allen Umständen wirtschaftlich rationell erscheint.

Die hierbei zu erzielenden Ersparnisse sind bei Beschreibung der Aufzüge (Abschnitt IV, Teil 13b) nachgewiesen.

Um zu zeigen, in welch bedeutendem Grade unter Umständen die elektrische Uebertragung der mechanischen überlegen ist, sei nachfolgendes Beispiel hier angeführt:

Es sollte eine der Kraftquelle fernstehende, 7 Pferdestärken zum Betriebe erfordernde Schrotmühle in einer Brauerei von einer elektrischen Centrale aus, welche für die Kellerbeleuchtung permanent im Betriebe ist, elektrisch betrieben werden.

Der Gesamtwirkungsgrad der elektrischen Uebertragung setzt sich zusammen aus:

Wirkungsgrad der mit einer Dampfmaschine
direkt gekuppelten Dynamo = 0,90
„ „ der elektrischen Leitung . . = 0,98
„ „ des 7pferdigen Elektromotors = 0,85
„ „ einer Stirnradübersetzung
zwischen Elektromotor } = 0,97
und Schrotmühle . . .

Daraus berechnet sich der Gesamtwirkungsgrad zu
0,90 . 0,98 . 0,85 . 0,97 = 0,73 oder 73 Proc.

Es sind also zum elektrischen Betrieb der Schrotmühle nötig: $\dfrac{7}{0,73} = 9,6$ PS

Eine mechanische Transmission, welche durch diese elektrische ersetzt wurde, erforderte mit ihren 3 Stufen laut Indikatormessungen folgende Betriebskraft:

I. Stufe: Riemen zwischen Vorgelege und
Schrotmühle . . . . 0,2 PS
II. Stufe: Vorgelegewelle, 26 m lang, 40 mm
stark samt Riemen . . . . 2,7 PS
III. Stufe: Primärtransmission, 60 m lang, 40 mm
stark samt Antriebsriemen . . . . 3,8 PS
in Summe 6,7 PS

Danach betrug der Gesamtwirkungsgrad der Transmissionsanlage:
$$100 \cdot \frac{7}{7+6,7} = 51 \text{ Proc.}$$

Und zum Transmissionsantrieb der Schrotmühle sind erforderlich:
$$\frac{7}{0,51} = 13,7 \text{ PS}$$

Demnach werden durch Einführung des elektrischen Betriebes 4,1 PS oder **30** Proc. des Kraftbedarfes bei dem früheren mechanischen Antrieb gespart.

5. Vergleichung von Kraftübertragungs-Systemen,

betrieben durch

Druckluft, Druckwasser, Dampf oder Elektricität in ihrer Verwendung für Hebezeuge.

a) Kohlenverbrauch.

Bei Kraftübertragungs-Anlagen von einer Centrale aus nach verschiedenen Verbrauchsstellen können nach dem heutigen Entwickelungsgrade der Technik vier verschiedene Systeme in Betracht kommen, welche sich durch das verwendete Kraftmittel unterscheiden. Es sind dies:

1. Die Kraftübertragung mittels Druckluft,
2. die Kraftübertragung mittels Druckwassers,
3. die Kraftübertragung mittels Dampfes,
4. die Kraftübertragung mittels Elektricität.

Für einen Vergleich dieser vier Systeme auf ein und derselben Grundlage eignet sich besonders gut eine Hafenkran-Anlage, deren einzelne Kräne von einer gemeinsamen Centralstation aus ihre Speisung erhalten; und zwar hauptsächlich auch deshalb, weil über derartige Anlagen Betriebsresultate für alle vier Systeme vorliegen.

Eine Zusammenstellung dieser Ergebnisse, wie sie die umstehende Tabelle enthält, erscheint daher geeignet zur Beurteilung der Betriebsverhältnisse bei den angeführten vier Systemen.

Die in den drei ersten Rubriken I bis III enthaltenen Daten über Betrieb mittels Druckluft, Druckwassers und Dampfes sind einem Vortrage von B. Gerdau: „Ueber Lösch- und Ladevorrichtungen für Schiffe und Eisenbahnen", Zeitschrift des Vereins Deutscher Ingenieure 1892 S. 306 etc., entnommen.

Für den Betrieb mit rotierenden Druckluft-Motoren sind die von Prof. Riedler in derselben Zeitschrift 1891 (S. 117) gegebenen Daten benutzt, während für direkt wirkende Druckluft-Maschinen die von Gerdau nach diesen Daten berechneten Grössen beibehalten sind.

Für Druckwasser und direkt wirkenden Dampf sind die aus den praktischen Erfahrungen an den Kränen des Hamburger Freihafens und der Altonaer Quai- und Lagerhaus-Gesellschaft gewonnenen Zahlen eingesetzt, hingegen bei rotierenden Dampfmotoren die von Gerdau rechnerisch bestimmten Grössen aus oben genanntem Vortrage unverändert aufgenommen.

Die in der letzten Rubrik bei Anwendung der Elektricität als Betriebsmittel eingestellten Zahlen endlich entsprechen genau dem derzeitigen Stande der Elektrotechnik, als Ergebnis zahlreicher Untersuchungen und praktischer Erfahrungen mit den von der A. E. G. bereits in grosser Zahl aufgestellten elektrisch betriebenen Hebezeugen. Insbesondere sei bemerkt, dass bei sachgemässer Ausführung und bei den hier vorkommenden Entfernungen der Wirkungsgrad der Leitung mit 96 Proc. nicht zu günstig angenommen ist.

Bei allen vier Systemen ist vorausgesetzt, dass eine Nutzlast von 1500 kg mit einer Geschwindigkeit von

Tabelle über den wirtschaftlichen Wert von Ladekränen verschiedener Systeme.

No.	Tabelle I	I. a Druckluft Rotier. Motor	I. b Druckluft Direkt wirk.	II. Druckwasser	III. a Dampf Rotier. Motor	III. b Dampf Direkt wirk.	IV. Elektricität
	Centrale Dampfanlage mit Presspumpe bezw. Dynamo PS	125	125	125	125	125	125
	Nutzlast kg	1500	1500	1500	1500	1500	1500
	Hubgeschwindigkeit in m. per Sec.	0,6	0,6	0,6	0,6	0,6	0,6
	Theoretische Arbeit in PS	12	12	12	12	12	12
	Stündl. Kohlenverbrauch pro 1 ind. PS in kg	1	1	1	1	1	1
	Verdampfungsgrad der Kessel	8	8	8	8	8	8
	Wirkungsgrad des Windewerkes	0,75	—	—	0,75	—	0,75
	Verhältnis der effektiven Leistung z. indizierten in der Dampfmaschine	0,85	0,85	0,85	—	—	0,85
	Verhältnis der am Lasthaken geleisteten Nettoarbeit z. Pumpenleistg. beim hydr. Betrieb	—	—	0,60	—	—	—
	Wirkungsgrad der Zuleitung	0,83	0,83	—	—	—	0,96
	Wirkungsgrad des Elektromotors	—	—	—	—	—	0,87
	Wirkungsgrad d. Primärdynamomaschine	—	—	—	—	—	0,91
1	Stündl. Kohlenverbr. kg	28,8	39,3	24,1	47	45	24,8
2	Stündl. Kohlenverbr. kg bei 24 Hüben in d. Stde. zu 25 Sec.	4,8	6,55	4,0	7,85	7,5	4,1
3	Stündl. Kohlenverbr. kg einschl. Kraftverbrauch während der Arbeitspausen bei voller Last	8,83	7,4	—	10,63	10,2	—
4	Stündl. Kohlenverbr. kg einschl. Kraftverbrauch während der Arbeitspausen bei halber Last	5,96	4,99	—	7,17	6,88	—
	Tabelle II						
	Wirkungsgrad d. Windewerkes bei elektrischem Betriebe	—	—	—	—	—	0,81
5	Stündl. Kohlenverbr. bei voller Last ohne Rückstrom kg	8,83	7,4	4,0	10,63	10,2	**3,8**
	Wirkungsgrad d. Elektromotors b. halber Last	—	.	—	—	—	0,78
6	Stündl. Kohlenverbr. bei halber Last ohne Rückstrom kg	5,96	4,99	4,0	7,17	6,88	**2,52**
7	Stündl. Kohlenverbr. bei voller Last mit Rückstrom kg	8,83	7,4	4,0	10,63	10,2	**2,77**
8	Stündl. Kohlenverbr. bei halber Last mit Rückstrom kg	5,96	4,99	4,0	7,17	6,88	**2,11**

0,6 m in der Sekunde senkrecht durch ein Hebezeug auf 15 m Hubhöhe gebracht wird, was eine Arbeit von $\frac{1500 \cdot 0{,}6}{75} = 12$ PS erfordert, und ferner sollen 24 Hebungen in der Stunde, jede zu 25 Sekunden, ausgeführt werden. Auf diesen Grundlagen ist der Kohlenverbrauch in der Stunde für die verschiedenen Systeme bestimmt.

Es finden sich für denselben zunächst in der Tabelle I unter No. 1 die berechneten Resultate von:

28,8 bezw. 39,3; 24,1; 47 bezw. 45; 24,8 kg,

wobei angenommen ist, dass die Arbeit ohne Unterbrechung geleistet wird. Da nun aber die wirkliche Betriebszeit jedes Kranes bei 24 Hebungen in der Stunde, jede zu 25 Sekunden, nur $^1/_6$ dieser Zeit beträgt, so verringern sich diese Werte entsprechend der Reihe No. 2 zu

4,8 bezw. 6,55; 4,0; 7,85 bezw. 7,5; 4,1 kg.

Es finden sich in der Tabelle unter No. 3 ferner die Werte

8,83 bezw. 7,4; 10,63 bezw. 10,2 kg,

welche unter der Annahme berechnet sind, dass in den Pausen zwischen den einzelnen Hüben bei allen Betriebsarten, mit Ausnahme des Druckwasser- oder hydraulischen Betriebs und des elektrischen, Verluste auftreten. Diese werden verursacht bei dem Druckluft-Betriebe durch die auch in den Pausen zu heizenden Vorwärmöfen und durch den Arbeitsverbrauch des Druckluftmotors, der, wie in dem Vortrage von Gerdau nachgewiesen ist, zur Verhütung eines schlechteren Wirkungsgrades während der Pausen leerlaufen muss. Bei Dampfbetrieb treten fortdauernd die unvermeidlichen Wärmeverluste in den Leitungen auf.

Es sei hier ausdrücklich hervorgehoben, dass die Motoren der elektrisch betriebenen Kräne stets mit voller Last anzulaufen im stande sind und in den Arbeitspausen vollkommen stillstehen, so dass also während dieser letzteren Zeit weder in den Elektromotoren, noch in der Zuleitung irgend welche Verluste auftreten.

Die Werte für die halbe Belastung bei Druckluft und Dampf, welche Reihe No. 4 angiebt,

5,96 bezw. 4,99; 7,17 bezw. 6,88 kg

sind gefunden unter der Berücksichtigung, dass die Leerlaufswiderstände der Motoren und Getriebe hierbei ca. 35 Proc. der Vollarbeit betragen.

Bei Druckwasser-Betrieb bleibt der Bedarf an Druckwasser bei allen Belastungen derselbe. Es sind zwar auch hydraulische Hebezeuge konstruiert worden, deren Druckwasserbedarf durch Anwendung mehrstufiger Presskolben sich in engen Grenzen den zu hebenden leichteren Lasten anpasst; jedoch scheinen sich letztere Apparate bisher nicht genügend bewährt zu haben.

Bei elektrisch betriebenen Kränen hat sich nun in der Praxis der Wirkungsgrad des Windewerkes zu 81 Proc. ergeben, anstatt der bisher angenommenen 75 Proc. Demnach vermindert sich hierbei der Kohlenverbrauch, so dass er nur noch $4,1 \dfrac{0,75}{0,81} = 3,8$ kg bei Vollbelastung beträgt. (Tabelle II S. 103.)

Der Wert für die Hälfte der Last findet sich in Procenten der Vollbelastung zu $100 - 81 + \dfrac{81}{2} = 59,5$ Proc., woraus sich also ein Wert von $0,595 \cdot 3,8 = 2,26$ kg für die halbe Belastung ergiebt.

Diese Zahl muss noch eine Korrektur erhalten in Rücksicht darauf, dass der Wirkungsgrad des Elektromotors bei halber Belastung um etwa 9 Procent zurückgeht. Der Kohlenverbrauch stellt sich also auf

$$2,26 \cdot \dfrac{0,87}{0,78} = 2,52 \text{ kg.}$$

Die Zahlenreihe heisst demnach jetzt für die volle Belastung, Reihe No. 5,

8,83 bezw. 7,4; 4,0; 10,63 bezw. 10,2; 3,8 kg
und bei halber Belastung, Reihe No. 6,

5,96 bezw. 4,99; 4,0; 7,17 bezw. 6,88; 2,52 kg.

Schon die erste dieser beiden Reihen zeigt, dass bei einem Wettstreit um den Vorrang nur der hydraulische und der elektrische Betrieb in Frage kommen können.

Erfahrungsgemäss kommt es nun aber nur ganz vereinzelt vor, dass derartige Hebezeuge mit voller Belastung arbeiten. In den weitaus meisten Fällen wird vielmehr die Belastung zwischen $^2/_5$ und $^3/_5$ der maximalen schwanken, so dass also als Grundlage eines Vergleiches die zweite Reihe No. 6 mit den Werten für die halbe Belastung zu dienen hätte.

b) Rückstrom bei elektrischem Betriebe.

Bei dem bisherigen Ergebnis ist ein Faktor unberücksichtigt geblieben, welcher geeignet erscheint, dasselbe noch weiterhin zu Gunsten der Elektricität zu beeinflussen.

Wenn nämlich die gehobene Last abgesetzt wird, so bewegt sie nun ihrerseits durch das Windewerk den Elektromotor, im vorliegenden Falle einen Nebenschlussmotor, und sucht ihn mit zunehmender Geschwindigkeit zu drehen. Es wandelt sich also der Motor aus einer antreibenden in eine angetriebene Maschine, d. h. in eine stromerzeugende Dynamomaschine um. Infolge ihrer elektrischen Eigenschaften überschreitet nun diese eine bestimmte Umdrehungszahl nicht, sie wirkt also als Bremse, und die hierbei aufgespeicherte Kraft wird als elektrischer Strom an die Centrale zurückgeliefert

Wie erheblich dieser Rückstrom unter Umständen sein kann, soll folgende Betrachtung klar legen.

Der Kran soll beim Löschen die Last von 1500 kg mit einer Geschwindigkeit von 0,6 m in der Sekunde vom Schiff aus 15 m hoch heben und nach der Drehung 4 m tief auf den Schuppen an Land absetzen; beim Laden dagegen hebt er diese 1500 kg nur 4 m hoch und setzt sie 15 m tief im Schiffe ab.

Es sind 4 Hauptfälle zu unterscheiden:

a) Bei dem Heben der vollen Last von 1500 kg hat der Motor theoretisch die schon angeführte Leistung von $\frac{1500 \cdot 0,6}{75} = 12$ PS.

Da der Wirkungsgrad des Windewerkes aber 0,81 beträgt, so erhöht sich die aufzuwendende Arbeit auf $\frac{12}{0,81} = 14,8$ PS. Der Elektromotor hat bei Vollbelastung einen Wirkungsgrad von 0,87, d. h. er braucht $\frac{736}{0,87}$ = 846 Watt für die Pferdestärke, demnach für 14,8 Pferdestärken 12 520 Watt.

b) Bei dem Senken der vollen Last von 1500 kg treibt diese Last zunächst das Windewerk, es bleiben also zum Antriebe der elektrischen Maschinen übrig $12 \cdot 0,79 = 9,5$ PS. Denn der geringeren Belastung des Windewerks wegen ist dessen Wirkungsgrad nur noch 0,79. Da hierbei ferner die elektrische Maschine etwa zu $^2/_3$ belastet ist, so geht ihr Wirkungsgrad auf 0,82 zurück, d. h. der Elektromotor giebt unter diesen Umständen als Dynamo 600 Watt für die Pferdestärke, und die Grösse des Rückstroms entspricht $9,5 \cdot 600 = 5700$ Watt.

c) Bei dem Heben der halben Last von 750 kg hat der Motor theoretisch zu leisten $\frac{750 \cdot 0,6}{75} = 6$ PS. In folge dieser kleineren Belastung ist der Wirkungsgrad des Windewerkes nur noch zu 0,74 anzunehmen; der Elektromotor muss also leisten $\frac{6}{0,75} = 8$ PS. Hierbei braucht er, da sein eigener Wirkungsgrad bei halber

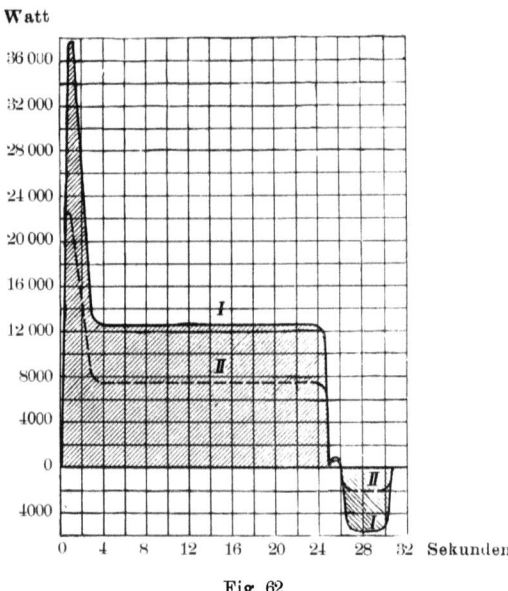

Fig. 62.

Belastung zu 0,78 einzusetzen ist, $\frac{736}{0,78} = 944$ Watt für die Pferdestärke; im ganzen also $8 \cdot 944 = 7552$ Watt.

d) Bei dem Senken der halben Last von 750 kg treibt diese Last zunächst wiederum das Windewerk Es verbleiben demnach unter der Annahme, dass der Wirkungsgrad des Windewerkes bei dieser noch kleineren Belastung nur noch 0,65 ist, zum Betriebe der elektrischen Maschine $6 \cdot 0,65 = 3,9$ PS. Die elektrische Maschine ist mit 3,9 Pferdestärken etwa mit ¹/₄ ihrer normalen Leistung beansprucht und giebt dabei 515 Watt für die Pferdestärke, so dass bei halber Last die zurückgelieferte elektrische Energie 3,9 × 515 = 2000 Watt beträgt.

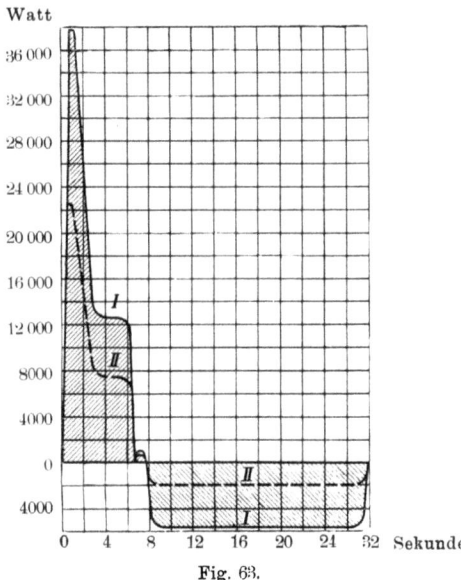

Fig. 63.

Die Zeit zum Heben der Last beträgt bei 15 m Hubhöhe 25 Sekunden und bei 4 m Hubhöhe 6,7 Sekunden

Beim Senken der Last, als Dynamomaschine, läuft jedoch die elektrische Maschine erfahrungsgemäss um 15 Proc. schneller wie als Elektromotor, so dass hierbei die Zeit des Senkens bei 15 m Höhe 21,2 Sekunden beträgt und bei 4 m Höhe 5,7 Sekunden.

Auf Grund dieser Berechnung sind die Kurven Fig. 62 und 63 bestimmt, welche ein Bild der Vorgänge beim

Löschen und Laden geben. Die schraffierte Fläche über der Nullinie giebt die geleistete Arbeit, die schraffierte Fläche unter der Nullinie die an die Centrale zurückgelieferte elektrische Energie. Die letztere Fläche zeigt, welch bedeutendes Mass von Arbeit alle anderen nicht elektrischen Systeme bei dem Senken der Last durch die dabei unvermeidliche Bremsung verloren gehen lassen, während nur das elektrische System eine Wiedergewinnung und Nutzbarmachung dieser Arbeit gestattet.

Es ist zu bemerken, dass bei dem Angehen zur Ueberwindung der Trägheit der Massen der Elektromotor, wie es überhaupt bei allen Motoren auch jeden anderen Systems der Fall ist, für ganz kurze Zeit eine Mehrbelastung erfährt. Diese Arbeit ist ausgedrückt durch das plötzliche Ansteigen der Kurven I und II.

Es zeigt sich ferner, dass beim Löschen (Fig. 62) der Rückstrom nur gering ist, während er beim Laden (Fig. 63) eine so bedeutende Grösse erreichen kann, dass er unter Umständen die vom Motor gebrauchte Strommenge noch übertrifft.

Für den vorliegenden Fall ergiebt sich Folgendes:
Bei dem Löschen mit voller Last beträgt die durch den Rückstrom zurückgewonnene Arbeit 6,5 Proc. der geleisteten Arbeit. Kurve I (Fig. 62).
Bei dem Löschen mit halber Last 3,9 Proc., Kurve II (Fig. 62).
Bei dem Laden mit voller Last 83 Proc., Kurve I (Fig. 63).
Bei dem Laden mit halber Last 49,5 Proc., Kurve II (Fig. 63).

Nimmt man nun an, dass die Arbeit des Löschens und Ladens sich gleichmässig verteilt, so ergiebt sich der Rückstrom bei voller Last von 1500 kg zu 27,1 Proc. des Arbeitsstromes, und bei halber Last von 750 kg zu 16,1 Proc.

Die oben angeführten Werte des stündlichen Kohlenverbrauches vermindern sich also bei Anwendung des elektrischen Systems noch weiter, so dass nunmehr die beiden letzten Reihen No. 7 und No. 8 als Endergebnis sich darstellen mit den Werten:

8.83 bezw. 7,4; 4,0; 10,63 bezw. 10,2; **2,77** kg
bei voller Last und
5.96 bezw. 4,99; 4,0; 7,17 bezw. 6,88; **2,11** kg
bei halber Last.

Es ist also hiernach das elektrische System in Bezug auf seinen wirtschaftlichen Wert allen anderen Systemen überlegen.

Die im Vorstehenden ausgeführten Rechnungen, welche zuerst bei dem von der A. E. G. für den Staat Hamburg aufgestellten elektrisch betriebenen Hafenkran praktisch festgestellt wurden, sind denn auch bei zahlreichen anderen Kraftübertragungs-Anlagen der A. E. G. in die Erscheinung getreten.

c) Vergleichung der vier Systeme.

Die sonach festgestellte Ueberlegenheit des elektrischen Systemes erklärt sich hauptsächlich daraus, dass bei diesem Betriebe eine Menge Verluste vermieden werden, welche bei den anderen Systemen nicht zu umgehen sind.

Bei **Druckluft** bestehen dieselben in den Luftverlusten, welche durch die immer wieder eintretenden Undichtheiten der Rohrleitungen und namentlich der Stopfbuchsen hervorgerufen werden und welche trotz sorgsamster und kostspieliger Wartung nie ganz zu vermeiden sein dürften. Besonders erfordern die Stopfbuchsen eine grosse und fortdauernde Aufmerksamkeit und erhebliche Kosten für Verpackungsmaterial, wie auch die Cylinder einen erheblichen Verbrauch an Schmiermaterial aufweisen.

Bei Druckluft-Motoren, wie sie im vorliegenden Falle meist verwendet werden, kommt die Expansion nur unvollkommen zur Ausnutzung. Aehnliches findet in teilweise erhöhtem Mass bei den direkt wirkenden, mit Druckluft betriebenen Arbeitsmaschinen statt.

Es sei ferner bemerkt, dass zur Erreichung der oben in der Tabelle angeführten Wirkungsgrade eine Vorwärmung stattfindet, also an jeder Verbrauchsstelle noch eine besondere Feuerung unterhalten werden muss, ein Umstand, der an und für sich schon den Druckluft-Betrieb wenig angenehm erscheinen lässt und ihn sogar für viele Fälle, z. B. an Bord von Schiffen, direkt ausschliesst.

Selbstverständlich kommen zu allen den bisher genannten Verlusten noch diejenigen, welche in der Betriebsmaschine und den Luftkompressoren auftreten.

Bei den mit **Druckwasser** betriebenen hydraulischen Motoren sind die Druckverluste und Undichtheiten in den Leitungen etwas geringer, aber immerhin nicht unbedeutend. Dagegen arbeiten diese Motoren ohne Expansion, und ihr Druckwasserverbrauch bleibt, wie schon erwähnt, bei jeder, auch der geringsten Arbeitsleistung, nachdem sich die Stufenkolben nicht bewährt haben sollen, stets entsprechend der Maximalbelastung.

Ferner treten infolge der Winterfröste sehr häufig Störungen der Leitungen ein, so dass die Anwendung des hydraulischen Betriebes für Hebezeuge und Geschützschwenkvorrichtungen an Bord von Seeschiffen in neuerer Zeit sehr eingeschränkt worden ist.

Auch bei diesem System sind die Kosten für Verpackung und Schmierung nicht unwesentlich, und endlich kommen noch zu all diesen Verlusten diejenigen in den Presspumpen.

Bei Betrieb durch **Dampf**, bei welchem dieser von den Kesseln direkt nach den Arbeitsmaschinen gelangt, fällt die den Presspumpen entsprechende Stufe fort, dafür treten aber bedeutende Wärmeverluste in der Leitung und den Dampfcylindern auf. Auch müssen zur Verhütung von Wasserschlägen bei periodischem Betriebe, wie bei Kränen, die Ausblasehähne öfters geöffnet werden, wodurch wiederum grössere Verluste bedingt sind.

Ferner gehören Störungen durch Brüche etc. infolge von Frost, welche besonders bei weit ausgedehnten Hafenanlagen erfahrungsgemäss sehr bedeutende Reparaturen verursachen können, nicht zu den Seltenheiten, während die ungünstige Ausnützung der Expansion, sowie die Kosten für Schmiermaterial und Verpackung dieselben bleiben wie bei dem Pressluft-Betriebe.

Fast alle diese Mängel sind bei dem Betrieb durch **Elektricität** vermieden.

Die Dynamomaschinen sowohl wie die Elektromotoren bieten schon mit Rücksicht auf ihre ganze Konstruktion und Anordnung eine höhere Sicherheit im Betriebe, als sie bei den Pumpenanlagen für Druckwasser und Druckluft zu erreichen sein dürfte, denn bei den elektrischen Maschinen kommt nur die einfachste Bewegungsart, die rotierende Bewegung, als ursprüngliche und einzige in Betracht, so dass nicht erst wie bei den übrigen Systemen hin- und hergehende und drehende Bewegungen in einander übergeführt werden müssen. Es tritt somit die Einfachheit der elektrischen Maschinen mit ihren zwei Lagern gegenüber den Dampfmaschinen, Druckpumpen etc. mit ihren vielen Gelenkteilen deutlich hervor. Dem entsprechend fallen auch sämtliche Stopfbuchsen und Dichtungen weg, während sich gleichzeitig die Bedienung der Lager auf ein verschwindend kleines Mass vermindert.

Die Maschinen der A. E. G. sind nämlich sämtlich mit einer Schmiervorrichtung, der Ringschmierung, versehen. Bei dieser wird ein über die Welle hängender Metallring, der mit seinem unteren Teil in einen Oelsumpf taucht, durch die Umdrehungen der Welle mit in Bewegung versetzt und giesst so das Oel, indem er es mitreisst, ununterbrochen über die Welle. Von hier aus fliesst es wieder in den Oelsumpf zurück. Da auf diese Weise fast kein Verlust an Schmiermaterial eintritt, so ist es möglich, ein und dasselbe Oel wochenlang ohne Erneuerung zu benutzen.

In noch höherem Mass als bei den Maschinen dürfte bei den Leitungen ein Vergleich der verschiedenen Systeme zu Gunsten des elektrischen ausfallen. Der Wirkungsgrad der elektrischen Leitung kann genau festgestellt werden und bleibt sich dann stets gleich.

Ist die Leitung einmal in sachgemässer Weise verlegt, so sind spätere Arbeiten zur Instandhaltung derselben so gut wie ausgeschlossen. Dabei ist es möglich die elektrische Leitung infolge ihrer Biegsamkeit und ihres geringen Raumbedarfes an derartigen schwer zugänglichen und eingeengten Stellen zu verlegen, wie sie bei Rohrleitungen für Druckwasser, Druckluft oder Dampf nicht mehr in Frage kommen können, da letztere zum Zweck der Beaufsichtigung und Abdichtung stets bequem zu erreichen sein müssen. Ferner kann man bei Umbauten oder Reparaturen an Gebäuden, durch welche die elektrische Leitung hindurchgeführt ist, dieselbe leicht in Betrieb erhalten.

Auch der Elektromotor ist in Bezug auf den Raum seines Aufstellungs-Ortes weit weniger anspruchsvoll als die Motoren der anderen Systeme. Ferner zeichnet er sich aus durch seinen günstigen Wirkungsgrad bei den verschiedenen Belastungen, worauf hier wiederholt hingewiesen sei. Ruht die Arbeit, so ist auch der Elektromotor vollkommen ausgeschaltet und verbraucht keinen Strom. Während des Betriebes aber nimmt er selbstthätig nur so viel Strom aus der Leitung, als für seine jeweilige Arbeitsleistung gerade erforderlich ist, und zwar geschieht dies in einer derartig genauen Weise, dass durch den Wattverbrauch die geleistete Arbeit mit grösster Genauigkeit gemessen wird.

Selbstverständlich ist das elektrische System gegen äussere Einflüsse, wie Frost etc., vollkommen unempfindlich.

Fasst man nun das Ergebnis aller oben angestellten Betrachtungen zusammen, so findet sich, dass insbesondere bei der grossen Zahl von intermittierenden Betrieben ein Vergleich der verschiedenen Kraftübertragungs-Systeme fast ausnahmslos zu Gunsten der Elektricität ausfällt.

III.

Der Elektromotor als Antriebsmittel.

6. Allgemeines.

Der Elektromotor als Antriebsmittel fand in der ersten Zeit derartig Verwendung, dass er ohne weiteres an Stelle der bisherigen Betriebs-Transmissionswelle trat, während die anzutreibende Maschine in ihrer Konstruktion vollständig unverändert belassen wurde.

Diese mehr oder weniger gewaltsame Verbindungsweise konnte jedoch zur Erreichung einheitlicher Konstruktionen mit hohen Wirkungsgraden keineswegs genügen. Es trat vielmehr die Notwendigkeit ein, die anzutreibenden Maschinen und Apparate einer eingehenden Umkonstruktion zu unterziehen und den besonderen Eigenschaften des Elektromotors anzupassen.

Von diesem Standpunkte ausgehend setzte sich die A. E. G. mit angesehenen Specialfabriken in Verbindung, und so entstanden, nach von ihr ausgearbeiteten Zeichnungen und Modellen, die ersten elektrisch betriebenen Maschinen, als Aufzüge, Krähne, Bohrmaschinen, Drehbänke, Pumpen etc., welche direkt für diesen Betrieb gebaut, antreibende und angetriebene Maschine zu einem einheitlichen Ganzen verbindend, alle Vorteile des elektrischen Betriebes in sich vereinigten.

Die meisten Maschinenfabrikanten haben denn auch allmählich die Bedeutung, welche die Verbindung der Maschinenfabrikation mit der Elektrotechnik in sich birgt, in richtiger Weise gewürdigt, und nicht zum geringsten Teile ist gerade diesem Umstande die grosse, immer mehr zunehmende Verbreitung des elektrischen Antriebes und der elektrischen Kraftübertragung zu verdanken.

7. Primärstationen.

a) **Anordnung der Primärstationen.**

In der Dynamomaschinen-Primärstation oder Centrale wird der zum Betrieb erforderliche Strom erzeugt. Die Anordnung und Schaltung derselben richtet sich dabei hauptsächlich danach, ob nur Elektromotoren, oder in Verbindung mit diesen auch Glühlampen und Bogenlampen zu betreiben sind, da eine Beleuchtungsanlage des ruhigen Lichtes wegen eine wesentlich grössere Gleichmässigkeit in der Spannung verlangt, als dies bei reinen Motorenanlagen erforderlich ist.

Sind daher bei Anlagen für gleichzeitigen Kraft- und Lichtbetrieb einzelne Motoren in Bezug auf den Gesamtkraftbedarf der ganzen Anlage bezgl. ihrer Belastungsschwankungen schon sehr gross, so ist es oft zweckmässig, bereits in der Primärstation eine Trennung vorzunehmen und für den Lichtbetrieb, wie auch für die Motoren je eine besondere Dynamomaschinen-Anlage einzurichten.

Kann die Beleuchtung nicht abgetrennt werden, so darf der grösste Motor in seiner Leistung nicht grösser sein, als ca. $^1/_{20}$ der Gesamtkraft der Primärstation, falls er mittels einfachen Schalthebels leer oder mittels Anlassvorrichtung unter Last angelassen wird, und ca. $^1/_{10}$, falls er leer mittelst Anlasswiderstandes eingeschaltet wird.

Unter Umständen kann man bei Gleichstrom die Verhältnisse noch günstiger gestalten durch Anwendung einer Akkumulatoren-Pufferbatterie.

Die Leitungen für Licht- und Motorenbetrieb müssen aber hierbei bereits von der Hauptschalttafel der Primärstation aus getrennt geführt sein.

Der Antrieb der Dynamomaschinen geschieht fast immer durch Dampfmaschinen, neuerdings auch durch Gasmaschinen, oder, wenn Wasserkräfte vorhanden sind, durch Turbinen. Als Antriebsmittel findet dabei Riementrieb, Seiltrieb oder direkte Kupplung Verwendung.

Der Riemenbetrieb kann bei den üblichen Riemengeschwindigkeiten für Maschinen bis zu 220 PS Verwendung finden, da hierbei die Riemenbreite noch in zulässigen Grenzen bleibt. Die A. E. G. baut ihre Dynamos für kleinere Leistungen mit freitragender Riemenscheibe, die grösseren Maschinen mit Aussenlager. Für normale Belastung und Umdrehungszahl ist eine wesentliche Verkleinerung des normalen Riemenscheiben-Durchmessers nicht angängig, da hierdurch eine zu starke Beanspruchung von Welle und Lagern eintreten würde.

Bei Seilbetrieb, welcher öfter für grössere Maschinen Verwendung findet, darf die Seilscheibe nie freitragend angeordnet werden, sondern soll sich stets zwischen zwei Lagern befinden, da die Seilspannung leicht weiter getrieben werden kann, als es die Wellenstärke und die Lager zulassen.

Bei direkter Kupplung wird der Anker der Dynamo direkt auf die verlängerte Welle der Dampfmaschine aufgesetzt oder durch eine feste Kupplung mit derselben einheitlich zu einem Ganzen vereinigt, (Fig. 24, 25, 43, 45). Diese direkte Kupplung findet bei den grösseren Maschinen sehr häufig, bei den grössten fast ausschliesslich Anwendung.

Die Dampfmaschinen sind im allgemeinen mit einem Schwungrad zu versehen, da mit Ausnahme der grösseren Drehstromdynamos die Schwungmasse des Anker- bezw. Induktor-Gewichtes für einen genügend gleichmässigen Gang bei Belastungsänderung meist allein nicht ausreicht.

Die Regulierung der Dampfmaschine muss eine genügend sorgfältige sein, damit die Umdrehungsgeschwindigkeit bei den verschiedenen Belastungen sich nur unwesentlich ändert und ein Durchgehen der Maschine bei etwaiger plötzlicher Entlastung sicher vermieden wird.

Sind mehrere Dynamomaschinen in einer Primär- oder Centralstation vorhanden, so werden dieselben durch die Schaltvorrichtung fast stets parallel geschaltet, wobei sie dann gemeinsam auf ein und dasselbe Leitungsnetz arbeiten, an welches die Motoren und die übrigen stromverbrauchenden Apparate angeschlossen sind.

b) Parallelschaltung von Gleichstrom-Dynamos.

Für das Parallelschalten von Maschinen, d. h. das Zuschalten einer neuen Maschine zu den schon im Betrieb befindlichen, ist erforderlich, dass die letztgenannte Dynamo dieselbe Spannung besitzt wie die übrigen schon im Betrieb befindlichen, und dass die gleichen Pole der Maschinen zusammengeschaltet werden, also positiver Pol auf positiven Pol und negativer Pol auf negativen Pol. Es muss also bei Gleichstrom zum Parallelschalten vorhanden sein:

I. Gleiche Spannung.
II. Gleiche Polarität.

Bei Nebenschlussmaschinen geschieht das Parallelschalten in der Weise, dass zunächst die zuzuschaltende Dynamomamaschine D_1 (Fig. 64) bei geöffnetem Schalter S auf die richtige Umdrehungszahl gebracht wird. Darauf erregt man mittels des Nebenschlussregulators R die Magnetspulen M, welche jedoch

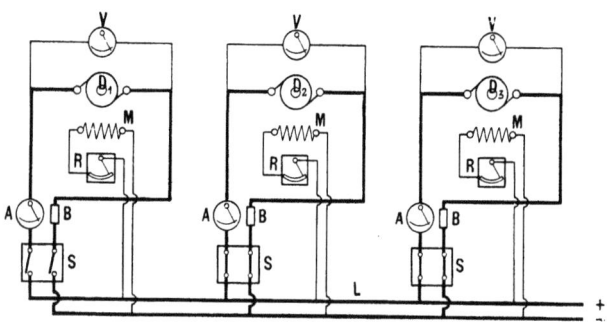

Fig. 64.

am besten nicht an den Bürsten der Dynamo D_1, sondern an den Verteilungsschienen L liegen, also von den bereits im Betrieb befindlichen Dynamomaschinen gespeist werden, bis der Spannungsmesser V dieselbe Spannung zeigt, wie sie bereits an den im Betrieb befindlichen Dynamomaschinen D_2 und D_3, also auch an den Sammelschienen L, vorhanden ist. Darauf legt man den Schalter S ein und reguliert nun durch weiteres Einstellen des Nebenschlussregulators R die durch die Strommesser A angezeigte Stromstärke. Die Sicherungen B schützen die Dynamomaschinen vor Beschädigungen bei etwa eintretendem Kurzschluss.

Bei dem Abstellen wird die Dynamo durch Verstellen des Nebenschlussregulators soweit entlastet, dass der Strommesser A annähernd auf Null steht, worauf der Schalthebel S geöffnet wird.

Statt der einzelnen Spannungsmesser V kann man auch einen einzigen mit Umschalter versehenen für sämtliche Dynamos verwenden. Man wird jedoch dann zweckmässig zur Messung der Spannung an den Schienen L zwischen diese ein zweites derartiges Instrument einschalten.

Der Vorgang bei dem Parallelschalten von Nebenschlussdynamos und bei der Belastungsverteilung gestaltet sich nun folgendermassen:

Ist von zwei Nebenschlussdynamos D_1 und D_2, (Fig. 64), welche mit konstanter Spannung erregt werden, die eine D_2 in Betrieb, während die andere D_1 zugeschaltet werden soll, so bringt man zunächst, wie schon erwähnt, die Dynamo D_1 durch Einstellen des Nebenschlussregulators R bei geöffnetem Schalthebel S auf dieselbe Spannung wie Dynamo D_2 (bezw. wie die Sammelschienen), wobei D_1 entsprechend der Gleichung für die Spannung E (S. 27) seine Umdrehungszahl n haben muss. Hierauf schaltet man den Schalthebel S ein und somit D_1 parallel zu D_2. Hierdurch wird D_1 zwar an den Sammelschienen liegen, aber ruhig leer weiter laufen, ohne Strom an die Schienen bezw. an das Netz abzugeben.

Soll jetzt D_1 belastet werden, so hat man mittels des Nebenschlussregulators R das magnetische Feld dieser Maschine zu verstärken. Hierdurch hat D_1 zunächst die Tendenz, seine Spannung gegenüber derjenigen von D_2 zu erhöhen und somit seinerseits den gesamten Strom in das Netz abzugeben und andererseits D_2 als Motor zu treiben. Es beginnt also D_1

zunächst sich zu entlasten. Da aber, wie gezeigt (Fig. 20, S. 30 u. 31), mit der Entlastung die Ankerrückwirkung geringer wird und demnach die Spannung steigt, so wird auch die Spannung von D_2 etwas anwachsen.

In entsprechender Weise wird aber die Spannung von D_1, da hier die Belastung und somit die Ankerrückwirkung anwächst, abnehmen, und zwar geschieht dies so lange, bis sich diese Spannung mit derjenigen von D_2 trifft. Hiermit haben beide Dynamos D_1 und D_2 die ihren Magnet-Erregungen entsprechenden Belastungen gefunden; D_2 wird nicht weiter entlastet, D_1 nicht weiter belastet, sondern beide Maschinen werden nebeneinander den entsprechenden Strom durch die Sammelschienen in das Netz abgeben.

Treffen sich dabei beide Maschinen nicht ganz genau auf der normalen Spannung, so sind nun sämtliche Nebenschlussregulatoren R gleichzeitig um ein weniges in ein- und derselben Richtung zu verstellen.

Umgekehrt verfährt man bei der Entlastung bezw. beim Abstellen einer Maschine D_1, indem man durch den Nebenschlussregulator R das Magnetfeld derselben schwächt und somit die Tendenz einer Spannungsverminderung erzeugt, worauf dann die noch im Betrieb befindliche Maschine D_2 eine höhere Belastung, damit aber auch eine Vergrösserung der Ankerrückwirkung erhalten wird, sodass jetzt, um eine Spannungsverminderung zu vermeiden, mittels des Regulators R das Magnetfeld entsprechend verstärkt werden muss.

Aus vorstehendem ist ersichtlich, dass für ein gutes Funktionieren der Gesamtanlage die Umdrehungszahlen der zugehörigen Dynamomaschinen bei allen Belastungen genau konstant sein müssen, damit in einfacher Weise nur durch die Nebenschlussregulatoren immer die

Magnetfelder entsprechend der Belastung und der Ankerrückwirkung eingestellt werden können.

Denn anderenfalls, wenn sich mit der Belastung auch die Umdrehungszahl änderte, würde ja jeder Aenderung am Nebenschlussregulator auch andere Umdrehungszahlen der Dynamos entsprechen. Diese erfordern nun ihrerseits wiederum eine weitere Verstellung der Nebenschlussregulatoren, was abermals andere Umdrehungszahlen zur Folge haben würde u. s. w., so dass die gewünschte Belastungs-Verteilung nur sehr schwer, wenn überhaupt, einzustellen wäre. (In der Gleichung für E würde, um dies E konstant zu halten, jedem n ein anderes H entsprechen.) Da ferner diese Verstellungen immer mit mehr oder weniger grossen Spannungsschwankungen verbunden sind, so würde sich ein sehr unregelmässiger Betrieb ergeben.

Die antreibenden Maschinen, Dampfmaschinen, Turbinen etc. müssen also sorgfältig wirkende Regulatoren besitzen, um einerseits allen Belastungsänderungen nachzukommen und andererseits die Umdrehungszahlen unter allen Umständen möglichst konstant zu halten.

Wie gross aber die Umdrehungszahl jeder einzelnen Dynamo dabei ist, und wieviel Pole dieselbe besitzt, ist für einen guten Parallelbetrieb der Gleichstromdynamos ohne jeden Einfluss und ist die einzige Bedingung für das Parallelschalten konstant gleiche Spannung.

Das Parallelschalten von Gleichstrom-Compoundmaschinen geschieht in entsprechender Weise, wie bei den Nebenschlussmaschinen derartig, dass man die zuzuschaltende Dynamomaschine D_1 (Fig. 65) zunächst auf die richtige Umdrehungszahl bringt und dann mittels des Nebenschlussregulators R die Nebenschluss-

wicklung *N* der Magnete so stark erregt, dass der
Spannungsmesser *V* annähernd dieselbe Spannung zeigt,
wie die Spannungsmesser der übrigen bereits im Betrieb
befindlichen Maschinen. Darauf legt man den Schalthebel *S* ein, durch welchen auch die Hauptwicklung
der Magnete *H* eingeschaltet wird; der Schalter *S* ist
dabei für dreifache Unterbrechung eingerichtet und
liegt an der dritten Klemme desselben die Ausgleichsleitung *G*, durch welche der Strom in den Haupt-

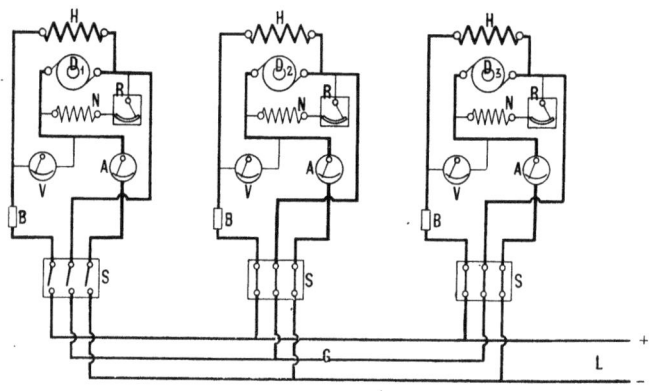

Fig. 65.

wicklungen der einzelnen Dynamomaschinen gleichmässig verteilt wird, auch wenn die Dynamos verschieden
stark belastet sind.

Das Abstellen einer Maschine geschieht in derselben Weise wie bei Nebenschlussmaschinen, indem
man die betreffende Dynamo durch Einstellen des
Nebenschlussregulators *R* möglichst entlastet und dann
den Schalthebel *S* öffnet.

Soll mit einer Compounddynamo eine Nebenschluss-
dynamo parallel geschaltet werden, so empfiehlt es sich

bei dieser in die entsprechende Verbindungsleitung nach den Schienen L (Fig. 65) einen Zusatzwiderstand einzuschalten, welcher dem Widerstand der Hauptwicklung (H Fig, 65) der Compounddynamo gleich ist.

c) Parallelschaltung von Drehstrom-Dynamos und Einfluss der Phasenverschiebung bei denselben.

Für das Parallelschalten von Drehstrom-Dynamos bezw. Wechselstrom-Dynamos ist hauptsächlich erforderlich:

    1. Gleiche Wechselzahl.
    2. Uebereinstimmung der Phase.
    3. Gleiche Spannung.

1. **Gleiche Wechselzahl** ist abhängig von Polzahl und Umdrehungszahl.

Ist: z die Wechselzahl in der Sekunde,
     p die Polzahl der Maschine,
     n die Umdrehungszahl in der Minute,
so wird
$$z = \frac{p \cdot n}{60}$$

Der Einfachheit halber sei gleiche Polzahl p sämtlicher Dynamos angenommen, dann heisst also gleiche Wechselzahl z so viel wie gleiche Umdrehungszahl n.

Soll nun eine Dynamo b zu bereits im Betrieb befindlichen Dynamos a parallel geschaltet werden, so ist es erforderlich, nicht nur beide auf gleiches n zu bringen, sondern es muss auch n so lange konstant gehalten werden, bis die Parallelschaltung erfolgt ist.

Für b, das fortdauernd leer läuft, ist dies ohne weiteres der Fall. Dynamos a dagegen, die an den Schienen liegen, sind den Belastungsschwankungen des Netzes unterworfen; sie müssen also auch, wenn im Moment des Parallelschaltens eine Belastungsänderung eintritt, ihr konstantes n halten. Dies hat durch den Dampfmaschinen-Regulator zu geschehen.

Sind die Maschinen erst parallel geschaltet, so halten sie selbst, wie später gezeigt werden soll, unter sich auf gleiche Umdrehungszahlen und haben dann die Dampfmaschinen-Regulatoren, um die Belastungsschwankungen auszugleichen, nur ohne nennenswertes Ueberhasten und Ueberregulieren zu wirken. Grössere Empfindlichkeit für den Dampfmaschinen-Regulator ist also nur vor dem Parallelschalten erforderlich und zwar besonders in Anlagen mit grossen und unerwarteten Belastungs - Schwankungen des Netzes. Aber es darf durch die hohe Empfindlichkeit niemals das ruhige und sichere Arbeiten des Regulators beeinträchtigt werden.

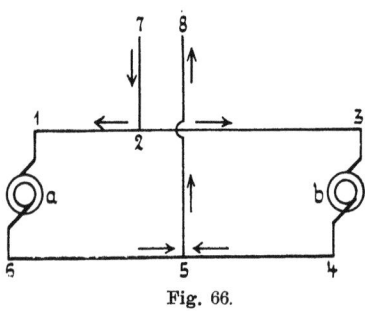
Fig. 66.

2. Uebereinstimmung der Phase heisst, dass sämtliche Dynamos zu jeder Zeit gleich gerichtete Spannungen und damit auch gleich gerichtete Ströme besitzen. Es darf also hier keine Phasenverschiebung zwischen den Spannungen der „verschiedenen" Dynamos vorhanden sein (während oben S. 56 von der Verschiebung zwischen Spannung und Strom „ein und derselben" Dynamo die Rede war).

Bezüglich der Darstellung der entsprechenden Spannungskurven sind dabei zwei Auffassungen zu berücksichtigen. Bei zwei parallel arbeitenden Dynamos a und b (Fig. 66) sind zunächst vorhanden die Stromkreise jeder Dynamo in das Netz, nämlich 1, 2, 7, 8, 5, 6 für a und 3, 2, 7, 8, 5, 4 für b. Hiernach sind die Spannungskurven E für a und E' für b als genau gleich mässig nebeneinander liegend zu betrachten (Fig. 67).

Es besteht aber noch der dritte Stromkreis 1, 2, 3, 4, 5, 6 zwischen a und b (Fig. 66) und in Bezug auf diesen sind die Spannungen gegeneinander geschaltet (Fig. 68).

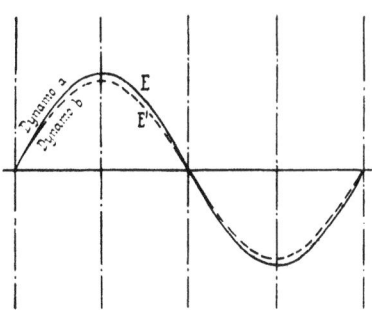

Fig. 67.

Diese letzte Auffassung soll im folgenden festgehalten werden. Es müssen also die parallel zu schaltenden Dynamos gleiche Spannungsrichtung, (entsprechend Fig. 68) haben, um Uebereinstimmung der Phase zu besitzen.

Ist die Wechselzahl nicht gleich, so ist an und für sich eine dauernde Uebereinstimmung der Phasen unmöglich. So stimmen bei zwei Maschinen (Fig. 69) von denen die eine 7 Polwechsel (gestrichelte Kurve), die andere in derselben Zeit nur 6 Polwechsel (ausgezogene Kurve) ausführt, die Phasen nur zur Zeit T_2, (entsprechend Fig. 68) überein, zu jeder anderen Zeit aber nicht; zur Zeit T_1 und T_3

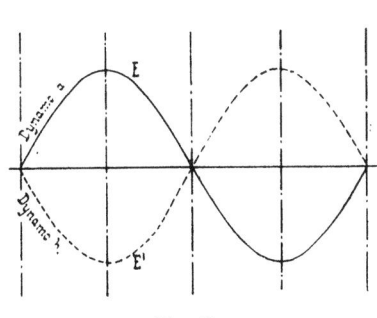

Fig. 68.

sind sie sogar direkt entgegengesetzt, (entsprechend Fig. 67).

Um die Uebereinstimmung der Phasen festzustellen, werden Phasenlampen verwendet. Diese Lampen p_1 und p_2 (Fig. 70) liegen parallel zu den Hauptschalthebeln Sb der zuzuschaltenden Dynamo b. Ist nun diese Dynamo noch nicht erregt, die Lampen p_1 und p_2 aber eingeschaltet, so geht durch diese und durch den Anker von b ein Strom in der Richtung der ausgezogenen Pfeile, und die Lampen leuchten. Erregt man jetzt b, so sucht diese Maschine gleichfalls einen Strom durch die Lampen zu schicken. Ist keine

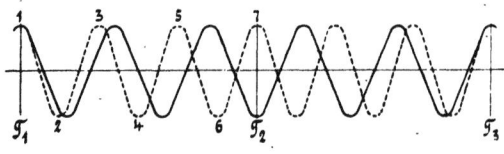

Fig. 69.

Phasenverschiebung der Spannung von a und b vorhanden, also Uebereinstimmung der Phasen nach Fig. 68, so entsteht ein Strom in der Richtung der gestrichelten Pfeile, entsprechend Fig. 66. Dieser ist dem vorigen entgegengesetzt, bringt also die Phasenlampen zum Verlöschen. Ist dagegen keine Phasen-Uebereinstimmung vorhanden, so wird ein Strom durch die Lampen gehen, der um so stärker ist, und die Lampen um so heller zum Leuchten bringt, je grösser die Phasenverschiebung. **Uebereinstimmung der Phasen findet also statt, wenn die Phasenlampen nicht leuchten.** Parallel zu den Phasenlampen werden häufig noch Phasen-Voltmeter geschaltet, die sich entsprechend dem Nichtleuchten der Phasenlampen auf Null einstellen, wenn Uebereinstimmung der Phasen vorhanden.

3. **Gleiche Spannung** der zuzuschaltenden Dynamo *b* wird durch entsprechendes Einstellen des Magnet-Regulators vor dem Parallelschalten bewirkt.

Es sei für das Parallelschalten der theoretisch einfachste Fall betrachtet, nämlich eine sehr grosse Centralstation, deren Sammelschienen (d. h. kraftabgebende Dynamos *a*) eine derartig mächtige Quelle von Drehstrom bezw. Wechselstrom darstellen, dass bei dem Zuschalten oder Abschalten einer relativ kleinen Dynamo (*b*) weder Spannung noch Wechelzahl noch irgend welche anderen Verhältnisse sich nennenswert ändern können.

Die zuzuschaltende Dynamo *b* sei durch

Fig. 70.

eine Turbine angetrieben, und wie oben erörtert, auf gleiche Wechselzahl, Uebereinstimmung der Phase und gleiche Spannung mit *a* gebracht. Hierbei wird nur ein geringes Wasserquantum, entsprechend der Leerlaufsarbeit, verbraucht, also der Schieber der Turbine ist fast geschlossen.

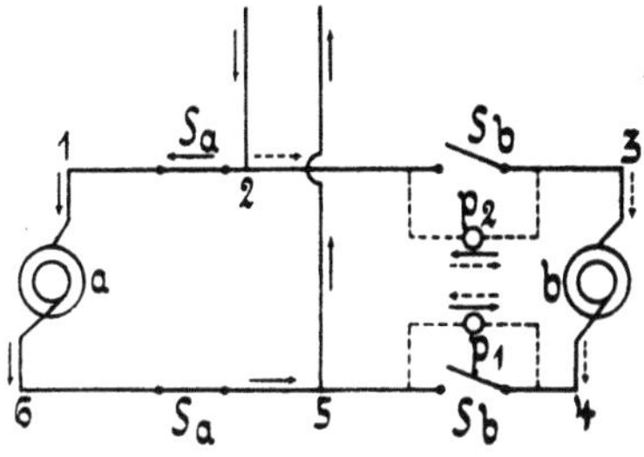

Schaltet man nun *b* zu *a*, so treten keinerlei Aenderungen ein; *a* liefert weiter den Strom für das Netz, *b* verbraucht nur Leerlaufsarbeit, giebt also nichts in das Netz ab.

Erregt man jetzt Dynamo *b* stärker oder schwächer,

ändert also auf diese Weise das Magnetfeld derselben, so treten folgende Erscheinungen auf.

Zunächst liegt für Dynamo b das Bestreben vor, ihre Spannung zu vergrössern bezw. zu verkleinern; dies würde aber gleichzeitig eine Leistungsänderung hervorrufen müssen. Die Leistung kann sich aber nicht ändern, da die Kraftzufuhr dieselbe bleibt wie bisher (nämlich für den Leerlauf gerade ausreichend). Eine Spannungsänderung, d. h. ein Unterschied der Spannungen von a und b kann also nicht eintreten.

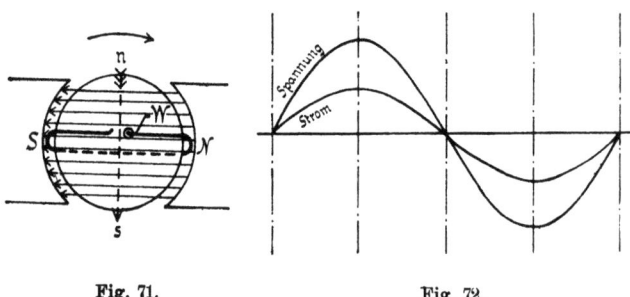

Fig. 71.   Fig. 72.

Die Spannungen bleiben denn auch thatsächlich einander gleich; es entsteht aber dagegen ein Strom zwischen den Dynamos a und b, welcher die Aenderung des Magnetfeldes von b wieder ausgleicht.

Um diesen Vorgang zu erklären, sei in folgendem zunächst die Einwirkung des Stromes einer Wechselstromdynamo auf ihr eigenes Feld betrachtet.

Der einfachste Fall einer Wechselstromdynamo stellt sich dar als ein konstantes homogenes magnetisches Feld, erzeugt durch die Pole NS, in welchen eine Windung W bewegt wird. In Stellung Fig. 71

der Windung *W* im Felde entsteht die höchste Spannung, da hier kleinsten Stellungsänderungen die grösste Aenderung der durch die Windung *W* gehenden Kraftlinienzahl entspricht. Windung *W* steht dabei parallel den Kraftlinien.

Fliesst nun durch *W* ein Strom genau in Phase mit der Spannung (Wattstrom in Phase), (Fig. 72), der also in der Stellung von *W*, (Fig. 71), gleichzeitig mit der Spannung sein Maximum hat, so erzeugt dieser ein eigenes Feld mit der Polachse *ns*, das senkrecht auf dem Dynamofeld *NS* steht.

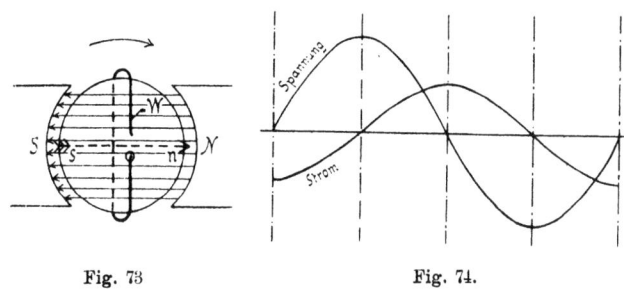

Fig. 73   Fig. 74.

Beide Felder haben dabei zu einander eine durchaus symmetrische Lage, sodass sie bezüglich ihrer Stärke keinerlei gegenseitige Rückwirkung besitzen. Sie üben vielmehr nur ein starkes Drehmoment aufeinander aus und zwar in der Weise, dass *s* sich *N* und *n* sich *S* gegenüber stellen will.

Es ist also, mit anderen Worten, bei Stellung, Fig. 71, als Dynamo die grösste Arbeit erforderlich, um die Windung *W* durch das Feld *NS* in der angegebenen Richtung zu drehen, als Synchronmotor dagegen wird in dieser Lage das grösste Drehmoment ausgeübt.

Es werde nun die Windung W um 90° in der Drehrichtung bewegt, (Fig. 73). In dieser Stellung ist die Spannung gleich Null, da bei kleinsten Stellungsänderungen die Zahl der von W umschlossenen Kraftlinien sich nicht ändert.

Falls nun ein Strom durch W hindurchfliesst, der in dieser Lage sein Maximum hat, also ein Strom, der gegen die Spannung um 90° in nacheilender Richtung verschoben ist (Fig. 74) (verspäteter wattloser Strom), so bildet dieser ein Feld $n\,s$ (Fig. 73).

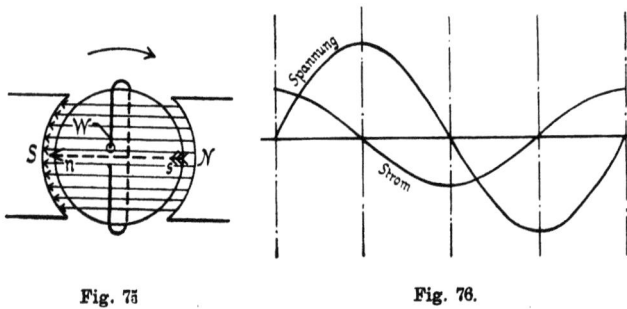

Fig. 75   Fig. 76.

Dieses Feld ist aber dem Erregerfeld NS der Dynamo entgegengerichtet, es schwächt also dasselbe.

In einer entsprechenden Stellung der Windung W gegen (Fig. 71) um 90° zurück, (Fig. 75) (d. h. 180° gegen Fig. 73), ist die Spannung gleichfalls Null. Ein entsprechender, durch W gehender Strom eilt aber der Spannung um 90° voraus (Fig. 76), (voreilender wattloser Strom), und das durch diesen erzeugte eigene Feld $s\,n$ ist dem Erregerfeld NS der Dynamo gleichgerichtet, verstärkt dieses also. Es gelten demnach folgende drei Sätze für Wechsel- bezw. Drehstromdynamos:

1. „Ein Strom, dessen Spannung mit der Phase übereinstimmt, übt weder eine verstärkende noch eine verschwächende Wirkung auf das Erregerfeld aus."
2. „Ein Strom, welcher der Spannung um 90° nacheilt, schwächt das Erregerfeld".
3. „Ein Strom, welcher der Spannung um 90° voreilt, stärkt das Erregerfeld."

Nimmt man nun an, dass bei den parallel ge-

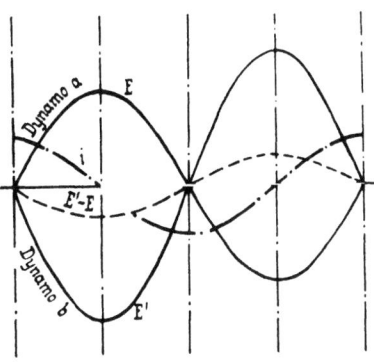

Fig. 77.

schalteten Dynamos a und b durch Vermehren der Erregung von b eine augenblickliche Spannungssteigerung in dieser letztgenannten Maschine eingetreten sei, dergestalt, dass die Spannung von b auf E' gestiegen ist, während a die Spannung E behalten hat, so entsteht zwischen den Dynamos a und b ein Spannungsunterschied $E'-E$ (Fig. 77), verlaufend in dem Stromkreise 1, 2, 3, 4, 5, 6 (Fig. 66). Diese Spannung $E'-E$ kann man sich darstellen als ausgehend von der Dynamo b und wirkend auf die Dynamo a; und da letztere nahezu einen reinen Induktionswiderstand darstellt, so wird ein wattloser Strom i erzeugt, welcher gegenüber seiner Spannung (nämlich $E'—E$), um 90° in nacheilender Richtung verschoben ist.

Aus Fig. 77 ersieht man, dass der Strom i gegen die Spannung E' der Dynamo b um 90° nacheilt; er schwächt also, entsprechend Fig. 73 und 74, das Feld von b.

Gegen Spannung E der Dynamo a ist dagegen (Fig. 77) Strom i um 90° voreilend verschoben; er stärkt also das Feld von a, entsprechend Fig. 75 und 76.

Sobald man demnach bei zwei parallel laufenden Dynamos das Magnetfeld der einen b gegenüber der anderen a durch Verstellen des Magnet-Regulators verstärkt, erzielt man keine Spannungsänderungen derselben, sondern nur einen wattlosen Strom, welcher die Felder wieder ausgleicht.

Andererseits kann man, falls ein solcher wattloser Strom i, hervorgerufen durch unrichtig eingestellte magnetische Felder, zwischen parallel laufenden Maschinen vorhanden sein sollte, denselben durch richtiges Einstellen der Magnet-Regulatoren zum Verschwinden bringen.

Infolge der eben beschriebenen Rückwirkung des wattlosen Stromes auf die Magnetfelder, behalten die Maschinen also trotz einer Verstellung des Magnet-Regulators immer „unter sich gleiche Felder"; der „wattlose Strom korrigiert selbst denjenigen Fehler, durch den er hervorgerufen wurde". Er wird daher als wattloser Korrektionsstrom bezeichnet. Bei nicht allzu grossen Fehlern erreicht er keinen hohen Wert. Man kann daher bei parallel geschalteten Maschinen den einen oder anderen Magnet-Regulator ruhig um einige Kontakte vor- oder zurückstellen, ohne dass hierdurch irgend welche Gefahr für den Betrieb entsteht.

Anderer, etwa noch im Netz selbst vorhandener wattloser Strom, wie er z. B. durch angeschlossene Elektromotoren etc. hervorgerufen wird, kann zwar nicht zum Verschwinden gebracht werden, man kann ihn aber durch Einstellen der Magnet-Regulatoren auf die verschiedenen Dynamos der Stationen in zweckmässiger Weise beliebig verteilen.

Soll jetzt die neu zugeschaltete Dynamo Arbeit leisten, d. h. Wattstrom an die Schienen und in das Netz abgeben, so muss eine Kraftzufuhr erfolgen, d. h.

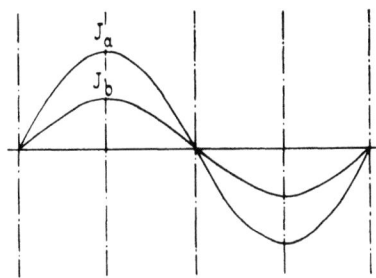

Fig. 78.

der Schieber der Turbine muss entsprechend geöffnet werden. Die zugeschaltete Dynamo *b* liefert dann Strom *I b* in Phase mit Strom *I a* der schon im Betrieb befindlichen Dynamo *a* (Fig. 78).

Für das Entlasten der Maschine tritt das Umgekehrte ein. Der Schieber der Turbine wird entsprechend geschlossen und hierdurch die Arbeitsleistung der Dynamo verringert.

Der Vorgang des Belastens und Entlastens gestaltet sich etwa folgendermassen:

Ist Dynamo *b* zugeschaltet und der Schieber der Turbine geöffnet, um *b* zu belasten, so hat die Antriebsturbine von *b* die Tendenz, schneller zu laufen, als die der Dynamo *a*, da ja *b* zunächst noch keine Belastung hat, sondern leer einer grösseren Antriebskraft ausgesetzt wird.

Dies drückt sich dadurch aus, dass die Stellungen der Magnet-Induktoren von *a* und *b* sich nicht mehr genau decken, sondern dass vielmehr, wenn *a* bei *m* (Fig. 79) der entsprechende Punkt von *b* bereits bei *m'* ist.

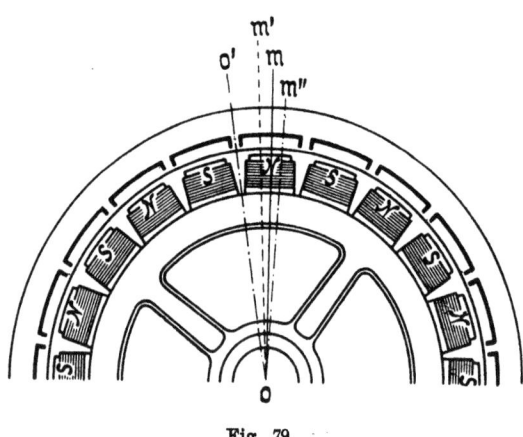

Fig. 79

In Kurven dargestellt heisst dies, da sich ja entsprechend der Stellung der Magnet-Induktoren die Spannungen der zugehörigen Dynamos ändern, E' eilt gegen E vor (Fig. 80) und die Strecke pq giebt die Voreilung entsprechend dem Winkel $m\,o\,m'$ an.

Infolge der Voreilung der Spannung E' der Dynamo *b* gegenüber E der Dynamo *a* ergiebt sich nun eine resultierende Spannung $E'-E$ zwischen den gegengeschalteten Maschinen. Dieselbe wirkt im Stromkreise 1, 2, 3, 4, 5, 6 (Fig. 66) ganz analog wie bei Fig. 77.

Da auch hier die Spannung $E'-E$ auf einen nahezu vollständig induktiven Widerstand (Dynamowickelung) arbeitet, so wird der durch sie hervorgerufene Strom y um 90^0 gegen seine Spannung (d. h. gegen $E'-E$) verschoben. Die Voreilung pq ist meist nicht sehr gross, es verläuft daher der Strom y fast genau in Phase mit den Spannungen E und E', hat also zu diesen Spannungen den Charakter eines Wattstromes.

Fig. 80 zeigt ausserdem, dass der Strom y mit Spannung E' immer auf derselben Seite sich befindet; dies bedeutet, dass er den Charakter eines Dynamostromes für diese Spannung hat. In Bezug auf Spannung E liegt er dagegen immer auf der entgegengesetzten Seite; dies bedeutet, dass er zu dieser Spannung den Charakter eines Motorstromes hat. Strom y sucht demnach Dynamo a mit Spannung E zur Voreilung, Dynamo b mit Spannung E' zur Nacheilung zu bringen; d. h. also, er sucht ein weiteres Auseinandergehen der Punkte p und q, (Fig. 80) bezw. eine Vergrösserung des Winkels $m\,o\,m'$ zu verhindern.

Wird umgekehrt Dynamo b entlastet durch Wegnahme der Kraftzufuhr, also Schliessung ihres Turbinenschiebers, so bekommt sie die Tendenz langsamer zu laufen, so dass E' der Spannung E etwas nacheilt, entsprechend Winkel $m\,o\,m''$ (Fig. 79).

Es eilt also jetzt E gegenüber E' vor (Fig. 81) und es resultiert Spannung $E-E'$ um annähernd 90^0 verschoben gegen E und E'. Der von ihr erzeugte Strom y' ist gegen dieselbe wattlos, daher um 90^0 nacheilend, verschoben; infolgedessen also Wattstrom zu E und E'. Da ferner y' zu E Dynamostrom, zu E' Motorenstrom darstellt, so sucht er E zu verlangsamen, E' zu beschleunigen, d. h. wiederum p und q in der angenommenen Stellung $m\,o\,m''$ bei einander zu halten.

Der Wattstrom y bezw. y' sucht also die Phasen der Spannungen E und E', d. h. die relativen Stellungen der Dynamos a und b, wenn dieselben etwas auseinander gekommen sind, zusammenzuhalten, zu korrigieren. Er wird daher als **Watt-Korrektionsstrom** bezeichnet.

Sind die Dynamos a und b gleichmässig belastet und geben z. B. je 50 Ampere in das Netz, so gestaltet sich die Verteilung und der Stromverlauf nach Fig. 82. Soll nun b um 10 Ampere mehr belastet werden, so kann man sich dies vorstellen, als wenn durch die Vergrösserung der Antriebskraft ein Watt-Korrektionsstrom von 10 Ampere erzeugt wird (Gestrichelt in Fig. 83) durch welchen der Strom von b auf 60 Ampere erhöht, der von a auf 40 Ampere vermindert wird. Der Korrektionsstrom von 10 Ampere stellt also den Betrag der Belastungsänderung der beiden Dynamos a und b dar.

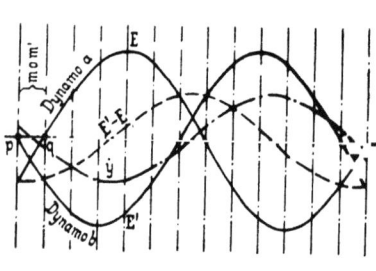

Fig. 80.

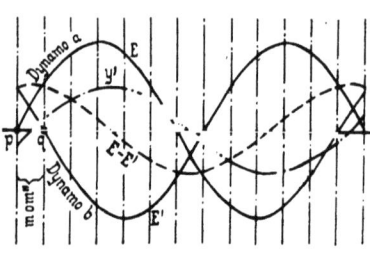

Fig. 81.

Soll b entlastet werden, so würde ein Korrektionsstrom in der entgegengesetzten Richtung entstehen.

Die Watt-Korrektionsströme bedeuten, wie aus

vorstehendem hervorgeht, eigentliche Belastungsverschiebungen und stellen die parallel laufenden Dynamos entsprechend den jeweiligen Kraftzufuhren auf die zugehörigen Leistungen ein. Hierdurch wirken sie aber auch gleichzeitig jeder Einstellung auf eine falsche Leistung entgegen, und da die richtige Leistung für parallel laufende Drehstromdynamos nur bei der richtigen Wechselzahl, also auch Umdrehungszahl, möglich ist, so haben die Watt-Korrektionsströme auch das Bestreben, die Maschine auf synchroner Umdrehungszahl zu erhalten, sie bilden demnach die synchronisierende Kraft.

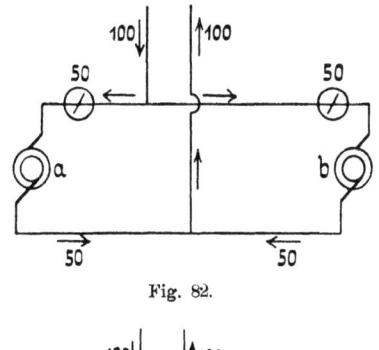

Fig. 82.

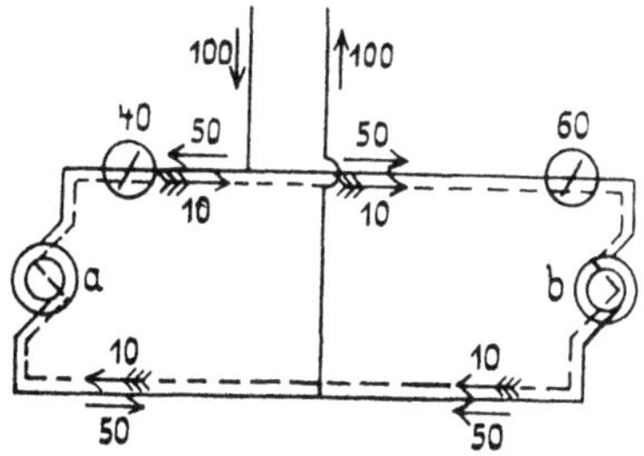

Fig. 83.

Man hat also zu unterscheiden:
1. Watt-Korrektionsströme y bezw. y' (Fig. 80 und 81). Dieselben entstehen durch Aenderungen in der Verteilung der Kraftzufuhr zu den einzelnen Dynamos und halten gleichzeitig als synchronisierende Kraft die Dynamos mit der richtigen Umdrehungszahl zusammen.
2. Wattlose Korrektionsströme i (Fig. 77) welche auf gleiche Feldstärken bei allen Maschinen

halten. Dieselben können durch Magnet-Regulatoren zum Verschwinden gebracht werden.

Bei den bisherigen Erörterungen war angenommen worden, dass eine Anzahl Dynamos a in Betrieb sich befinden und eine Dynamo b zugeschaltet worden ist.

Es sei nun ferner angenommen, dass alle Dynamos a unter einander genau gleich belastet sind und tadellos parallel mit einander arbeiten. Die Maxima der Spannungen dieser Maschinen werden sich dann genau mit einander decken und in denjenigen Stellungen zu den Polen sich befinden, wie es durch m (Fig. 79) angegeben ist.

Ist nun die zugeschaltete Dynamo b genau ebenso hoch belastet wie jede der Dynamos a, haben also die Spannungen E von a und E' von b die in Fig. 68 dargestellte Lage, so fallen auch die Spannungs-Maxima von b in die durch m (Fig. 79) charakterisierten Lagen.

Ist b dagegen mehr belastet als jede der Dynamos a, eilt Spannung E' also gegen Spannung E vor (Fig. 80) so fallen die Spannungs-Maxima von b in Lagen m', (Fig. 79) welche demnach gegenüber den bei m befindlichen Spannungs-Maxima der Dynamos a gleichfalls entsprechend voreilen.

Hat Dynamo b dagegen eine geringere Leistung abzugeben als jede der Dynamos a, so eilt E' gegen E nach (Fig. 81) und entsprechend befinden sich die Spannungs-Maxima von b bei m'' (Fig. 79) also hinter den Maxima m von a.

Die eben beschriebenen Verschiebungen der Spannungs-Maxima bedeuten natürlich auch eine gleich grosse Verschiebung der Magnetinduktoren der betreffenden Dynamos in ihren Stellungen gegen einander. Die parallel geschalteten Maschinen befinden sich also bei verschiedener Belastung, trotz gleicher Wechselzahl, thatsächlich nicht ganz genau in gleicher Phase, doch ist die bisher betrachtete Verschiebung so gering, dass eine Störung des Parallelbetriebes nicht eintritt.

Die Einstellung der Dynamo b aus der Stellung m, (Fig. 79) in die Stellung m' bei vergrösserter Belastung vollzieht sich aber nicht einfach derart, dass der Induktor aus Stellung m ohne weiteres nach Stellung m' übergeht. Durch die Belastungsänderung bekommt derselbe vielmehr eine gewisse Beschleunigung, die ihn nicht nur bis m' führt, sondern über diese Stellung hinaus. Die hierbei gleichzeitig entstehende synchronisierende Kraft y (Fig. 80) verhindert indessen ein zu weites Ueberschreiten der Stellung m' und zieht den Induktor wieder zurück, ihm hierbei gleichzeitig eine gewisse Beschleunigung in dem entgegengesetzten Sinne erteilend. Hierdurch bewegt sich der Induktor wiederum über m' hinaus nach m zu, bis die vergrösserte, b erteilte Leistung ihrerseits wieder zur Wirkung kommt und ihn wieder nach m' zu bringen bestrebt ist, etc. Es wird also auf diese Weise der Induktor infolge der synchronisierenden Kraft zunächst mehrere Male um m' pendeln, bis er sich in die neue Lage einstellt.

Würde jetzt die Dynamo b wiederum auf die gleiche Leistung gebracht wie die Dynamos a, so würde ihr Induktor nach m zurückkehren, aber gleichfalls unter vorheriger Ausführung einer gewissen Anzahl Pendelungen um diesen Punkt m. Bei noch weiterer Entlastung würde sich der Induktor von b, wiederum unter entsprechenden Pendelungen, in den Punkt m'' einstellen.

Je grösser die Belastungsunterschiede von a und b dabei sind, desto grösser sind auch die Entfernungen $m\,m'$, bezw. $m\,m''$.

Die Art dieser Schwingungen ist nun ganz genau die gleiche, wie bei einem Ringe, der mittels einer Spiralfeder an einer festen Achse befestigt ist (Fig. 84) (also etwa wie bei der Unruhe einer Taschenuhr). Wird durch irgend eine Kraft f der Ring aus seiner Ruhelage gedreht, so wird die Feder mit der gleichen Kraft f gespannt. Bei dem Loslassen des Ringes dreht sich derselbe vermöge der Federkraft zurück, führt eine Anzahl schwächer und schwächer werdender Pendelungen aus und stellt sich schliesslich wieder in seine Nulllage ein. Für die Dauer einer vollen Schwingung gilt dabei (wenn die Stärke des Ringes vernachlässigt werden kann)

$$t_p = 2\pi \sqrt{\frac{m \cdot r}{f'}}$$

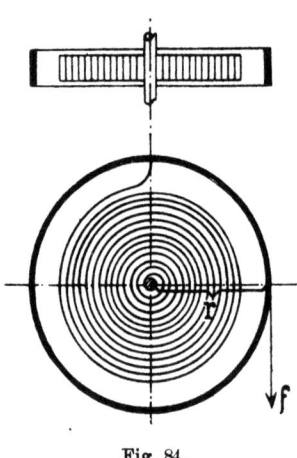

Fig. 84.

m ist dabei die auf den Umfang reduzierte Masse sämtlicher sich drehenden Teile, r der Radius des Ringes und f' diejenige Federkraft, welche wirkt, wenn der Ring um 90^0 aus seiner Ruhelage gebracht ist.

m, r und f' sind nun für jedes entsprechend Fig. 84 gebaute System konstant; es hat also auch jedes solche System eine immer sich gleichbleibende Schwingungsdauer, gleichgültig wie weit der Ring aus seiner Ruhelage gebracht worden ist. Dagegen ist die Amplitude der Schwingungen (der Ausschlag) um so grösser, je grösser die Kraft f ist, d. h. je mehr die Feder angespannt worden ist.

Ganz ähnlich ergeben sich nun die Verhältnisse bei der Dynamo b, wobei an Stelle des Ringes der sich drehende Magnetinduktor tritt und an Stelle der Feder die synchronisierende Kraft. Die Dauer einer vollen Schwingung des Induktors bei Belastungsänderungen ergiebt sich als:

$$t_a = 2\pi \sqrt{\frac{m \cdot r}{s'}}$$

wobei s' diejenige synchronisierende Kraft ist, welche, an Stelle der Federkraft f' tretend, am Umfange des Induktors angreift, wenn die Pole desselben soweit aus ihrer synchronen Stellung kommen, dass sie in den Bereich der nächsten Ankerwindung gelangen, d. h. in Stellung o' (Fig. 79), entsprechend also einer Phasenverschiebung der Spannungen E und E' (Fig. 80 und 81) gleich 90°. m ist dabei wieder die auf den Umfang reduzierte Masse sämtlicher Teile des Magnetinduktors und r der Radius des Induktors am Umfange.

Wie also die Federkraft f den Ring immer in seine Ruhelage zurückzuführen sucht, so sucht auch die synchronisierende Kraft, in gleicher Weise als Feder wirkend, den Anker in seine Mittellage zurückzuführen. Für jede Dynamo ist dabei die Schwingungsdauer konstant, da m, r und s' durch die mechanischen und elektrischen Eigenschaften der Dynamo gegeben sind; dagegen ist auch hier der Ausschlag um so grösser, je grösser die synchronisierende Kraft s bezw. die diese hervorrufende Belastungsänderung ist.

Natürlich finden die vorbeschriebenen Dynamo-Schwingungen statt während der Drehungen des Induktors und kann man sich die Bewegungen eines ruhiggehenden Induktors und eines in Schwingung befindlichen darstellen durch zwei Eisenbahnzüge, die parallel zu einander auf einer kreisförmigen Kurve laufen (Fig. 85).

Der Zug A fährt mit vollständig gleichmässiger Geschwindigkeit. Der Zug B dagegen hat zu den Zeiten c_1, c_2, c_3 seine geringste Geschwindigkeit, die unter derjenigen des Zuges A liegt, und in der Mitte zwischen c_1 und c_2 und zwischen c_2 und c_3 seine grösste Geschwindigkeit, die über derjenigen des Zuges A liegt. Ein Reisender, der vom Zuge A aus den in gleicher Richtung fahrenden B beobachtet, wird also den Eindruck gewinnen, als ob bei c_1 der Zug B zurückbliebe,

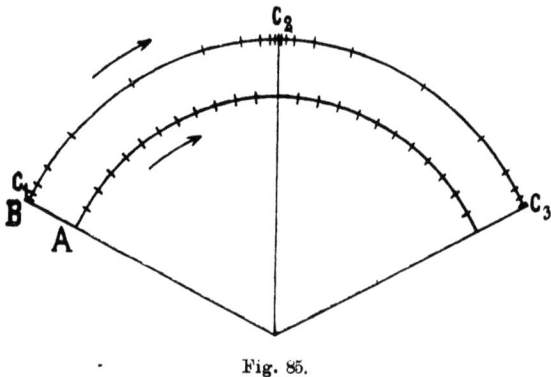

Fig. 85.

dann an Geschwindigkeit zunehme, den Zug A überhole, in der Mitte zwischen c_1 und c_2 seine grösste Geschwindigkeit erhalte, dann wieder langsamer werde, von A wieder eingeholt und überholt werde, bei c_2 am weitesten zurückbleibe, dann wieder in seiner Geschwindigkeit zunehme etc.

Diese ganze bisher beschriebene Art der nur von den Dynamomaschinen selbst herrührenden Schwingungen ist nun an und für sich für einen guten und sicheren Parallelbetrieb ohne störende Einwirkung.

So gestaltet sich denn auch bei Turbinenbetrieb,

bei welchem weitere Einflüsse nicht vorhanden sind, das Parallellaufen stets einfach und sicher.

Anders verhält es sich dagegen bei Dampfmaschinenbetrieb, da hier für einen dauernd guten Parallelbetrieb ein weiterer Umstand oft von wesentlicher Wichtigkeit ist; es ist dies der Ungleichförmigkeitsgrad. Die ungenügende Kenntnis der Vorgänge, welche sich hieran anknüpfen, verursachten und verursachen noch heute in gewissen Fällen Schwierigkeiten und Aergernisse. Wenngleich es mehrere Ursachen für schlechtes Parallelarbeiten oder gar für die Unmöglichkeit desselben geben kann, als z. B. falsche Dimensionierungen von Riemenscheiben bei Riemenbetrieb, falsche Keilnutenstellung bei auf gemeinsamer Welle sitzenden Maschinen, Federung der Wellen bei sehr langen Wellen und bei Anordnungen der Dynamos an den äussersten Enden derselben, unter Umständen auch Unkenntniss der Maschinenwärter oder Nervosität der Maschinenleiter, so ist doch besonders bei Dampfdynamos die Einwirkung eines ungenügenden Ungleichförmigkeitsgrades eine der häufigsten Ursachen eines schlechten Parallelbetriebes.

Bisher wurde nur von zeitweise eintretenden Schwankungen der Umdrehungsgeschwindigkeit infolge Belastungsänderungen gesprochen. Bei Dampfmaschinen, wie überhaupt bei allen Maschinen, in denen eine hin- und hergehende Bewegung in eine drehende umgewandelt wird, ist aber innerhalb einer jeden einzelnen Umdrehung die Geschwindigkeit nicht gleichmässig.

Es bewirkt vielmehr bei der Dampfmaschine der jedesmalige Eintritt des Dampfes einen Stoss auf den Kolben und damit eine Beschleunigung im Gange der Maschine. Da nun bei einer eincylindrigen Dampfmaschine der Dampf während einer Umdrehung erst auf die eine und darauf auf die andere Seite des Kolbens einwirkt, c (Fig. 86) so erhält auch jede derartige Dampfmaschine bei einer Umdrehung regelmässig zwei Stösse und die Geschwindigkeit am Umfange eines auf der Dampfmaschinenwelle angebrachten Schwungrades hat zwei Höhepunkte d (Fig. 86).

Bei Dampfmaschinen mit zwei Kurbeln treten, falls die Kurbeln um 90° gegen einander versetzt sind (Fig. 87),

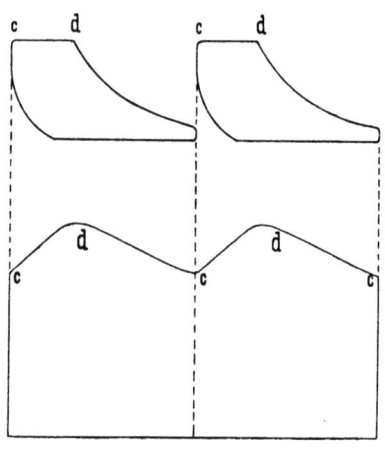

Fig. 86.

vier Stösse bei jeder Umdrehung auf. Gleichzeitig ist hierbei aber die Stärke der einzelnen Stösse, bei gleicher Gesamtleistung wie bei der eincylindrigen Maschine, entsprechend kleiner, da jeder der beiden Kolben nur etwa die halbe Arbeit zu leisten hat.

Noch günstiger gestalten sich die Verhältnisse bei Dreicylinder-Maschinen mit um 120° versetzten Kurbeln, da hierbei sechs Stösse, aber von noch geringerer Stärke auftreten (Fig. 88).

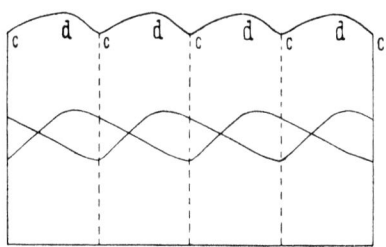

Fig. 87.

Bezeichnet man nun die mittlere Geschwindigkeit einer jeden Umdrehung mit v, die grösste (also bei d auftretende) mit $v\,max.$ und die kleinste (also bei c auftretende) mit $v\,min.$, so wird der Ungleichförmigkeitsgrad (einer Umdrehung) der betreffenden Maschine definiert durch die Gleichung

$$\delta = \frac{v\,max. - v\,min.}{v}$$

Die Verhältnisse sind um so günstiger, je geringer der Unterschied zwischen $v\,max.$ und $v\,min.$ ist, d. h. je kleiner der Ungleichförmigkeitsgrad ist.

Die Verkleinerung desselben lässt sich nun bewirken durch Verwendung einer grossen Schwungmasse (Schwungrades).

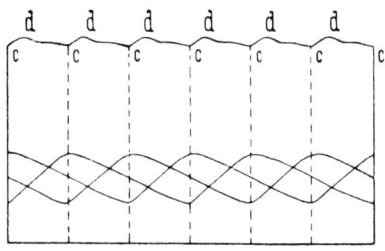

Fig. 88.

Diese Schwungmasse, welche also bei Maschinen mit hin- und hergehenden Teilen den Ungleichförmigkeitsgrad verbessert, hat gleichzeitig noch, gewissermassen nebenbei, die günstige Eigenschaft, die Wirkungsweise des Dampfmaschinen-Regulators zu erleichtern, und dies ist der Grund, weshalb man auch Schwungmassen bei Maschinen ohne hin- und hergehende Teile, also bei Turbinen verwendet. Hier soll die Wirkungsweise des Turbinen-Regulators bei Belastungsschwankungen unterstützt werden.

Es ist nun nicht möglich, bei Dampfmaschinen den Ungleichförmigkeitsgrad vollkommen zum Verschwinden zu bringen, da hierfür die Schwungräder zu gross werden müssten.

Denkt man sich daher neben dem Schwungrad einer Dampfmaschine ein zweites Rad, genau mit der gleichmässigen mittleren Geschwindigkeit des Schwungrades sich drehend, so treten hier wieder genau die gleichen Verhältnisse ein, wie sie oben (Fig. 85) durch die beiden nebeneinander laufenden Eisenbahnzüge dargestellt worden sind, und zwar entspricht Zug B dem Schwungrad und Zug A dem gleichmässig sich drehenden Rade.

Die Zeitdauer t_d einer Schwingung ist hier abhängig von der Umdrehungszahl n, da ja die Stösse regelmässig mit jeder Schwingung wiederkehren; und zwar ist für Dampfmaschinen mit einer Kurbel
$$t_d = \frac{1}{2} \frac{60}{n};$$
mit zwei um 90° versetzten Kurbeln
$$t_d = \frac{1}{4} \frac{60}{n};$$
mit drei um 120° versetzten Kurbeln
$$t_d = \frac{1}{6} \frac{60}{n}.$$

Die Ungleichförmigkeit innerhalb jeder Umdrehung der Dampfmaschine ist demnach aufzufassen als regelmässige Schwingungen, welche sie und mit ihr der angetriebene Magnetinduktor der Dynamomaschine, ausführt.

Gleichzeitig bedeutet aber auch jede dieser Schwingungen eine Aenderung der Leistung, indem bei jedesmaligem Eintritt des Dampfes in den Cylinder der Maschine zunächst eine Leistungserhöhung eintritt. Jede solche Leistungserhöhung bedeutet aber eine Mehrbelastung der Dynamo, wodurch also auch die

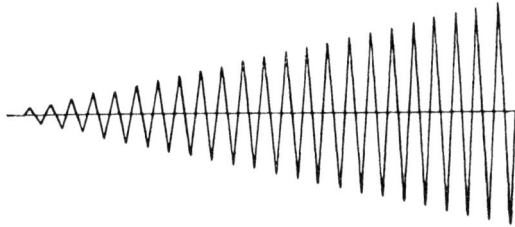

Fig. 89.

oben beschriebene synchronisierende Kraft und mit ihr die durch sie erzeugten Schwingungen t_a (S. 147) hervorgerufen werden.

Falls nun die Dynamo-Schwingungen t_a mit den Maschinen-Schwingungen t_d in der Periode übereinstimmen und wenn dabei die Dynamo-Schwingungen immer gerade im Sinne ihrer eigenen Bewegung durch die Dampfmaschinen-Schwingungen bei jeder Umdrehung neue Anstösse erhalten, ehe sie vollständig verlaufen sind, so können, da sich die Stösse hier fortdauernd addieren, die Pendelungen des Induktors allmählich eine derartige Grösse annehmen (Fig. 89), dass schliesslich ein Aussertrittfallen der parallel geschalteten Dynamos a und b unvermeidlich wird. Es tritt dies um so langsamer ein, je schwächer die Stösse sind und kann unter Umständen ziemlich lange, über eine halbe Stunde, dauern.

Eine solche gefährliche Uebereinstimmung der Perioden der Dynamo-Schwingungen t_a und der Dampfmaschinen-Schwingungen t_d kann z. B. eintreten, wenn

$$\frac{t_a}{t_d} = \frac{1}{1} \text{ oder } = \frac{2}{1} \text{ oder } = \frac{3}{1}$$

wird.

Fig. 90.

Direkt einander entgegenwirkend, also die Bildung von Pendelungen vollkommen verhindernd und so günstig für den Parallelbetrieb gestalten sich die Schwingungen, wenn z. B.

$$\frac{t_a}{t_d} = \frac{1^1/_2}{1} \text{ oder } = \frac{2^1/_2}{1}$$

also dann, wenn dies Verhältnis zwischen den oben angegebenen ungünstigen Zahlen liegt.

Für alle zwischen den ungünstigen und günstigen Verhältniszahlen liegende Zahlen treten periodisch anwachsende und wieder abnehmende Pendelungen, Schwebungen (Fig. 90) auf, die um so stärker, also für den Parallelbetrieb um so schädlicher werden, je näher sie den ungünstigsten Verhältniszahlen

$$\text{z. B. } \frac{1}{1}, \frac{2}{1}, \frac{3}{1}$$

liegen.

Um aber auch unter den ungünstigen Verhältnissen einen sicheren Parallelbetrieb zu ermöglichen, ist es erforderlich, den Verlauf der Dynamo-Schwingungen so einzurichten, dass dieselben bereits ausgependelt haben, ehe der nächste Stoss durch den Ungleichförmigkeitsgrad der Dampfmaschine erfolgen kann, d. h. die Pendelungen des Induktors der Dynamo sind möglichst schnell und kräftig zu dämpfen.

Diese Dämpfung kann in verschiedener Weise erfolgen:

1. Auf mechanischem Wege durch Einschalten einer Friktionskupplung zwischen Dampfmaschinenwelle und Induktorwelle oder in einfacherer Weise durch Einschalten eines Riemens zwischen beide Wellen, d. h. durch Anwendung des Riemenbetriebes, der sich denn auch thatsächlich für den Parallelbetrieb als sehr günstig erwiesen hat.

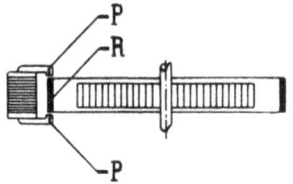

Fig. 91.

2. Magnetische Dämpfung. Diese findet Verwendung, falls Riemenbetrieb ausgeschlossen ist. Ihre Wirkung lässt sich folgendermassen darstellen: Man denkt sich das oben (Fig. 84, S. 146), erwähnte Pendel bestehend aus einem Kupferring R (Fig. 91), welcher zwischen den entgegengesetzten Polen P eines kräftigen hufeisenförmigen Elektromagneten schwingt. Ist letzterer nicht erregt, so wird der Ring frei und leicht zwischen den Polen hindurch gehen und eine grössere Anzahl Schwingungen ausführen. Ist dagegen der Magnet erregt, so schwingt der Kupferring in einem magnetischen Feld und es entstehen in ihm Induktströme, welche

eine äusserst kräftige Dämpfung bewirken, sodass das Ringpendel sehr schnell zur Ruhe kommt.

Das magnetische Feld für die Dämpfung ist nun in der Dynamomaschine bereits vorhanden und zwar nicht nur einmal, sondern so oft als Pole vorhanden

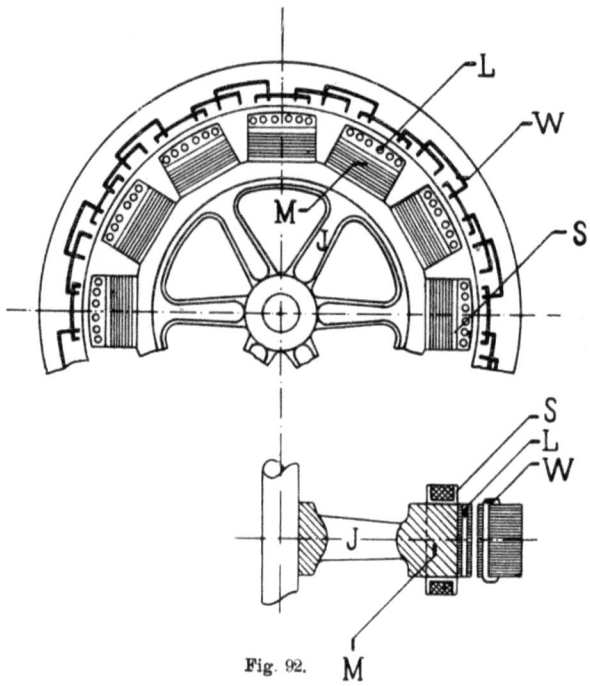

Fig. 92.

sind. Es ist also nur erforderlich, in dem dem Pendel entsprechenden Teile der Dynamo die erforderlichen Kupfermassen zu schaffen.

Hierfür ist nun von Hutin und Leblanc eine Anordnung angegeben worden, D. R. P. 76814, dessen Ausführungsrecht die A. E. G. erworben hat.

In einer Drehstromdynamo mit drehendem Magnetinduktor Modell NDM (Fig. 92), werden durch die Magnete M magnetische Felder hervorgebracht, welche zur Erzeugung der Elektricität in den Windungen W dienen. Die in diesen Windungen entstehenden Ströme bringen nun ihrerseits ein zweites magnetisches Feld hervor, das sich mit derselben Umdrehungszahl dreht, wie das Feld der Magnete M. Da aber die parallel geschaltete Dynamo b auch an den Schienen bezw. Dynamos a liegt, so ist in ihr, infolge des Stromkreises 1, 2, 3, 4, 5, 6, (Fig. 66, S. 130) noch ein zweites Magnetfeld vorhanden, das seine gleichmässige synchrone Drehung beibehält, auch wenn der Induktor in Pendelungen kommt. Treten nun diese oben beschriebenen Induktor-Schwingungen t_a auf, so ändert also der Induktor seine Lage zu diesem synchronen Magnetfeld; der Induktor pendelt also in diesem Magnetfeld. Die Dämpfung erfolgt nun durch kräftige Kupferbolzen L (Fig. 92), welche in den Polschuhen der Magneten M eingesetzt sind. Für die Dämpfung ist es zweckmässig, die Anzahl der Bolzen so gross als möglich zu nehmen. Am zweckmässigsten wäre hierfür die Anbringung eines geschlossenen Kupferringes, der sämtliche Bolzen L, also auch die Polschuhe, miteinander verbinden würde. Dies würde aber das Feld der Magnete M zu sehr schwächen, daher sind nur so viel Bolzen einzusetzen, dass der Eisenquerschnitt in den Magneten M nicht zu sehr verkleinert wird.

Eine gewisse natürliche Dämpfung wird übrigens bereits erzeugt durch die in den Flanschen S der Magnete M, sowie in den Eisenblechen der Polschuhe entstehenden Induktionsströme.

Da aber nicht alle Drehstrom- und Wechselstromdynamos für Parallelbetrieb bestimmt sind, so bereitet die A. E. G. ihre Dynamos immer nur beim Bau durch vorheriges Einstanzen der Löcher für die Bolzen L vor. Wird dann die betreffende Dynamo für Parallelbetrieb verwendet, so werden nur nachträglich die Kupferbolzen L eingezogen und der Dämpfungsstromkreis ist geschaffen.

Die Schwierigkeiten, welche das Parallelschalten

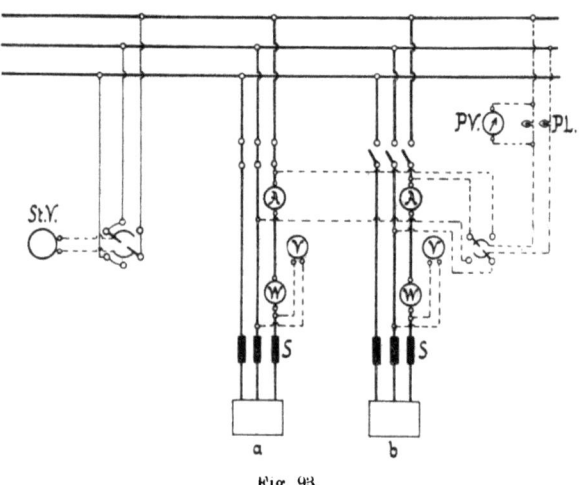

Fig. 93.

von Drehstrom- bezw. Wechselstrom-Maschinen in manchen Fällen bisher bot, können also nach Vorstehendem als beseitigt angesehen werden und kann bei sachgemässer Anlage der Maschinen-Station ein **dauernd guter Parallelbetrieb jeder Zeit gewährleistet werden.**

Da bei Phasenübereinstimmung, wie oben gezeigt, auch stets gleiche Wechselzahl vorhanden sein muss, so ist also vor dem Parallelschalten nur erstere und ausserdem die Gleichheit der Spannung festzustellen. Um dabei für sämtliche Dynamos dieselben Phasenlampen PL und nur ein Phasen-Voltmeter PV verwenden zu können, wird ein Umschalter vorgesehen, wie auf Schema (Fig. 93) dargestellt. Dieses Schema kann als Normal-Schaltungsschema für Niederspannungs-Maschinen gelten. Es enthält ausser den Schmelzsicherungen S die erforderlichen Schalter und Messinstrumente und zwar von letzteren ein Stations-Volt-

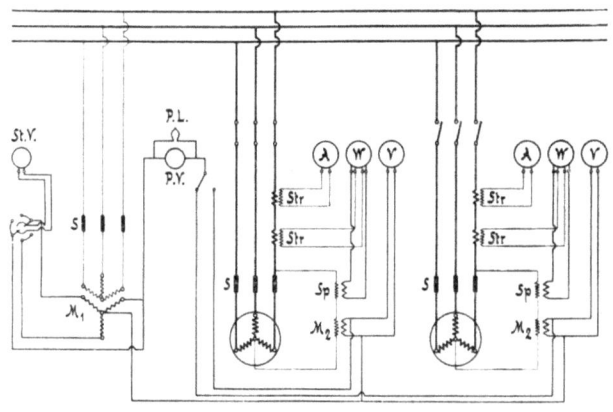

Fig. 94.

meter StV zum Messen der Spannung an den Schienen, ferner für jede Maschine ein Voltmeter V, ein Amperemeter A und ein Wattmeter W. Das letztere ist zur Parallelschaltung nicht unbedingt notwendig, wohl aber sehr vorteilhaft, um die Belastung auf die einzelnen Maschinen gleichmässig verteilen zu können. Nach den Angaben der Amperemeter ist dies nicht möglich, da diese ja auch die wattlosen Ströme mit anzeigen. Da Phasen-Lampen und Phasen-Voltmeter samt ihrem Umschalter direkt an den Stromleitungen liegen, darf das Schema (Fig. 93) nur für Niederspannungs-Anlagen Verwendung finden.

Bei Spannungen über 1000 Volt treten die Hochspannungs-Vorschriften des Verbandes Deutscher Elektrotechniker in Kraft, nach denen das Schema (Fig. 94) entworfen ist.

Hierbei kommen Messtransformatoren zur Verwendung, an welche die Voltmeter und der Phasenvergleicher angeschlossen werden und zwar ist der Drehstrom-Messtransformator M_1 zum Anschluss des Stationsvoltmeters $St\,V$ bestimmt, während bei jeder Maschine ein Einphasen-Messtransformator M_2 zum Anschluss eines Maschinenvoltmeters dient. Zwischen M_1 und M_2 ist der Phasenvergleicher, bestehend aus einer Glühlampe PL und einem Phasen-Voltmeter PV angeschlossen.

Das Prinzip der Umwandlung gefährlicher Hochspannung in ungefährliche Niederspannung wird in der Regel auch auf die Amperemeter A und Wattmeter W angewendet in der Weise, dass der zu messende Strom nicht direkt durch das Instrument, sondern durch einen Stromwandler Str geschickt wird, dessen sekundäre Wicklung mit dem eigentlichen Instrument verbunden ist. Bei dem Wattmeter W wird ausserdem noch die Phasenspannung der Maschine mittels eines Spannungswandlers Sp in Niederspannung umgewandelt. Die Skalen der Messinstrumente sind unter Berücksichtigung der Umsetzungsverhältnisse derart ausgeführt, dass ohne weiteres die richtigen, von der Maschine gelieferten Spannungen, Stromstärken und Leistungen abgelesen werden können. Da ferner bei den Schalthebeln alle stromführenden Teile hinter der Schalttafel liegen und nur der Griff auf der Vorderseite herausragt, so ist es möglich, Schalttafeln zu bauen, die auf der Vorderseite keinerlei Teile mit gefährlichen Spannungen enthalten, eine Einrichtung, die sowohl in Bezug auf die Betriebssicherheit als auch in Bezug auf die persönliche Sicherheit des Bedienungspersonals die grössten Vorteile bietet.

d) Akkumulatoren.

Elektrische Akkumulatoren sind Apparate, welche Elektrizität, aber nur in Form von Gleichstrom, aufzuspeichern vermögen. Sie bestehen im wesentlichen aus zwei Arten von Platten, den positiven Platten und den negativen Platten, welche in einem mit verdünnter Schwefelsäure gefüllten Gefäss in abwechselnder Reihenfolge nebeneinander angeordnet sind. Die sämtlichen positiven Platten eines solchen Gefässes, das Zelle oder Element genannt wird, sind miteinander parallel geschaltet, ebenso die negativen Platten. Die einzelnen Zellen einer Batterie (Fig. 95) liegen dann hintereinander. Anzahl und Grösse der Platten jeder Zelle bedingen die grösste zulässige Stromstärke der Batterie bei einer gegebenen Entladezeit.

Die Platten selbst bestehen aus Bleiverbindungen, im wesentlichen Bleioxyd. Bei dem Laden, wenn dem Akkumulator Elektrizität zugeführt wird, erfolgt eine Zersetzung der verdünnten Schwefelsäure; der Sauerstoff geht an die positiven Platten und bildet Bleisuperoxyd, der Wasserstoff entzieht den negativen Platten Sauerstoff und bildet auf ihnen Blei. In diesem geladenen Zustand können die Akkumulatoren längere Zeit stehen bleiben, bis mit dem Entladen die aufgespeicherte Elektrizität wieder verwendet wird. Bei dem Entladen spielen sich dabei die chemischen Vorgänge in den Zellen in umgekehrter Weise ab, indem sich beide Platten wieder auf Bleioxyd reduzieren.

11

Die Spannung jeder Zelle steigt während des Ladens bis auf ca. 2,6 Volt. Die Entladung beginnt mit einer Spannung von ca. 2 Volt, die indessen sehr rasch auf ca. 1,92 Volt fällt und darf fortgesetzt werden, bis die Spannung allmählich auf ca. 1,85 Volt gesunken ist. Die Anzahl der Elemente einer Akkumulatoren-Batterie muss sich daher nach der Betriebsspannung richten, z. B. sind für eine solche von 110 Volt erforderlich 60 Zellen ($=110:1,85$). Da bei Beginn der Entladung

Fig. 95. Akkumulatoren-Batterie.

die Spannung aber zu hoch sein würde (nach obigem Beispiel $60 \times 2 = 120$ Volt bei 110 Volt Betriebsspannung), so müssen zunächst einige Zellen abgeschaltet werden (im Beispiel $60 - [110:2] = 5$), die dann später mit abnehmender Spannung der einzelnen Zellen wieder zuzuschalten sind. Auch sind bei dem Laden die ersten Zellen früher abzuschalten als die übrigen, da diese beim Entladen weniger ausgenützt werden und demnach schneller vollgeladen sind. Diese Schaltungen erfolgen mit den Zellenschalter.

Um die für das Laden nötige erhöhte Spannung zu erzeugen (in obigem Beispiel bei Schluss der Ladung $60 \times 2{,}5 = 150$ Volt, also 40 Volt über der Betriebsspannung) ist entweder die Dynamo derartig einzurichten, dass durch Einstellen des Nebenschlussregulators ihre Spannung entsprechend erhöht werden kann, oder es ist eine Zusatzdynamo anzuwenden. In Ausnahmefällen kann die Ladung auch in zwei Reihen erfolgen. Für den ersten Fall müssen unter Umständen die Dynamos mit einer gegenüber der normalen etwas erhöhten Umdrehungszahl laufen können, was bei den Gleichstromdynamos der A.E.G. berücksichtigt ist (s. Abt. V Tab. 3).

Bei Verwendung einer Zusatzdynamo kann beliebig viel Betriebsstrom während der Ladung abgegeben werden und es ist dabei nur ein Einfach-Zellenschalter nötig. Zu empfehlen ist aber auch hier ein Doppel-Zellenschalter, da dann auch während des Ladens die Batterie am Netze liegt. Braucht während des Ladens keinerlei Betriebsstrom abgegeben zu werden, so ist ein Einfach-Zellenschalter ausreichend; die Ladung erfolgt dann am einfachsten nur durch Spannungssteigerung der Dynamos selbst (also ohne Znsatzdynamo). Soll dagegen bei dieser Art des Ladens auch während der Ladedauer Betriebsstrom, wenn auch nur in beschränktem Maasse, geliefert werden, so muss ein Doppel-Zellenschalter verwendet werden. Hierbei (Fig. 96) wird während des Entladens der Umschalter U nach unten umgelegt. Der Strom der Dynamo D geht dann durch die Sicherung B_1 und den Minimal-Ausschalter F nach der positiven Sammelschiene und kehrt von der negativen Sammelschiene durch Strommesser A_1 und Sicherung B_2 zur Dynamo zurück. Die Entladung der Akkumulatoren-Batterie Z erfolgt gleichzeitig in Parallelschaltung durch den Entladehebel E des Doppel-Zellenschalters, sowie durch

Sicherungen B_3 und B_4. Ein zweiter Strommesser A_2 zeigt hierbei die Stromstärke an. Ausserdem liegt in diesem Stromkreis noch ein Stromrichtungs-Anzeiger S, welcher anzeigt, ob entladen wird, d. h. der Strom von der Batterie Z durch ihn nach der positiven Sammelschiene geht, oder ob geladen wird, d. h. der Strom die umgekehrte Richtung hat. Das Parallelschalten der Dynamo zum Akkumulator erfolgt in genau derselben

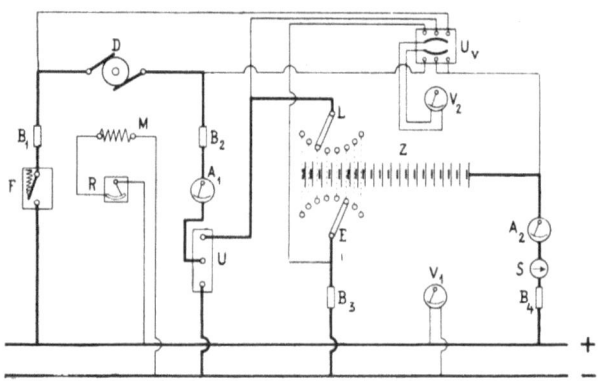

Fig. 96.

Weise, als ob die Maschine einer andern Dynamo parallel zu schalten wäre (S. 123).

Soll geladen werden, so ist der Hebel des Umschalters U nach oben einzulegen. Der Ladestrom geht dann von der Dynamo D über B_1 und F nach der positiven Schiene, von da über B_4, S und A_2 nach der Batterie Z und weiter über L, A_1 und B_2 nach der Dynamo zurück. Der gleichzeitig abzugebende Betriebsstrom nimmt dagegen seinen Weg von Dynamo D über B_1 und F nach der positiven Schiene und zurück von der negativen Schiene über B_3 und den Entladehebel E, geht dann durch die Zellen zwischen den Hebeln E und L und hierauf über U, A_1 und B_2 wieder nach der Dynamo D. Der Minimal-Ausschalter F schaltet die Dynamo D selbstthätig aus, falls ihre Spannung etwa unter die der Batterie sinken sollte und also Strom von der Batterie nach der Dynamo übergehen wollte.

Der Spannungsmesser V_1 zeigt die Betriebsspannung zwischen den Schienen an, während der andere Spannungsmesser V_2 durch den Umschalter U^v sowohl auf die Spannung der Dynamo, als auch auf die der Batterie am Ladehebel L oder am Entladehebel E eingestellt werden kann.

Die Leistung einer Akkumulatoren-Zelle wird angegeben durch das Produkt aus der Stromstärke in Ampere multipliziert mit der Zeit, während welcher das Element diese Stromstärke abzugeben vermag. Diese Leistung eines Elements in Ampere-Stunden nennt man seine Kapazität.

Durch die Anwendung von Akkumulatoren besitzt der Gleichstrombetrieb vor dem Drehstrombetrieb eine Anzahl Vorteile, welche aber im wesentlichen nur bei kleineren Beleuchtungsanlagen voll zur Geltung kommen. So wird zunächst eine grosse Betriebssicherheit erreicht, selbst bei Aufstellung nur einer einzigen Dynamo, da bei richtiger Schaltung die Akkumulatoren-Anlage die Beleuchtung ohne bemerkbaren Einfluss auf das Brennen der Lampen allein übernimmt, wenn aus irgend einem Grunde die Maschinen-Anlage plötzlich versagt. Ferner ist man in der Lage, jeder Zeit, innerhalb der Grenzen der Kapazität der Batterie, die Maschinen-Anlage still zu stellen und den Betriebsstrom nur aus der Batterie zu entnehmen. Dies ermöglicht gleichzeitig, die Betriebszeit der Maschine auf eine möglichst kurze Zeit, aber unter günstigster Belastung, zu beschränken.

8. Kraftübertragung mit Gleichstrom.

Gleichstrom wird hauptsächlich bei Anlagen verwendet, deren Primärstation innerhalb oder in der Nähe des Verbrauchsgebietes liegt. Ausserdem ist Gleichstrombetrieb immer dann gegeben, wenn die betreffenden Motoren an eine bereits vorhandene Gleichstromcentrale angeschlossen werden sollen.

a) Verwendung von Hauptstrommotoren.

Ist bei einer Kraftübertragungs-Anlage nur ein einziger Motor anzutreiben, ein Fall, welcher z. B. bei Grubenventilatoren in Bergwerken, bei Pumpen etc. öfter vorkommt, wird also die Kraft nur von einem Punkte nach einem anderen geleitet, im Gegensatz zu einer Kraftverteilung, bei welcher von der Kraft erzeugenden Station aus mehrere Motoren gleichzeitig gespeist werden, so empfiehlt sich die Anwendung eines Hauptstrommotors in Verbindung mit einer Hauptstrom-Dynamo (Fig. 97).

Ist hierbei die Geschwindigkeit der Primärmaschine gleichmässig, so behält auch, selbst bei beliebigen Belastungsschwankungen, der Elektromotor seine Umdrehungszahl bei. Soll die Umdrehungszahl des Motors eine andere werden, so ist nur diejenige der Dynamo entsprechend zu ändern, worauf auch der Motor seine Geschwindigkeit in gleichem Verhältnis ändert.

Als Nebenapparate werden bei der Dynamo gewöhnlich angewendet ein Strommesser A und eine Sicherung B. Die Motorenstation benötigt nur einen Schalthebel S als Notausschalter, wenn es sich auch besonders bei grösseren Anlagen empfiehlt, hier wenigstens noch einen Strommesser zur Orientierung über den je-

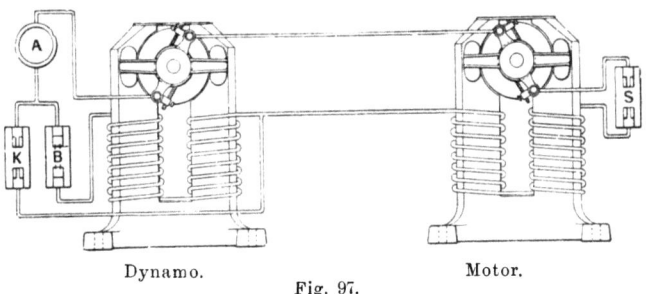

Dynamo.   Fig. 97.   Motor.

weiligen Stromverbrauch aufzustellen. Ausserdem ist es zweckmässig, in der Primärstation noch einen automatischen Kurzschliesser K anzubringen, der bei einer bestimmten Maximalstromstärke die Magnetwickelungen der Dynamo selbstthätig kurz schliesst und hierdurch Maschine und Motor stromlos macht.

Die Ingangsetzung geschieht in der Weise, dass man bei geschlossenem Stromkreise die Kraftquelle, also eine Dampfmaschine oder dgl., in Bewegung setzt, wobei mit dem langsamen Anlaufen der Dynamomaschine auch der Motor langsam mitanläuft; umgekehrt geschieht das Abstellen, indem man die Kraftquelle abstellt. Der Stromkreis selbst ist also nicht zu unterbrechen. Ein besonderer Anlasswiderstand ist daher überflüssig.

Die Verwendung einer derartigen Kombination von Hauptstrommaschinen ist besonders geeignet für Antriebe, welche mit voller Last anlaufen müssen.

Hauptstrommotoren an Leitungen mit konstanter Spannung, wie z. B. an Lichtleitungsnetze, anzuschliessen, ist nur thunlich, wenn der Motor dauernd unter einer gewissen Belastung läuft, wie bei Ventilatoren-Betrieb, bei Kränen mit selbstsperrendem Windewerk etc. Denn der Hauptstrommotor, an konstante Spannung angeschlossen, erhöht bei abnehmender Belastung seine Umdrehungszahl und geht schliesslich bei völliger Entlastung durch.

b) Verwendung von Nebenschlussmotoren.

Elektrische Kraftstationen, welche mehrere Elektromotoren gleichzeitig zu betreiben oder Strom ausser für Motoren auch für Beleuchtung zu liefern haben, arbeiten fast ausnahmslos mit konstanter Spannung im Netze. Infolgedessen sind hier Nebenschlussmotoren am zweckmässigsten, da diese bei konstanter Spannung ihre Umdrehungszahl für alle Belastungen von Null bis zum Maximum nahezu konstant halten, ein Durchgehen bei Entlastung im Gegensatz zu Hauptstrommotoren also nicht stattfindet.

Ist jedoch für besondere Fälle die Umdrehungszahl eines Nebenschlussmotors zu ändern, so kann dies auf zweierlei Weise geschehen.

Die oben (S. 27) angegebene Gleichung für die

Spannung einer Dynamo gilt auch hier und lautet für die Umdrehungszahl der Motoren

$$n = \frac{E}{c_1 \, H \, a}.$$

c_1 und a sind Konstante. Man kann also n ändern durch Aenderung von E, d. h. der Spannung im Anker, oder von H, d. h. des Magnetfeldes oder, was gleichbedeutend ist, des Nebenschlusses.

Die Aenderung der Spannung im Anker erfolgt durch Einschalten von Widerstand in den Ankerstromkreis. Je mehr Widerstand man vorschaltet, desto kleiner wird die Spannung E und desto kleiner auch die Umdrehungszahl n, und umgekehrt.

Hiermit ist jedoch stets eine Abnahme der Arbeitsleistung des Motors verbunden, und zwar nimmt dieselbe um so mehr ab, je kleiner die Umdrehungszahl wird. Zu dieser Verminderung der Arbeitsleistung tritt ferner noch ein entsprechender Kraftverbrauch in den vorgeschalteten Widerständen hinzu, so dass also auch der Wirkungsgrad einer derartigen Motorenanlage mit der Verminderung der Umdrehungszahl schnell abnimmt.

Die Geschwindigkeits-Aenderung eines Nebenschluss-Elektromotors durch Aenderung von H, d. h. des Magnetisierungsstromes der Schenkel, erfolgt durch Einschaltung von Widerständen in den Nebenschluss-Stromkreis. Auf diese Weise ist aber nur eine Steigerung der Umdrehungszahl um ca. 15 Proc. über die normale möglich, wobei jedoch die maximale Arbeitsleistung des Motors nicht vergrössert werden darf.

Für besondere Fälle ist es auch möglich, durch Veränderung des Erregerstromes Umdrehungs-Aenderungen in weiteren Grenzen hervorzubringen (s. Abschnitt V, Tabelle 3c), wobei allerdings die Leistung des betreffenden Motors gegenüber seiner normalen entsprechend vermindert werden muss. Hierdurch lassen sich unter Anwendung besonderer Nebenschlussregulatoren Aenderungen der Umdrehungszahlen in den Grenzen von 1 zu 3 bis 1 zu 4 erreichen.

Da hierbei die Widerstände in den Nebenschluss gelegt werden, dessen Stromstärke sehr gering ist und nur wenige Procente des Ankerstromes beträgt, so bleibt der Wirkungsgrad des Motors so gut wie ungeändert.

c) Anlassvorrichtungen.

Die elektrischen Eigenschaften eines Nebenschluss-Elektromotors verlangen, dass bei der Ingangsetzung zuerst durch Einschalten der Elektromagnetwicklungen das magnetische Feld erregt wird und erst hiernach das Einschalten des Ankerstromkreises erfolgt. Letzteres darf jedoch nicht zu' schnell und unvermittelt geschehen, um einen Stromstoss und eine Funkenbildung an den Bürsten möglichst zu vermeiden.

Die Inbetriebsetzung dieser Motoren erfolgt daher mit Hülfe besonderer Apparate, der Anlasswiderstände. Dieselben haben eine ähnliche Wirkungsweise, wie die Einlassventile bei den Dampfmaschinen. Wie nämlich bei diesen anfänglich nur durch eine geringe Oeffnung Dampf von geringem Druck eingelassen und erst bei allmähliger Weiteröffnung der Druck des eintretenden Dampfes und somit die Arbeitsleistung der Maschine nach und nach vermehrt wird, so lässt auch der Anlasswiderstand zu Anfang nur Strom einer geringeren Spannung in den Anker des Motors, so dass dieser erst allmählich entsprechend der zunehmenden Spannung im Anker seine normale Leistung erreicht.

Hierzu besteht der Anlassapparat in der Hauptsache aus einem Widerstand aus Nickelin oder einem anderen schlecht leitenden Metalle, und wird bei Beginn der Inbetriebsetzung zunächst dem Motor vorgeschaltet, um dann langsam nach und nach wieder ausgeschaltet zu werden.

Fig. 98,
Metall-Anlasswiderstand.

Für normalen Betrieb baut die A. E. G. zum Ein- und Ausschalten ihrer Nebenschluss-Elektromotoren zwei Arten dieser **Metall-Anlasswiderstände**, und zwar die einen für nicht regulierbare, die andern für regulierbare Umdrehungszahl.

Die Metall-Anlasswiderstände für nicht regulierbare Umdrehungszahl (Fig.98), deren Schaltungsweise (Fig.99) zeigt, sind derartig gebaut, dass der Kontakthebel beim Einschalten zunächst die an dem inneren Schleifring angeschlossene Magnetwickelung einschaltet und erst dann, wenn er den äusseren Kontaktring berührt, der Ankerstromkreis geschlossen wird. Dies letztere ge-

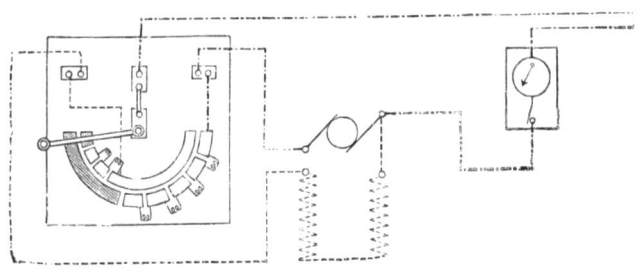

Fig. 99.

Fig. 100.
Metall-Anlasswiderstand für regulierbare Umdrehungszahl.

schieht so, dass der gesamte Widerstand vorgeschaltet und darauf bei dem Weiterdrehen des Hebels stufenweise ausgeschaltet wird, bis in der Endstellung kein Widerstand des Anlassapparates mehr im Stromkreis sich befindet.

Es ist ferner unbedingt erforderlich, dass der Hebel dauernd nur in der Anfangs- oder Endstellung stehen bleiben darf, da die zwischengeschalteten Widerstandsdrähte nicht für dauernde Einschaltung dimensioniert sind, sich also sonst durch den Strom übermässig stark erhitzen würden.

Die Metall-Anlasswiderstände für regulierbare Umdrehungszahl (Fig. 100), sind noch ausserhalb der Normalendstellung, wie auch aus dem Schaltungsschema (Fig. 101) zu ersehen ist, mit einer Anzahl Kontakte versehen, durch welche Widerstände in den Magnetstromkreis eingeschaltet werden, so dass mit Hülfe derselben eine bis 15 Proc. höhere Geschwindigkeit als die normale erreicht werden kann.

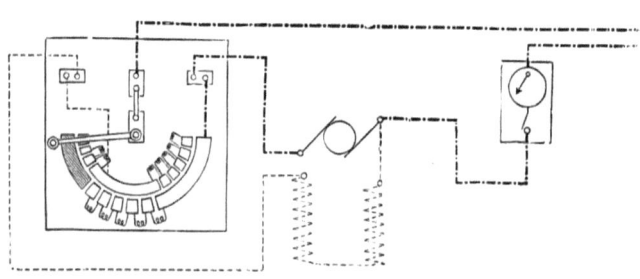

Fig. 101.

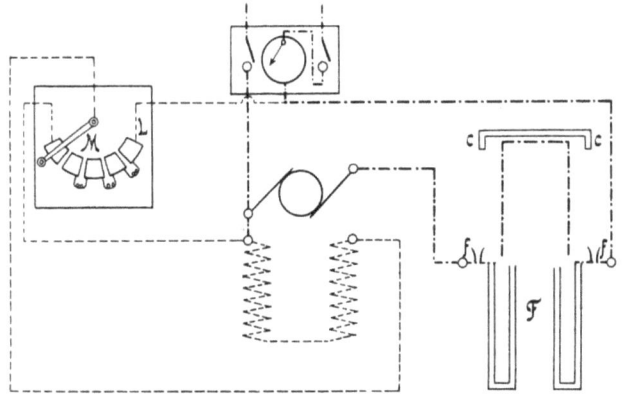

Fig. 102.

Bei Motoren über 30 Pferdestärken würden infolge der zur Verwendung kommenden Stromstärken die soeben beschriebenen Anlasswiderstände sehr grosse Dimensionen erhalten. Es werden daher für diese Fälle meist **Flüssigkeits-Anlasswiderstände** in Anwendung gebracht.

Ein derartiger Apparat, (Fig. 104), besteht aus einem Gestell mit zwei Abteilungen, welche mit einer elektrisch leitenden Flüssigkeit gefüllt sind und dadurch mit einander leitend verbunden werden können, dass man beiderseits in diese Flüssigkeit die Enden einer ∩ förmig gebogenen Blechtafel einsenkt. (Fig. 105). Fügt man diesen Widerstand in eine elektrische Leitung ein, so ist der Strom gezwungen, beide Flüssigkeits-

Fig. 103.
Magnetausschalter

schichten nach einander zu durchfliessen, deren Widerstand in dem Masse sich verringert, wie man das mittels einer Kurbel bewegliche Blech tiefer in die Flüssigkeit einsenkt. In der tiefsten Stellung kommen

Fig. 104. Flüssigkeits-Anlasswiderstand, ausgeschaltet.

die kupfernen Kontaktstücke cc (Fig. 102), mit den Federn ff des Flüssigkeitswiderstandes F in Berührung, sodass die Flüssigkeitsschicht aus dem Stromkreis ganz ausgeschaltet wird.

Die Flüssigkeit besteht zweckmässig aus einer verdünnten Lösung von kohlensaurem Natron.

Um den Strom für die Magneterregung einzuschalten, ist es notwendig, bei nicht regulierbarer Umdrehungszahl einen Magnetausschalter, (Fig. 103 und *M*, Fig. 102), bei regulierbarer Umdrehungszahl einen

Fig. 105. Flüssigkeits-Anlasswiderstand, eingeschaltet.

Nebenschlussregulator, (Fig. 21), in Gemeinschaft mit dem Flüssigkeitswiderstand zu verwenden.

Für viele Betriebe ist es erforderlich, die Umdrehungen des Motors beliebig umkehren zu können. Dies lässt sich bei Gleichstrom auf zweierlei Weise bewirken, und zwar entweder durch Umkehrung der Stromrichtung im Anker oder durch Umkehrung der Stromrichtung in den Magnetwicklungen.

Sollen dabei die Motoren unter Last anlaufen, wie z. B. bei Kränen, Aufzügen, Winden etc., so sind die Widerstände hiernach entsprechend zu dimensionieren. Die A. E. G. verwendet für solche Fälle ihre **Umkehr-Anlasswiderstände** (Fig. 106), Schaltungsschema derselben (Fig. 107).

Zur Bethätigung dieser U. A. W. wird die Antriebswelle A (Fig. 107) durch Steuerhebel oder Steuerseil um 180° nach der einen oder anderen Seite, je nach der gewünschten Drehrichtung umgelegt. Hierdurch wird gleichzeitig Kurbel K und Stellscheibe P um 180° verdreht. Letztere stellt dabei den Umschalter S ein, durch welchen die Stromrichtung im Anker bestimmt wird. Kurbel K giebt die Stange T frei, die nunmehr durch ihr Gewicht herabzusinken beginnt. Dabei schaltet die an T befestigte Kontaktfeder B zunächst den Nebenschluss für die Magnetwicklung ein und hierauf durch Kontakt c_8 den ganzen Widerstand W. Bei dem weiteren Sinken wird dieser Widerstand stufenweise mehr und

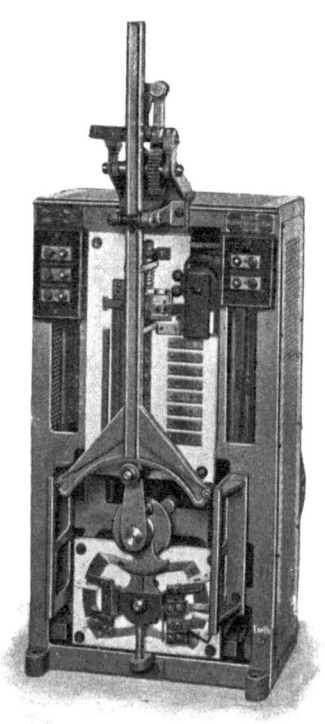

Fig. 106. Umkehr-Anlasswiderstand.

mehr ausgeschaltet, bis er in der Stellung c_0 ganz heraus ist und der Motor nunmehr mit voller Umdrehungszahl läuft.

Um einen Stromstoss und Funkenbildung an dem Kommutator zu vermeiden, muss das Einschalten ge-

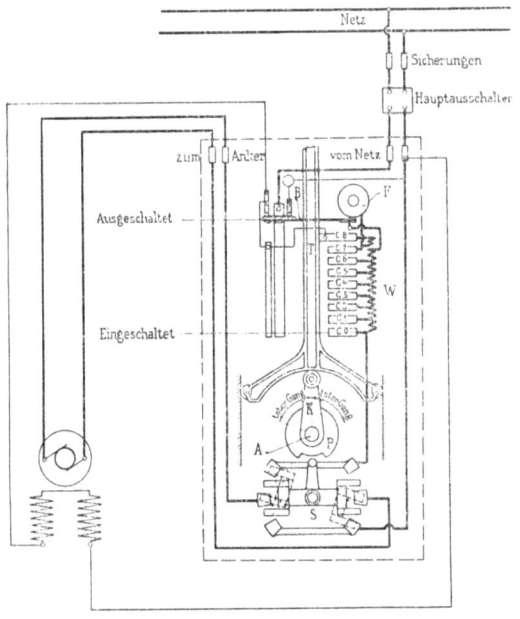

Fig. 107.

nügend langsam, d. h. innerhalb eines Zeitraumes von ca. 10 bis 15 Sekunden erfolgen. Diese Schnelligkeit des Einschaltens wird selbstthätig reguliert durch ein oben an der Stange T angebrachtes, einstellbares Sperrwerk (Fig. 106), welches ein überschnelles Herabsinken von T verhindert, selbst wenn Kurbel K momentan umgelegt wird. Der Uebergang von einem Kontakt c zum andern erfolgt infolge einer besonderen Federvorrichtung sprungweise, so dass schädliche Funken ausgeschlossen sind, auch bei der nur geringen Anzahl vorhandener Kontakte.

Da insbesondere bei Aufzügen der U. A. W. meist neben dem Motor im Keller oder auf dem Boden aufgestellt wird, der Fahrstuhlwärter, der sich im Fahrkorb befindet, denselben also während der Bedienung nicht beobachten kann, so ist durch entsprechende Ausgestaltung der unteren Traverse an Stange T ein toter Gang vorgesehen. Infolgedessen ist der Motor bereits vollständig ausgeschaltet, selbst wenn der Fahrstuhlwärter die Welle A versehentlich nicht genau bis in die Nullage zurückbringt.

Bei einer anderen Art von Umkehr-Anlasswiderständen für kleinere Kräfte erfolgt die Dämpfung bei dem Einschalten durch einen an Stelle des Sperrwerkes angebrachten Windflügel, (s. bei Drehstrom, Fig. 122).

9. Kraftübertragung mit Drehstrom.

Das wichtigste Unterscheidungsmerkmal des Drehstromes vom Gleichstrom inbezug auf die Verwendung bei elektrischen Kraftübertragungen liegt darin, dass die Spannung des ersteren mit Hülfe bewegungsloser Transformatoren (s. S. 182) ohne weiteres in beliebigen Grenzen geändert werden kann, wobei viel höhere Spannungen sich erreichen lassen, als bei Gleichstrom möglich ist. Bei letzterer Stromart soll man im Interesse eines sicheren Betriebes nur bis 550 Volt, bei grossen Maschinen höchstens bis 850 Volt gehen. Bei Drehstrom dagegen sind bereits Spannungen von 40 000 Volt und mehr verwendet worden.

Für gleiche Leistungen bedeutet aber die Erhöhung der Spannung eine Verminderung des Leitungsquerschnittes. Dies ergiebt sich deutlich aus der Gleichung (s. S. 73)

$$q = \frac{2 \cdot L \cdot W}{P \, E^2 \, (cos \, \varphi)^2}$$

Hierbei sind, mit Ausnahme der Spannung E, die sämtlichen Grössen der rechten Seite, nach Festsetzung des prozentualen Spannungs-Verlustes P in den Leitungen, für jeden besonderen Fall gegeben, also konstant. Es ändert sich demnach der Leitungsquerschnitt q umgekehrt wie das Quadrat der Spannung E.

Bei grossen Entfernungen sind aber die Kosten der Leitungen ausschlaggebend für die Ausführbarkeit der ganzen Anlage, so dass dem Drehstrom sämtliche

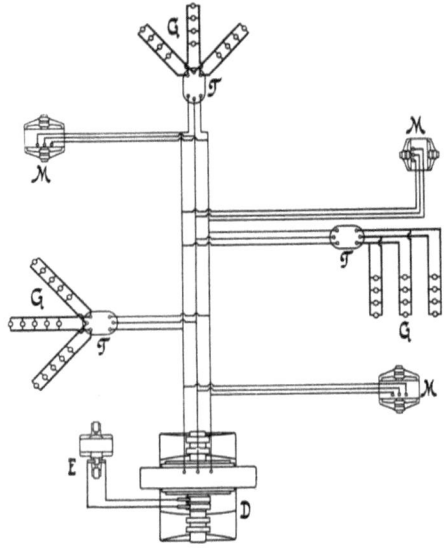

Fig. 108.

Kraftübertragungsanlagen auf grössere Entfernungen zufallen.

Wie weit sich diese ausdehnen lassen, haben die bahnbrechenden Versuche gezeigt, welche die A. E. G. gemeinschaftlich mit der Maschinenfabrik Oerlikon bei Gelegenheit der elektrotechnischen Ausstellung zu Frankfurt a. M. im Jahre 1891 angestellt hat. Hierbei wurden 180 PS auf 170 km von Lauffen am Neckar nach Frankfurt a. M. übertragen und zwar mit einem Gesamtnutzeffekt von 75 Proc.

Die Fernleitung bestand aus drei Drähten von je 4 mm Durchmesser. Die Höhe der Spannung betrug während des normalen Betriebes 20 000 Volt; sie wurde jedoch bei Versuchen bis auf 30 000 Volt gesteigert. Für die Praxis wird jedoch gegenwärtig die Spannung in den Fernleitungen meist nicht höher als 6000 Volt gewählt.

Bei derartigen Hochspannungs-Anlagen (Fig. 108) erzeugt die Dynamo D der Primärstation, deren Magneten durch die kleine Gleichstrom - Dynamomaschine E erregt werden, einen Strom von mehr oder weniger hoher Spannung, welcher zunächst nach einer Schalttafel geführt wird, die alle nötigen Mess-Instrumente, Sicherungen und Schaltapparate trägt. Von hier aus wird nun der Strom mittels der Fernleitungen nach den beliebig weit entfernten Verbrauchsstellen G und M geleitet. Je grösser diese zu überwindende Entfernung ist, desto höher muss die Spannung sein, unter der Voraussetzung gleicher Leistung und gleichen prozentualen Spannungsverlustes.

Die Fernleitung wird bis in die Nähe der Verbrauchsstellen geführt und hier die Spannung mit Hülfe der Transformatoren T auf die gewünschte Betriebsspannung erniedrigt, mit welcher nun die Glühlampen G bezw. auch Bogenlampengruppen und kleine Motoren gespeist werden, während die grösseren Motoren M meist ohne Transformatoren angeschlossen werden können.

Die Abbildung (Fig. 108) giebt jedoch nur ein ganz allgemeines Bild einer Drehstromanlage; bei Ausführungen in der Praxis ist die Schaltungsweise von Fall zu Fall genau festzustellen.

a) Transformatoren.

Die Transformatoren, welche die bei Kraftübertragungen auf weite Entfernungen nötige Umwandlung der Spannung bewirken, bestehen aus einem mit Windungen versehenen System von Eisenkernen. Sie lassen sich sowohl für einfachen Wechselstrom (Fig. 109), wie

Fig. 109.
Wechselstrom-Transformator mit Schutzkappe.

auch für Drehstrom (Fig. 110), herstellen. Im letzteren Falle ist der Eisenkern dreiteilig.

Auf jedem dieser Kerne befinden sich zwei Arten von Windungen, die sich in Bezug auf die Windungszahlen wie die Spannungen verhalten, sodass also die Spule für die hohe Spannung viele Windungen besitzt, die der niederen Spannung entsprechend weniger.

Es sei

m_h = Anzahl der Hochspannungs-Windungen,
m_n = Anzahl der Niederspannungs-Windungen,
E_h = Spannung der Hochspannungs-Spule,
E_n = Spannung der Niederspannungs-Spule,

Fig. 110.

Drehstrom-Transformator ohne Schutzkappe.

dann wird

$$E_h : E_n = m_h : m_n.$$

Da nun die Anzahl der ein- und austretenden Watt, abgesehen vom Wirkungsgrad des Transformators selbst, dieselbe bleibt, so ist die durch die Windungen fliessende Stromstärke und dementsprechend der Querschnitt der Windungsdrähte umgekehrt proportional den an den Klemmen des Transformators herrschenden Spannungen. Also wenn

J_h = Stromstärke der Hochspannungs-Spule,
J_n = Stromstärke der Niederspannungs-Spule,

dann wird
$$E_h : E_n = J_n : J_h.$$

Der Transformator besitzt daher für die hohen Spannungen viele dünne Windungen, für die niedrigen Spannungen dem Uebersetzungsverhältnis entsprechend wenige starke Windungen

Die Transformatoren können Verwendung finden, sowohl um hohe Spannungen auf niedere umzuwandeln, als auch umgekehrt. Hierzu führt man im ersteren Falle den hochgespannten Strom an die dünnen Windungen, während man den niedrig gespannten Strom aus den starken Windungen entnimmt; im anderen Falle wird umgekehrt verfahren und der Hochspannungsstrom den dünnen Windungen entnommen. Die Windungsspule, welche den umzuwandelnden Strom erhält, heisst primäre Spule, die, welche den transformierten Strom abgiebt, sekundäre Spule.

Bei der Wahl der Hochspannung des Transformators ist der Verlust in der Hochspannungsleitung zu berücksichtigen und also die Hochspannung des Transformators um einige Prozent niedriger zu wählen als die Spannung der Primärdynamo. In der Praxis haben sich als normale Hochspannungen des Transformators unter anderen herausgestellt: 2000, 2750, 3000, 5850 und 6400 Volt, für die Niederspannungen 125, 200, 225 und 525 Volt (Hauptspannung zwischen zwei Leitungen). Die Kombination dieser Spannungen ist ganz beliebig. Es lassen sich natürlich auch alle anderen Spannungen erreichen, nur ist bei den vorstehenden, da für sie normale Transformatoren gebaut werden, meist eine schnellere Lieferung möglich.

Die Wirkungsgrade der Transformatoren verhalten sich ähnlich wie diejenigen der Wechselstrom- und Drehstrommaschinen.

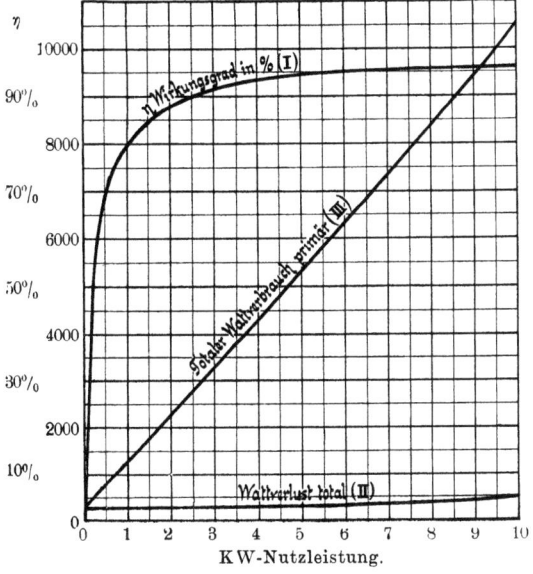

Fig. 111.

Der Wirkungsgrad eines Wechselstrom-Transformators für 10 Kilowatt Nutzleistung bei 100 Wechsel in der Sekunde und einem Uebersetzungsverhältnis von 120:2000 ist in Kurve I (Fig. 111) dargestellt. Bei Vollbelastung beträgt dabei der Wirkungsgrad ca. 96 Proc. und bei halber Belastung noch immer ca. 94 Proc. Die Kurve II giebt den totalen

Wattverlust und die Kurve III den totalen Wattverbrauch (primär) des Transformators bei verschiedenen Belastungen an.

Der Wirkungsgrad eines Drehstrom-Transformators gestaltet sich ganz ähnlich.

Um eine möglichst gute Isolierung zu erhalten und die Gefahr des Durchschlagens auf ein möglichst geringes Mass zu beschränken, ist die Hochspannungswickelung sowohl von der Niederspannungswickelung, wie auch vom Eisen des Kernes durch eine entsprechend starke Schicht Glimmer oder Mikanit zu trennen. Die Niederspannungswickelung kann vom Eisenkern durch Stabilit oder Pressspahn isoliert werden.

Bei hohen Spannungen und grösseren Leistungen wird zur Erreichung einer besonders guten Isolation der ganze Transformator zweckmässig in einen mit Oel gefüllten Behälter eingebaut (Fig. 112).

Transformatoren für Drehstrom sowohl wie für Wechselstrom erwärmen sich im allgemeinen viel langsamer als z. B. Dynamomaschinen oder Elektromotoren. Denn während diese bereits nach höchstens zehn Stunden ihre endgiltige höchste Erwärmung erreicht haben, erfordern Transformatoren, insbesondere die grösseren, bei normaler Vollbelastung hierfür drei- bis viermal 24 Stunden. Die Temperatur ist dabei nach dem ersten Tage noch verhältnismässig niedrig.

In den weitaus meisten Fällen ist nun bei Transformatoren eine ununterbrochene Betriebsdauer unter voller Belastung für höchstens zehn bis zwölf Stunden erforderlich, sodass keine schädliche Erwärmung eintreten kann. Selbst wenn auch für die übrige Zeit der Transformator nicht ausgeschaltet, sondern leer oder annähernd leer weiter in Betrieb gelassen wird bleibt die Gesamterwärmung noch in zulässigen Grenzen, indem während der Leerlaufszeit eine genügende Abkühlung stattfinden kann.

Da nun in der That die eben beschriebenen Betriebsverhältnisse weitaus die vorherrschenden darstellen

Fig. 112. Oeltransformatoren-Anlage.
Unterstation der Berliner Elektrizitäts-Werke.

z. B. bei städtischen Centralen, normalen Fabrikanlagen etc., sind die Transformatoren auch dementsprechend zu dimensionieren, wie es denn auch bei den A. E. G.-Transformatoren geschehen ist. Eine Dauerbelastung halten dieselben also, trotzdem sie zu den „wenig warmen" Transformatoren gehören, nicht ohne weiteres aus.

Sollen dieselben dennoch eine längere Zeit hintereinander unter Vollbelastung in Betrieb bleiben, wie z.B.beiCarbidanlagen,so muss durchAnwendung einer geeigneten Ventilation mittels eines Gebläses bezw. durch entsprechende Aufstellung an einem genügend kühlen Orte die verstärkte Wärmeentwickelung ausgeglichen werden.

Transformatoren dürfen daher, wenn es sich ausnahmsweise um Dauerbetrieb handelt, nicht ohne weiteres verwendet werden; es ist hierfür vielmehr in jedem einzelnen Falle eine besondere Ventilationsanlage vorzusehen, falls nicht die Wahl einer grösseren Type vorgezogen wird.

Die am Ende des Buches stehenden Tabellen (Abschnitt V, Tabelle 7 und 8) geben eine Zusammenstellung über die Leistungen, Gewichte und Preise der A. E. G.-Transformatoren, sowie über die Hauptdimensionen derselben.

b) Anlassvorrichtungen.

Die Anlassvorrichtungen für asynchrone Drehstrommotoren gestalten sich infolge der diesen Motoren eigentümlichen Wirkungsweise verhältnismässig einfacher als bei Gleichstrommotoren. (Andere als asynchrone Motoren werden für Drehstrom fast garnicht und nur für besondere Fälle verwendet S. 200.)

Die kleineren Drehstrommotoren mit Kurzschlussanker bis etwa zur Grösse von KD 50 und LKD 50 können oft mittels einfachen Schalthebels angelassen werden, welcher die Gehäuse-Windungen einschaltet, (Fig. 113). Hierbei ist indessen vorausgesetzt, dass die Primärstation genügend gross dimensioniert ist (S. 121) und dass bei städtischen Centralen die Vorschriften ein derartiges Anlassen gestatten. Dies gilt sowohl für leer anlaufende Motoren als auch für solche, welche unter Last angehen. Die Anzugskraft der Motoren mit Kurzschlussanker ist etwa doppelt so gross als die normale Zugkraft, was für die meisten in Frage kommenden Antriebe genügt. So haben die in der Maschinenfabrik der A. E. G. zum Betriebe der Werk-

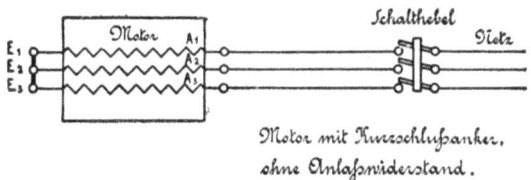

Motor mit Kurzschlußanker, ohne Anlaßwiderstand.

Fig. 113.

zeugmaschinen dienenden Motoren, ca. 400 an der Zahl, fast sämtlich Kurzschlussanker.

Für grössere Leistungen sind in den Gehäusestromkreis Widerstände eingeschaltet (Fig. 114), die nach dem Anlassen allmählich ausgeschaltet werden, um die bei Verwendung von Schalthebeln ohne Anlasswiderstände auftretenden Stromstösse und das damit verbundene Zucken des an dasselbe Netz angeschlossenen Lichtes zu vermeiden. Bei Kleinmotoren von über 3 PS, die an öffentliche Centralen mit gemeinsamem Licht- und Kraftnetz angeschlossen sind, ist diese Anordnung mit Rücksicht auf eine ungestörte Beleuchtung im allgemeinen vorgeschrieben. Es sei jedoch besonders bemerkt, dass durch das Einschalten von Widerstand

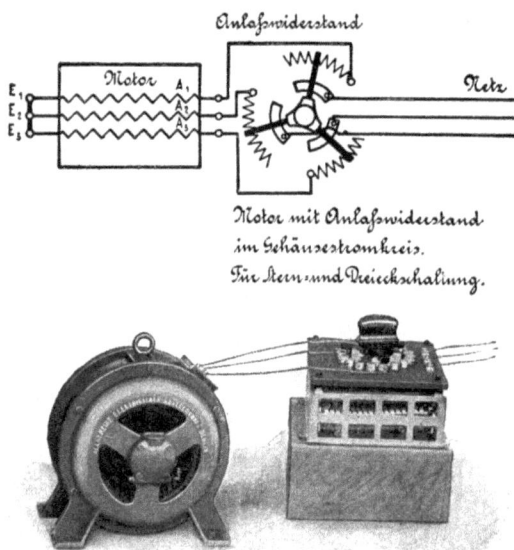

Fig. 114.

in den Gehäusestromkreis die Anzugskraft nicht vergrössert wird, und dass Vorschaltwiderstände im Gehäusestromkreis nur günstig auf das Netz zurückwirken, die Wirkung des Motors dagegen in keiner Weise beeinflussen. Ausserdem ist dieses Hülfsmittel sehr unvollkommen, auch soweit starker Stromverbrauch beim Anlassen vermieden werden soll. Ein wirksameres Mittel ist das Einschalten von Widerstand in den Ankerstromkreis. Hierzu ist der Schleifringanker (Fig. 56) notwendig. Der Gehäusestrom wird dann wieder mit einem Schalthebel ohne Anlasswiderstand eingeschaltet (Fig. 115). Durch Regulieren des Widerstandes, der dem Anker zugeschaltet wird, kann

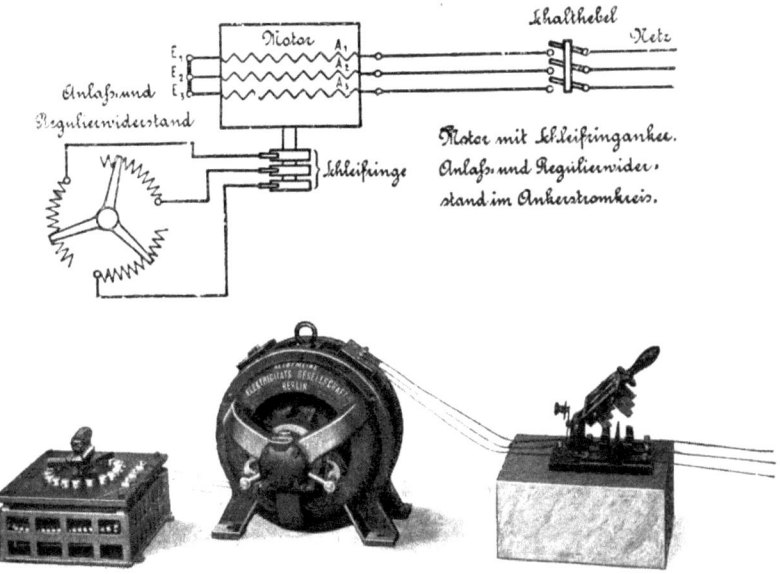

Fig. 115.

aber die Anlaufperiode beliebig verlängert und so eine schädliche Rückwirkung auf das Netz vermieden werden. Oft ist das langsame Anlaufen des Motors auch mit Rücksicht auf die Arbeitsmaschine erwünscht, besonders überall da, wo grosse Massen zu beschleunigen sind und wo gefährliche Stösse und Schläge in einzelnen Teilen der angetriebenen Maschine entstehen würden, wenn der Motor mit Kurzschlussanker plötzlich, also ruckweise, anliefe. Die verschiedene Wirkung des Kurzschluss- und des Schleifringankers beim Anlaufen kann, allerdings etwas übertrieben, mit dem stossweisen Einschalten einer Klauenkupplung und dem allmählichen regulierbaren Einschalten einer Reibungskupplung verglichen werden. Ein weiterer Vorteil des Schleifringankers gegenüber dem Kurzschlussanker ist die erhöhte Anzugskraft des Motors, er kann beim Anlaufen das Dreifache der normalen Zugkraft entwickeln; der Schleifringanker wird also auch überall da zu verwenden sein, wo der Motor mit voller Last und unter gleichzeitiger Ueberwindung grosser Reibungs- und Beschleunigungswiderstände anlaufen muss.

Durch die Widerstände im Ankerstromkreise kann die Umlaufzahl nicht nur während der Anlaufperiode, sondern auch während des normalen Ganges reguliert werden. Die Feinstufigkeit dieser Regulierung vom Stillstande bis zur normalen Umlaufzahl ist hierbei unbegrenzt.

Der Stromverbrauch beim Anlassen und beim Regulieren stellt sich bei Elektromotoren wie der Kraftbedarf einer in eine Transmission eingeschalteten Reibungskuppelung. Bei dieser wird die Veränderung der Umlaufzahl durch Gleiten erzielt, und der Gleitverlust erzeugt Wärme, ist also unmittelbarer Verlust. Genau das Gleiche gilt beim Elektromotor. Infolge erhöhten Widerstandes im Ankerstromkreise „schlüpft" der Anker, d. h. er gleitet gegen das rotierende Feld im Gehäuse; die vernichtete Energie setzt sich im „Regulierwiderstand" in Wärme um, bedeutet also gleichfalls einen Verlust.

Der Schleifringanker giebt, wie wir gesehen haben, dem Drehstrommotor neue vorteilhafte Eigenschaften, allerdings unter Verzicht auf die konstruktive Einfachheit und unbedingte Betriebssicherheit des Kurzschlussankers. Im Anlass-Schleifringanker sind nun die Vorteile beider Ausführungsarten vereinigt. Hier werden die Schleifringe nur während der Anlaufperiode benutzt. Ist der Motor im Gange, so wird durch einen einfach zu bedienenden „Kurzschliesser" der Ankerstromkreis kurz geschlossen, die Bürsten werden von den Schleifringen abgehoben und so der Anker wieder in einen Kurzschlussanker mit seinen natürlichen Vorzügen ohne schleifende Kontakte oder sonstige der Abnutzung unterworfene Teile verwandelt.

Der Regulier-Schleifringanker unterscheidet sich von dem Anlass-Schleifringanker dadurch, dass er keinen Kurzschliesser hat. Er wird überall da zu verwenden sein, wo die Motoren unter den oben genannten erschwerenden Umständen häufig ein- und ausgeschaltet werden müssen und somit Kurzschliesser und Bürstenabhebevorrichtung sich wegen der kurzen Betriebszeiten nicht lohnen, ein Kurzschlussanker sich aber aus anderen Gründen verbietet, zumal auch da, wo die Umlaufzahl des Motors reguliert werden muss. Der Regulier-Schleifringanker findet hauptsächlich bei Kranen, Aufzügen, Druckereien und ähnlichen Betrieben Verwendung.

In Fällen, wo der Motor kein besonders hohes Anzugmoment zu entwickeln braucht, wo es aber mit Rücksicht auf die Kraftcentrale erforderlich ist, das rasche Anlaufen der Motoren zu verlangsamen und den bei Kurzschlussankern dafür erforderlichen grossen, augenblicklichen Stromverbrauch zu verringern, kommt der Stufenanker, (Fig. 55), zur Anwendung. Sein Grundgedanke ist ähnlich dem des Schleifringankers; dadurch nämlich, dass der Ankerstromkreis beim Anlassen einen grossen Widerstand bietet, kann weniger Strom die Windungen durchfliessen; das Anzugmoment des Ankers ist vergrössert und die Beschleunigung vermindert. Der Unterschied gegen den Schleifringanker besteht aber darin, dass der Widerstand beim Stufenanker in diesen selbst eingebaut ist und nicht reguliert werden kann. Der Anker erhält zwei getrennte

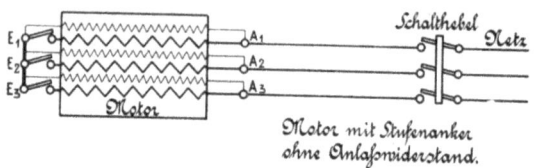

Motor mit Stufenanker ohne Anlasswiderstand.

Fig. 116.

Wicklungen; eine stets in sich geschlossene von grossem Widerstande und eine zweite Wicklung von geringem Widerstand, die erst durch einen Kurzschliesser geschlossen wird. Beim Anlassen, (Fig. 116), ist letztere geöffnet, und der Motor läuft mit grossem Ankerwiderstand, also langsam an; ist er auf etwa halbe Umlaufzahl gekommen, so wird auch die zweite

Fig. 117.
Metall-Anlasswiderstand.

Wicklung geschlossen, der Motor erreicht darauf seine volle Umlaufzahl und arbeitet im weiteren Verlauf wie ein Motor mit Kurzschluss-Anker. Da der Widerstand im Anker selbst untergebracht ist, also keine so grosse Abkühlfläche hat wie ein gewöhnlicher Rheostat, so darf er auch nicht beliebig lange und nicht so stark belastet werden, d. h. die Ueberlastungsfähigkeit des Motors beim Anlaufen ist beschränkt; ausserdem ist, wie schon erwähnt, der Steigerungsgrad der Umlaufzahl im Gegensatz zum Schleifringanker, wo er beliebig reguliert werden kann, in 2 Stufen gegeben. Dafür sind aber Bau und Bedienung des Motors durch den Wegfall der Schleifringe vereinfacht, der Preis geringer, und es werden ausserdem die Kosten für einen besonderen Anlasswiderstand gespart.

Die **Anlasswiderstände** selbst sind ähnlich konstruiert, wie diejenigen für Gleichstrom. — Für Drehstrommotoren ohne Regulierung der Umdrehungszahl besitzen sie nur eine geringe Anzahl Kontakte (Fig. 117) bei feinstufiger Regulierung eine entsprechend grössere Anzahl (Fig. 118). — Für grössere Motoren werden

Fig. 118.
Metall-Anlasswiderstand für regulierbare Umdrehungszahl.

13*

meist **Flüssigkeits-Anlasswiderstände** (Fig. 119 und 120) verwendet, ganz ähnlich eingerichtet wie diejenigen für Gleichstrom (S. 173), aber mit drei Abteilungen für die Flüssigkeit versehen.

Fig. 119.
Flüssigkeits-Anlasswiderstand, ausgeschaltet.

Soll bei Drehstrommotoren die Drehrichtung gewechselt werden, so sind nur zwei der Zuführungsdrähte zu dem Gehäuse zu vertauschen. Wie leicht aus einer entsprechenden Betrachtung der **Figuren 50, 51, 52** zu ersehen ist, ändert damit das Drehfeld, (Fig. 52), seine Drehrichtung. Das Vertauschen der Drähte kann mittels eines Umschlaghebels bewirkt werden. Ist eine Umkehrung der Drehrichtung bei Anlaufen unter Last erforderlich, so werden besondere **Umkehr-Anlasswiderstände** verwendet. Bei Bethätigung von Hand sind sie mit einem Handrad ausgerüstet, (Fig. 121). Soll dagegen, wie bei den entsprechenden Gleichstromapparaten, (S. 176), ein unzulässig

Fig. 120.
Flüssigkeits-Anlasswiderstand, eingeschaltet.

schnelles Einschalten selbstthätig verhindert werden so sind sie mit einer geeigneten Dämpfungsvorrichtung versehen, z. B. mit einem Windflügel, (Fig. 122), der beim Einschalten in Wirksamkeit tritt und so nur ein langsames Einschalten zulässt, der dagegen beim Ausschalten sich abkuppelt, so dass dies beliebig schnell sich bewirken lässt. Es kann aber auch dieselbe Sperrvorrichtung verwendet werden wie bei Fig. 106 (S. 176)

Fig. 121. **Umkehr-Anlasswiderstand mit Handrad.**

Fig. 122. **Selbstthätiger Umkehr-Anlasswiderstand.**

oder ein eintauchender, kolbenförmig abschliessender Cylinder kann sich nur allmählich in die Flüssigkeit, indem er sie langsam verdrängt, einsenken (Fig. 123).

Fig. 123. Selbstthätiger Flüssigkeits-Umkehr-Anlasswiderstand.

c) Drehstrom-Gleichstrom-Umformer.

Für die Umwandlung von Drehstrom (bezw. Wechselstrom) in Gleichstrom oder umgekehrt finden Umformer Verwendung, und zwar werden Zweimaschinen-

Umformer und Einmaschinen-Umformer unterschieden. Bei ersteren ist ein normaler Drehstrommotor direkt gekuppelt mit einer Gleichstromdynamo. Beide Maschinen können zusammen drei Lager besitzen (Fig. 124) oder es wird ein normaler zweilageriger Motor mit einer normalen zweilagerigen Dynamo gekuppelt (Fig. 125).

Fig. 124. Zweimaschinen-Umformer, Drehstrom-Gleichstrom, mit drei Lagern auf gemeinsamer Grundplatte.

Bei dem Einmaschinen-Umformer führt dieselbe Wickelung sowohl Drehstrom wie Gleichstrom.

Bei dem Zweimaschinen-Umformer dagegen führt jede Maschine ihre besondere Stromart. Bei letztgenannter Maschinenart wird unterschieden:

a) Zweimaschinen-Umformer mit synchronem Motor
b)   ,,   ,,   ,, asynchronem ,,

Ueber die Zweckmässigkeit der einen oder der andern Umformerart lässt sich eine allgemein giltige Entscheidung nicht treffen. Die A.-E.-G., welche Umformer nach sämtlichen Systemen gebaut hat, empfiehlt in erster Linie Asynchron-Zweimaschinen-Um-

Fig. 125. Zweimaschinen-Umformer,
Drehstrom-Gleichstrom, mit vier Lagern.

former. Dieselben haben allerdings gegenüber den Einmaschinen-Umformern einen etwas schlechteren Wirkungsgrad. Auch sind sie im Vergleich mit Synchron-Zweimaschinen-Umformern insofern etwas im Nachteil, als bei ihnen $\cos \varphi$ schlechter als 1 ist und dadurch Kabel, Transformatoren und Dynamomaschinen etwas höher in Amp. belastet werden, als es bei Synchron-Motoren der Fall ist. Sie haben aber dagegen die Vorzüge, die ein Asynchron-Motor einem Synchron-Motor gegenüber überhaupt besitzt. Sie können selbständig ohne äusseren Antrieb anlaufen und sind gegen Ueberlastungen bei Kurzschlüssen im Netz etc. weit weniger empfindlich wie der Synchron-Motor.

Der Synchron-Zweimaschinen-Umformer muss dagegen bei jeder Inbetriebsetzung zunächst auf seine Umdrehungszahl gebracht werden, und zwar entweder durch einen äusseren Antrieb oder unter Zuhilfenahme einer Akkumulatoren-Batterie, mittels welcher die Gleichstromdynamo gespeist und als Gleichstrommotor angelassen wird. Hierauf wird der Synchron-Motor eingeschaltet, was genau in derselben Weise zu geschehen hat, wie das Parallelschalten zweier Drehstromdynamos, so dass unter Umständen dieser Synchron-Motor sogar mit Dämpfern (S. 155) versehen werden muss.

Der oft gerühmte Vorzug, durch Uebererregung (d. h. Verstärkung des Magnetfeldes) das $\cos \varphi$ der Gesamt-Anlage zu verbessern, indem dann der Synchron-Motor als wattlose Maschine arbeitet, also einen wattlosen Strom liefert (S. 138) der denjenigen der Anlage aufzuheben sucht, kommt dabei nicht wesentlich in Betracht.

Der Einmaschinen-Umformer ist stets ein Synchron-Umformer, muss also wie der vorher beschriebene Synchron-Zweimaschinen-Umformer gleichfalls vor dem Einschalten auf die richtige Umdrehungszahl gebracht werden, auch sind hier ebenfalls alle Manipulationen wie bei dem Parallelschalten zweier Drehstromdynamos durchzumachen.

Ausserdem ist hier die erzeugte Gleichstrom-Spannung stets in einem ganz bestimmten Abhängigkeits-Verhältnis zur primären Drehstrom- (resp. Wechselstrom-) Spannung. Bei dem normalen Einphasen-Umformer ist 70 Volt Wechselstrom entsprechend ca. 100 Volt Gleichstrom; bei dem normalen Drehstrom-Umformer ist 60 Volt Drehstrom entsprechend ca. 100 Volt Gleichstrom. Hieraus ergiebt sich, dass bei vorhandener Drehstrom-Spannung meistens erst eine Transformation nötig ist, um Gleichstrom-Spannung von 110 resp. 220 oder 500 Volt zu erhalten.

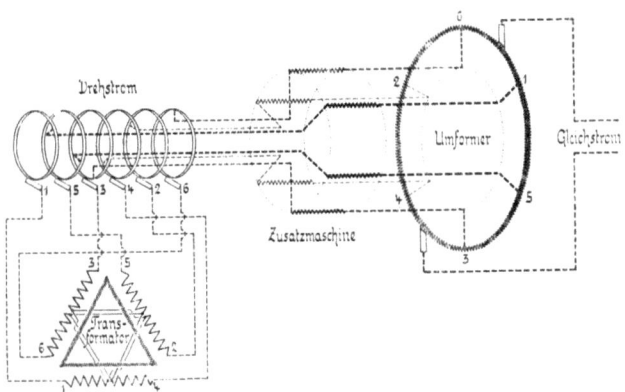

Fig. 126.

Es müssen also in den normalen Stromkreis Transformatoren eingeschaltet werden, die den sehr guten Wirkungsgrad dieser Einanker-Umformer natürlich beeinträchtigen.

Ferner ist es in vielen Fällen z. B. für das Laden von Akkumulatoren notwendig, eine variable Gleichstrom-Spannung zur Verfügung zu haben. Für diesen Fall muss der Transformator mit einem variablen Uebersetzungs-Verhältnis eingerichtet werden und einzelne

Spulengruppen müssen mit einer zellenschalterähnlichen Einrichtung zu- oder abgeschaltet werden.

Da das Magnetfeld für Drehstrom und Gleichstrom ein und dasselbe ist und man zur Erhaltung des oft gerühmten cos φ von 1 eine ganz bestimmte Magneterregung einstellen muss, muss man sich mit der jeweils

Fig. 127. Einmaschinen-Umformer. Drehstromseite.

sich ergebenden Gleichstrom-Spannung zufrieden geben. Will man andererseits die Gleichstrom-Spannung durch den Magnetismus variieren, was allerdings nur in ganz kleinen Grenzen von maximal ca. 5% möglich ist, so muss man auf das cos $\varphi = 1$ verzichten und durch starke Ueber- resp. Untererregung die geringe Spannungsvariation bewerkstelligen.

Hierbei entsteht nun der Nachteil, dass gerade diese Feldverstärkung resp. Feldschwächung, welche beim Ueber- resp. Untererregen auftritt, nur durch Ankerreaction, d. h. durch einen wattlosen Strom (S. 138), hervorgerufen werden kann, der die ganze Ankerwickelung und nicht wie der umgeformte Wattstrom nur teilweise die Ankerwickelung durchfliesst.

Fig. 128. Einmaschinen-Umformer. Gleichstromseite.

Durch diesen wattlosen Strom wird also die Wickelung stark beansprucht und ist man gezwungen, falls eine Variation der Spannung in der oben beschriebenen Weise verlangt wird, auf einen der grossen Vorteile, d. h. die Kompaktheit der Einmaschinen-Umformer, zu verzichten und wegen der Erwärmung des Ankers grössere Typen zu wählen.

Ausserdem ist mit dem Betrieb eines über- resp. untererregten Einmaschinen-Umformers beim Parallel-Arbeiten mit einer Batterie noch der grosse Nachteil der Betriebsunsicherheit verbunden, da bei einer Unterbrechung des zugeführten (Wechsel- resp.) Drehstromes am Umformer selbst je nach der Grösse der Ueber- resp.

Fig. 129. Zweimaschinen-Umformer
Gleichstrom-Gleichstrom.

Untererregung ein mehr oder weniger starker Kurzschluss auftritt.

Spannungs-Variationen, wie sie zum Laden von Akkumulatoren notwendig sind, können nur (abgesehen von der Aufstellung einer Zusatzmaschine auf der Gleichstrom-Seite) durch einen Transformator mit variablem Uebersetzungs-Verhältnis hervorgebracht werden oder aber durch die der A. E. G. patentierte, auf derselben Welle sitzende Drehstrom-Zusatzmaschine (Fig. 126), mittels welcher die Spannung des in den Anker eingeführten Drehstromes geändert wird, was dann eine entsprechende Spannungsänderung des Gleichstromes zur Folge hat. In diesem Falle hat also der Drehstrom-Gleichstrom-Umformer auf der Gleichstromseite (Fig. 128) den Kommutator und auf der Drehstromseite (Fig. 127) die Zusatzmaschine mit den Schleifringen.

Bei den Zweimaschinen-Umformern hat man normale Gleichstrommaschinen, deren Spannung, wie allgemein üblich, mit Hilfe des Nebenschlussregulators variiert werden kann. Der Maschinist hat sich dabei während des Betriebes lediglich um die Gleichstrommaschine zu kümmern. Er braucht von Parallelschaltung und von Regulierung des cos φ nichts zu verstehen; seine Drehstrom-Motorseite wird durch plötzliche Spannungs- oder Umdrehungs-Schwankungen der Hochspannungscentrale wesentlich weniger beeinflusst wie bei den übrigen Systemen.

Auf entsprechende Weise kann man übrigens auch mittels Zweimaschinen-Umformern Gleichstrom der einen Spannung in solchen einer andern Spannung umwandeln (Fig. 129).

10. Verbindung des Elektromotors mit der anzutreibenden Maschine.

Von grösster Wichtigkeit für das dauernd gute Arbeiten einer elektrisch angetriebenen Maschine ist die Verbindung derselben mit ihrem Elektromotor.

Die Einführung des elektrischen Betriebes von Maschinen in die Technik wurde zunächst in der Weise bewirkt, dass an Stelle der bisher die Kraft liefernden Haupttransmission ohne weiteres ein Elektromotor von entsprechender Leistungsfähigkeit gesetzt wurde. Die anzutreibenden Maschinen blieben dabei völlig ungeändert und der Motor fand in ein und derselben Ausführung für die verschiedenartigsten Betriebe Anwendung. Meist bethätigte er dabei im Gruppenbetrieb gleichzeitig eine kleinere oder grössere Anzahl von Maschinen.

Mehr und mehr zeigte sich jedoch, dass zur Erreichung vollkommener Konstruktionen mit den höchsten Wirkungsgraden ein gegenseitiges Anpassen von Elektromotor und anzutreibender Maschine nötig ist. Es ist einerseits bereits während der Konstruktion der letzteren Rücksicht auf die Eigentümlichkeiten des elektrischen

Antriebes zu nehmen, andererseits hat der Elektromotor den besonderen Anforderungen der jeweilig zu betreibenden Maschinen zu genügen. Dies führte immer mehr auf eine Antriebsweise, welche als die höchste Vervollkommnung anzusehen ist, auf den **Einzelbetrieb**, bei welchem jede Maschine ihren eigenen Elektromotor erhält.

Dieser Einzelbetrieb konnte jedoch erst zur vollen Entfaltung kommen, nachdem der Drehstrommotor in Konstruktion und Herstellungsweise genügend ausgebildet war. Dies ist geschehen, und die Ueberlegenheit desselben gegenüber dem Gleichstrommotor für die meisten elektrischen Antriebe ergiebt die Vergleichung beider.

Der grundsätzliche Unterschied, welcher die ausserordentliche Einfachheit des Drehstrommotors gegenüber der Kompliziertheit des Gleichstrommotors zur Folge hat, ist dadurch bedingt, dass, während bei letzterem der Netzstrom dem rotierenden Anker durch Bürsten und Kommutator (S. 19) zugeführt werden muss, bei dem Drehstrommotor der Strom aus dem Netz nur in den feststehenden Teil geleitet wird. Hieraus ergiebt sich gleichzeitig für Drehstrom eine Anker-Konstruktion, die insbesondere als Kurzschlussanker (S. 82) an Einfachheit unübertroffen dasteht.

Das Vorhandensein des Kommutators und der zugehörigen Teile, wie Bürsten und Bürstenstern, sowie die Forderung bequemer Zugänglichkeit desselben für die Bedienung, gestaltet den Gleichstrommotor grösser und schwerer, als einen entsprechenden Drehstrommotor.

Dem einfacheren Bau und dem geringeren Gewicht entsprechend, stellen sich auch die Anschaffungskosten eines Drehstrommotors geringer, als die eines Gleichstrommotors gleicher Leistung und Umdrehungszahl.

Ausschlaggebend für den Vergleich sind jedoch die vereinfachten Betriebsverhältnisse bei Drehstrom.

Der empfindliche Kommutator des Gleichstrommotors und sein Bürstenapparat erfordern eine dauernd aufmerksame Wartung und einen erheblichen Aufwand für Instandhaltung und Reparatur. Der Drehstrommotor mit Kurzschlussanker dagegen hat mit Ausnahme der Lager keine der Abnutzung unterworfenen Teile, und auch bei den Motoren mit Schleifringanker ist die Instandhaltung und die erforderliche Wartung so ausserordentlich gering, dass Betriebsstörungen so gut wie ausgeschlossen erscheinen. Diese Eigenschaften des Drehstrommotors treten um so mehr hervor, je grösser die Anzahl der aufgestellten Motoren bei entsprechend kleinerer Leistung jedes derselben wird, d. h. je näher man dem Einzelantrieb in Werkstätten mit zahlreichen Arbeitsmaschinen von verhältnismässig geringem Kraftverbrauch kommt.

Bei Maschinen für grössere Leistungen oder mit stark intermittierendem Betrieb hat der Einzelantrieb schon seit längerer Zeit, man kann sagen „von Anfang an", seine Ueberlegenheit selbst unter Verwendung von Gleichstrommotoren erwiesen. Es seien hier nur die Hebezeuge, Ventilatoren, Pumpen etc. erwähnt.

Ueber die Vorteile des Einzelbetriebes auch in anderen Betrieben, als insbesondere in Maschinenfabriken etc., und über seine Wirtschaftlichkeit hat die A. E. G. neuerdings eingehende Versuche*) angestellt, die folgende Ergebnisse geliefert haben:

Da sämtliche Maschinen vollkommen unabhängig

---

*) O. Lasche: Die elektrische Kraftverteilung in den Werkstätten der A. E. G. (Zeitschrift des Vereins Deutscher Ingenieure 1899, Heft 5), elektrischer Einzelbetrieb und seine Wirtschaftlichkeit (Zeitschrift des Vereins Deutscher Ingenieure 1900, Heft 36).

von einander arbeiten, lässt sich der Antrieb, das An- und Abstellen genau den Anforderungen des jeweilig zu bearbeitenden Stückes anpassen. Der Wegfall der Transmissionen (Fig. 130 gegenüber Fig. 131) giebt die Möglichkeit einer derartigen Aufstellung der Maschinen, dass sie alle durch Kräne überfahren werden können; die hierdurch erreichte Vereinfachung der Arbeitsweise und Vermeidung unnötiger Transporte bewirkt eine Erhöhung der **Arbeitsmenge.** Die durch keinerlei Antriebs-Transmissionen beeinflusste unabhängige Aufstellung der Maschinen ermöglicht eine bessere Raumausnützung und damit Vergrösserung der **Arbeitsdichte.** Die bessere Zugänglichkeit in Verbindung mit besserer Beleuchtung und grösserer Reinlichkeit ergiebt ferner eine Verbesserung der **Arbeitsgüte,** indem gleichzeitig die Einrichtungen zum Schutze und Wohle der Arbeiter wesentlich vervollkommnet werden.

Die Versuche haben ferner ergeben, dass die Anschaffungskosten bei Einzelantrieb nur ganz unwesentlich höher sich stellen, als bei Gruppenbetrieb, ja dass bei Neuanlagen letzterer sogar teurer werden kann, da er mit Rücksicht auf die anzubringenden Transmissionswellen stärkere Mauern und besondere Säulen und Träger erfordert.

Auch die Betriebskosten stellen sich bei Einzelbetrieb meist nicht ungünstiger, oft sogar wesentlich günstiger als bei Gruppenbetrieb. Insbesondere tritt dies ein bei Werkzeugmaschinen, als Drehbänken, Bohrmaschinen, Hobelmaschinen etc., die erfahrungsgemäss selten unter voller Belastung arbeiten, für welche aber bei Gruppenbetrieb auch während jeder geringeren Belastung, selbst während des vollkommenen Leerlaufes, die gesamten Haupttransmissionen in Betrieb gehalten sein müssen.

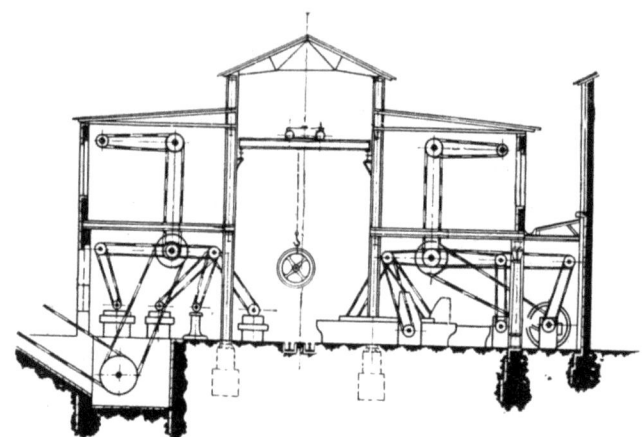

Fig. 130. Werkstatt mit Transmissions-Betrieb.

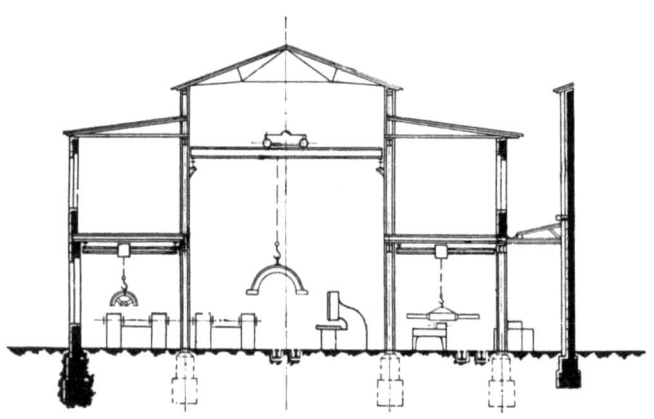

Fig. 131. Werkstatt mit elektrischem Einzelantrieb.

Es stellt somit der Einzelantrieb mit Drehstrommotor die vollkommenste Stufe elektrischen Kraftbetriebes dar. Der Gruppenantrieb wird besonders in denjenigen Fällen seinen Platz noch für längere Zeit behaupten, in denen vorhandene ältere Transmissionsanlagen mit elektrischem Betrieb versehen werden sollen. Die Gleichstrommotoren behalten ihre bisherige bedeutsame Stellung in allen Anlagen, die bereits durch Gleichstrom betrieben werden, wie in zahlreichen Anlagen für Fabriken, städtischen Centralen etc., sowie in denjenigen Anlagen, die im wesentlichen für Beleuchtungszwecke errichtet und der Betriebssicherheit wegen mit Akkumulatoren-Batterien ausgerüstet sind.

Als Verbindungsglieder zwischen Elektromotor und anzutreibender Maschine kommen folgende vier Arten in Betracht:

Direkte Kupplung
Zahnräder oder Schneckenrad-Uebersetzung
Riemen
Friktionsräder.

Für die **direkte Kupplung** ist es unbedingt erforderlich, dass die Umdrehungszahlen der Wellen des Motors und der anzutreibenden Maschine genau übereinstimmen; eine Bedingung, die jedoch bei den bedeutenden Geschwindigkeiten besonders der kleineren Motoren nur für wenige Maschinengruppen zutrifft.

In der einfachsten Weise gestaltet sich die direkte Kupplung derartig, dass man den Anker des Elektromotors direkt auf die Welle der anzutreibenden Maschine setzt. Hierbei ist stets darauf Rücksicht zu nehmen, dass die centrische Lage des Ankers im Polgehäuse unter allen Umständen erhalten bleibt. Ein derartiger Antrieb findet z. B. mit Vorteil Anwendung bei Centrifugen (Abschnitt IV, Teil 26).

Fig. 132. Bandkupplung.

In vielen Fällen wird jedoch bei direktem Antrieb die Verbindung beider Wellen durch eine Kupplung bewirkt, und verwendet die A. E. G. hierfür meist elastische Bandkupplungen (Patent Zodel-Voith). (Fig. 132 u. 133).

Die beiden miteinander zu kuppelnden Wellen tragen hierbei an ihren Enden fest aufgekeilte Scheiben, an deren Umfang kurze Cylinder mit zahnförmigen Ausschnitten angeordnet sind, welche mit entsprechendem Spielraum koncentrisch ineinander greifen. Die Cylinder haben gleich viel Oeffnungen mit wulstartigen Kanten. Durch die Oeffnungen beider Kupplungshälften schlingt sich lose angezogen ein Riemen, welcher die Kraft von einer Hälfte auf die andere überträgt. Der äussere Zahnring ist an den Nabenboden angeschraubt und kann von diesem gelöst

Fig. 133. Bandkupplung (Einzelteile).

werden, so dass jede der beiden Wellen, ohne dass eine achsiale Verschiebung erforderlich würde, aus den Lagern gehoben werden kann (Fig. 134). Das für die Kupplung verwendete Material ist fast ausnahmslos Gusseisen, nur für die kleinsten Grössen wird Bronze verwendet.

Die Kupplung kann auch als **ausrückbare** Kupp-

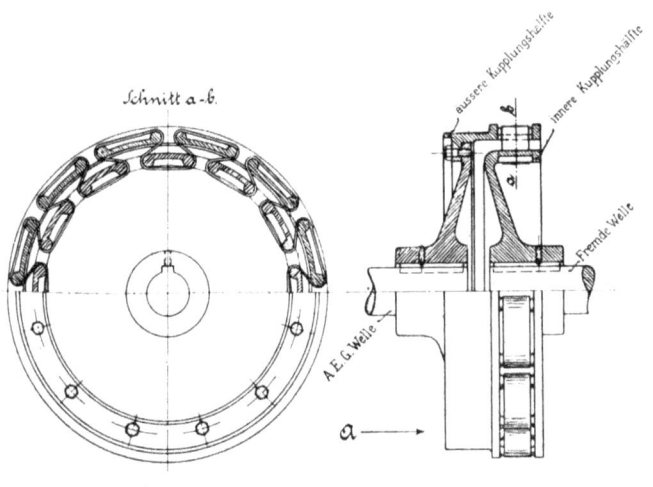

Fig. 134.

lung hergestellt werden; ferner lässt sie sich einrichten zum Anschrauben der einen Kupplungshälfte an das Schwungrad. Eine besondere Anordnung giebt die Möglichkeit, sie als Bandkupplung für **Rechts- und Linksdrehung** zu verwenden.

Wenn nichts anderes ausdrücklich gewünscht ist, so wird die äussere Hälfte der Kupplung auf die Motor- oder Dynamowelle, also auf die „A.E.G."-Welle gesetzt, die innere Hälfte auf die fremde Welle.

Die Kupplung hat den Zweck, infolge der Elastizität ihres Riemens die schädliche Wirkung kleiner Excentrizitäten und Ungenauigkeiten, hervorgerufen durch Montagefehler, ungleichmässiges Abnützen der Lagerschalen etc. aufzuheben oder wenigstens nach Möglichkeit abzuschwächen. Um den Verschleiss des Lederriemens möglichst klein zu halten, ist aber eine **genaue Einstellung** der Kupplung bei der Montage erforderlich. Ein dennoch nötig werdendes Auswechseln des Riemens lässt sich in einfacher und schneller Weise bewirken.

Die im Abschnitt V enthaltene Tabelle 9 giebt die Hauptdimensionen der normalen Bandkupplungen, wobei die Grösse derselben entsprechend Quotient $\frac{N}{n}$ (PS durch Umdr. Min.) zu bestimmen ist.

In allen Fällen, in denen die Umdrehungszahlen der Welle des Motors und der anzutreibenden Maschine nicht übereinstimmen, ist eine direkte Kupplung unmöglich und erfolgt dann der Antrieb zweckmässig durch Zahnräder, Schneckenrad-Uebersetzung, Riemen oder Friktionsräder.

Die **Zahnrad- und Schneckenrad-Uebersetzungen** finden bei Einzelantrieb die ausgedehnteste Verwendung; erstere insbesondere wegen des guten Wirkungsgrades (S. 94), während Schneckenbetrieb sich besonders bei grösseren Uebersetzungen empfiehlt, wenn ein möglichst geräuschloser Gang erforderlich, der Wirkungsgrad dagegen nicht von ausschlaggebender Bedeutung ist (S. 95). Die zu übertragenden Kräfte dürfen indessen bei letzterem Betrieb nicht allzu gross sein, um ein Warmlaufen der Schnecke zu vermeiden.

Zahnräder sowohl wie Schneckenräder sind in genauester Weise auf der Maschine zu fräsen. Bei Zahnrädern, hauptsächlich wenn die Umfangsgeschwindigkeiten 3 m in der Sekunde übersteigen, ist ferner auf die Wahl der Zahnformen die grösste Sorgfalt zu verwenden und hat hierüber die A. E. G. eingehende Versuche angestellt[*]).

Als Material empfiehlt sich bei Zahnrädern für den Trieb Bronze, Stahl oder Rohhaut, bei Schneckenrad-Uebersetzung für die Schnecke Bronze oder Stahl, für

Fig. 135. Drehstrommotor mit Rädervorgelege.

die getriebenen Räder in beiden Fällen Stahl oder Gusseisen, je nach der Beanspruchung.

Das Kapitel der Räderübertragungen hat sich in der Praxis als ein sehr schwieriges erwiesen und ist daher bei deren Verwendung, insbesondere in Verbindung mit schnellaufenden Elektromotoren, der Rat eines

---

[*]) O. Lasche: Elektrischer Antrieb mittels Zahnrad-Uebertragung. (Zeitschrift des Vereins Deutscher Ingenieure 1899, Heft 46.)

Fachmannes nicht zu entbehren. Für die am häufigsten vorkommenden Uebersetzungsverhältnisse hat die A.E.G. zu ihren Elektromotoren komplette Rädervorgelege konstruiert, die direkt mit dem jeweiligen Motor, Gleichstrom sowohl wie Drehstrom (Fig. 135 u. 136) verbunden sind.

Als Antriebsmittel bei nicht zu grossen Uebersetzungen ist der Einzelantrieb durch **Riemen** in sehr vielen Fällen zweckentsprechend, und zwar von den kleinsten bis zu Leistungen von 200 PS und darüber.

Fig. 136.
Drehstrommotor mit Rädervorgelege und Stufenscheibe.

Um hierfür auch bei kurzen Entfernungen den Riemen stets in der richtigen Weise gespannt zu halten, wird der Motor auf einer Riemenschwinge (Fig. 137) so aufgestellt, dass er sich um eine horizontale Achse drehen kann, so dass er durch sein Gewicht den Riemen auch bei Längungen dauernd gespannt hält. Da jedoch das Gewicht des Motors meist zu gross sich erweist und eine übermässige Spannung des Riemens hervorrufen würde, so ist an der Riemenschwinge eine Regulierfeder angebracht, durch welche ein entsprechender Teil des Motor-Gewichtes ausgeglichen werden kann.

Zur Berechnung der Riemenbreiten gilt folgende Formel (nach C. Arldt):

$$b = 4\frac{N}{v} \cdot \frac{180}{\alpha} \cdot \frac{D + 80}{D},$$

hierbei ist:

N die Anzahl der Pferdestärken,
b die Riemenbreite in cm,
v die Umfangsgeschwindigkeit in m pro Sec.,
α der vom Riemen auf der kleinen Scheibe umspannte Winkel in Grad,
D der Riemenscheibendurchmesser in cm.

Da der Riemen fast stets beinahe die halbe Scheibe umspannt, so kann für gewöhnlich $\frac{180}{\alpha}$ gleich 1 gesetzt werden.

Die Formel gilt für die kleinere Scheibe bei zu übertragenden Leistungen von 1 bis 250 Pferdestärken. Ueber 250 Pferdestärken ist Riemenbetrieb nicht mehr zu empfehlen, da dann die Breite der Riemen zu erheblich wird. Riemen unter 2 cm Breite sind nicht anzuwenden, da bei derartig schmalen Riemen die ballige Wölbung der Scheibe nicht mehr genügend zur Wirkung kommt und ein Ablaufen des Riemens zu gewärtigen steht.

Fig. 137.
Motor mit Riemenschwinge.

Der Formel liegt eine Riemendicke von 4 bis 6 mm zu Grunde.

Falls der zur Verfügung stehende Raum nur knapp bemessen ist, haben sich auch Riemenvorgelege mit sehr kurzen Riemen (Fig. 138) gut bewährt.

Für kleinere Kräfte bis ca. 6 PS eignet sich bei Einzelbetrieb häufig auch der **Friktionsantrieb.** Der Motor steht hierbei, wie bei dem eben beschriebenen Riemenbetrieb, auf einer Schwinge (Fig. 139) und trägt auf seiner Welle einen Friktionstrieb, mit welchem er sich direkt an das anzutreibende Friktionsrad anlegt. Der durch das Eigengewicht des Motors erzeugte Reibungsdruck zwischen Friktionstrieb und Rad bewirkt den Antrieb der Maschine.

Der Reibungskoëfficient ist dabei nicht höher zu nehmen als 0,25 und der Anpressungsdruck auf den cm Breite nicht über 8 kg bei Dauerbetrieb. Bei intermittierendem Betriebe mit kurzen Arbeitszeiten bis zu ca. 15 Minuten bei mindestens gleichen Arbeitspausen ist ein Anpressungsdruck bis zu 10 kg auf den cm Breite zulässig.

Die Herstellung der Friktionstriebe geschieht zweckmässig aus hydraulisch zusammengepressten Scheiben aus Sohlleder, Rohhaut oder Papier. Um ein Gleiten der Reibungsflächen und eine zu rasche Abnutzung zu vermeiden, ist der Durchmesser des Friktionstriebes nicht zu klein zu wählen.

Auch würde bei zu kleinen Durchmessern der Triebe die Beanspruchung der Motorwellen eine unzulässige Höhe erreichen.

Das Uebersetzungsverhältnis ist bei Friktionstrieben zweckmässig nicht höher zu wählen als 1 : 6.

Das angetriebene Friktionsrad ist aus Eisen oder Holz herzustellen.

In vielen Fällen kann man als Friktionsrad ohne weiteres das Schwungrad der anzutreibenden Maschine verwenden, wie es z. B. bei Druckerpressen geschieht; nur ist dann dafür Sorge zu tragen, dass die Oberfläche desselben sorgfältig abgedreht wird (Abschnitt IV, Teil 24).

Fig. 138. Drehstrommotor mit Riemenvorgelege.

Im allgemeinen eignet sich der Friktionstrieb besonders dann, wenn auf einen ruhigen Gang der Anlage Wert gelegt wird.

Die sämtlichen beschriebenen Betriebsweisen kommen nun sowohl für sich allein, als auch in den verschiedensten Kombinationen vor. So wird der Zahnradbetrieb in einfachster Weise mit dem Riemenbetrieb

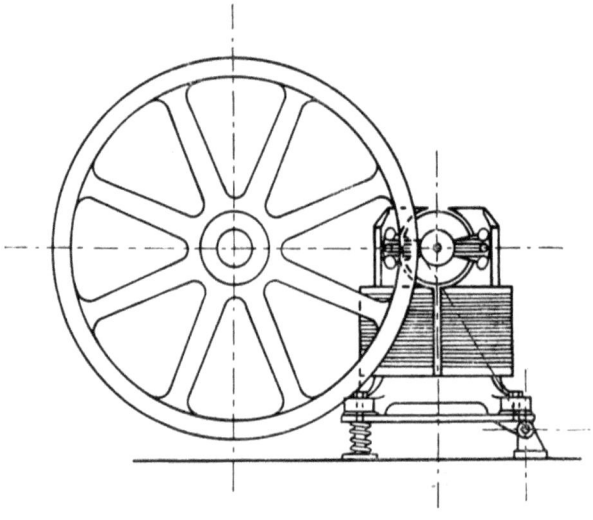

Fig. 139.

vereinigt, indem man auf die Welle des angetriebenen Zahnrades eine Riemenscheibe oder Stufenscheibe setzt (Fig. 135 u. 136).

Die im nachfolgenden Abschnitte IV beschriebenen Maschinen und Apparate geben nun eine Zusammenstellung der hauptsächlichsten durch die A. E. G. auf dem Gebiete des elektromotorischen Antriebes bisher ausgeführten Konstruktionen.

IV.

Elektrisch betriebene Maschinen und Apparate.

11. Elektrisch betriebene Ventilatoren.

a) Elektrisch betriebene Schraubenrad-Ventilatoren.

Die Ventilatoren sind, wie alle Maschinen mit hohen Umdrehungsgeschwindigkeiten, besonders gut für direkten elektrischen Antrieb geeignet, da der Elektromotor bei derselben Leistung um so kleiner und billiger ausfällt, je grösser seine Umdrehungszahl ist.

Die kleinsten gebräuchlichen Ventilatoren werden als Schraubenrad-Ventilatoren hergestellt, als welche sie in ausgedehntester Weise für Restaurationsräume, Hotels, Wohn- und Schlafzimmer, Bureaux, Werkstätten, Schiffskabinen etc. Anwendung finden. Es wird bei ihnen ein schmal gebautes Schraubenrad mit meist

Fig. 140.
Kleiner Schraubenrad-Ventilator,
Gleichstrom oder Wechselstrom.

vier bis acht Flügeln direkt auf die verlängerte Welle des Motors aufgesetzt.

Nach diesem System baut die A. E. G. Ventilatoren (Fig. 140 bis 142) für Gleichstrom, Drehstrom und Wechselstrom. Der Elektromotor kann dabei durch Vorschaltung eines kleinen Widerstandes für veränderliche Umdrehungszahl eingerichtet werden. Selbst

Fig. 141. Schraubenrad-Ventilator mit Gehäuse, Gleichstrom.

bei hohen Geschwindigkeiten gehen diese Ventilatoren noch beinahe geräuschlos.

Auch transportabel werden sie hergestellt, so dass ihre Aufstellung beliebig auf Tischen, Konsolen, Schränken oder dergleichen erfolgen kann. Oft werden sie auch in die Wand des zu ventilierenden Raumes eingesetzt. Hierzu erhalten sie einen Rahmen, welcher die Luftöffnung für den Flügel umschliesst (Fig. 141

u. 142). Dieser Rahmen kann nach Bedürfnis auch mit einer Rolljalousie ausgestattet werden, um die Luftöffnung nach aussen hin abzuschliessen, sobald der Ventilator sich nicht im Betrieb befindet.

Für kleinere Flügeldurchmesser bis 500 mm kann die Bewegungsrichtung der Luft beliebig gewählt werden, wobei das Flügelrad so auf der Motorwelle zu

Fig. 142. Schraubenrad-Ventilator mit Gehäuse, Drehstrom.

befestigen ist, dass die hohle Fächerfläche der Druckseite zugewendet ist. Die Aufstellung der grösseren Schraubenrad-Ventilatoren hat derartig zu erfolgen, dass sich der Motor auf der Saugseite befindet.

Die Schraubenrad-Ventilatoren eignen sich ausschliesslich für direkte Luftbeförderung ins Freie (ohne Kanäle), da sie nur mit einer geringen Pressung von ca. 2 mm Wassersäule arbeiten.

b) Elektrisch betriebene Schleuderrad-Ventilatoren.

Für hohe Luftpressungen und für Luftmengen bis zu den grössten erforderlichen Leistungen werden Schleuderrad-Ventilatoren verwendet, bei welchen ein breites Flügelrad in ein Gehäuse eingebaut ist. Der

Fig. 143. Schleuderrad-Ventilator, Gleichstrom.

Antrieb mittels Elektromotors erfolgt hierbei am zweckmässigsten derartig, dass die Wellen beider Maschinen durch eine elastische Kupplung mit einander verbunden werden. Motor und Ventilator erhalten entweder eine gemeinsame Grundplatte (Fig. 143) oder nur eine gemeinsames Fundament-Mauerwerk (Fig. 144). Unter Umständen, insbesondere wenn die Raumverhältnisse sehr beschränkte sind, kann auch der Ventilatorflügel direkt auf die verlängerte Motorwelle gesetzt werden. Infolge ihrer höheren Luftpressungen eignen sich diese Maschinen auch dazu, Luft durch lange Röhren oder Kanäle zu drücken. Dementsprechend finden sie Verwendung für Schmiedefeuer, Luftheizungs- und Trockenanlagen, grosse Fabrikräume etc. Ihre An-

Fig. 144. Schleuderrad-Ventilator, Drehstrom.

wendung in Bergwerken und an Bord von Schiffen wird in besonderen Kapiteln weiter unten besprochen (Teil 29 und 30).

Die Inbetriebsetzung der Schleuderrad-Ventilatoren geschieht bei Gleichstrom mittels eines normalen Anlasswiderstandes, bei Drehstrombetrieb entweder gleichfalls mit Hilfe eines solchen Apparates oder auch nur durch einen dreipoligen Schalthebel.

12. Elektrisch betriebene Pumpen.

a) Elektrisch betriebene Kreiselpumpen.

Der Betrieb von Kreiselpumpen erfolgt, da auch diese Maschinen meist eine hohe Umdrehungszahl haben,

Fig. 145. Kreiselpumpen, Gleichstrom.
Centrale Luisenstrasse der Berliner Elektricitäts-Werke.

in ganz ähnlicher Weise wie bei den Ventilatoren, nämlich durch Verbindung der beiderseitigen Wellen mittels elastischer Kupplung und Aufstellung auf gemeinsamer Grundplatte (Fig. 145 u. 147), sehr zweckmässig ist auch der Antrieb mittels Riemens (Fig. 146).

Fig. 146. Kreiselpumpen, Drehstrom.
Kanalisations- und Kläranlage der Stadt Spandau.

Die Kreiselpumpen finden in ausgedehntem Masse Verwendung unter der Voraussetzung konstanter und nicht zu grosser Druckhöhe, da ihr Betrieb in einfachster

Fig. 147. Kreiselpumpe, Drehstrom.
Transportabel, für Hafenbauten etc.

und bequemster Weise sich gestaltet. So werden dieselben vielfach gebraucht als Speisepumpen für Bassins (Fig. 145), als Pumpen für Kläranlagen (Fig. 146) etc., sowie, da sie sich verhältnismässig leicht transportieren lassen, als Baupumpen (Fig. 147). Auch zur Verwendung als fahrbare, elektrisch betriebene Pumpen sind dieselben geeignet, indem sie mit dem Elektromotor auf gemeinsame Grundplatte montiert und dann auf ein fahrbares Untergestell aufgesetzt werden. Die Stromzuführung erfolgt mittels beweglichen Kabels.

Fig. 148. Luftkompressor, Drehstrom.

b) Elektrisch betriebene Kolbenpumpen.

Elektrisch betriebene Kolbenpumpen eigneten sich bisher nicht in gleich vollkommener Weise für elektrischen Antrieb wie Kreiselpumpen, da ihre meist

Fig. 149. Wand-Kolbenpumpen, Drehstrom.

geringen Umdrehungszahlen stets die Einschaltung einer Uebersetzung notwendig machten. Auch gegenwärtig noch erfolgt, insbesondere für kleinere Leistungen, der Antrieb in dieser Form, wobei sich die Pumpen sowohl horizontal, als auch vertikal als Wandpumpen (Fig. 149) verwenden lassen.

Der Antrieb kann in gleicher Weise durch Gleich-

Fig. 150. Riedler-Express-Pumpe, 300 Umdr. i. d. Min.
Direkt angetrieben durch Drehstrommotor.

strom- oder Drehstrommotoren erfolgen; indessen ist stets wegen der durch die Kolbenbewegungen hervorgerufenen Kraftschwankungen ein Schwungrad erforderlich. Aehnlich erfolgt der Antrieb von Luftkompressoren (Fig. 148).

In neuerer Zeit ist jedoch durch die nach den Patenten der Professoren Riedler und Stumpf gebaute Riedler-Express-Pumpe ein wesentlicher Fortschritt erzielt worden. Diese Maschine gestattet nämlich infolge der Eigenart ihrer Gesamtanordnung und ihrer Ventile selbst bei grossen Leistungen hohe Umdrehungszahlen bis zu 300 in der Minute. Hierdurch ist aber

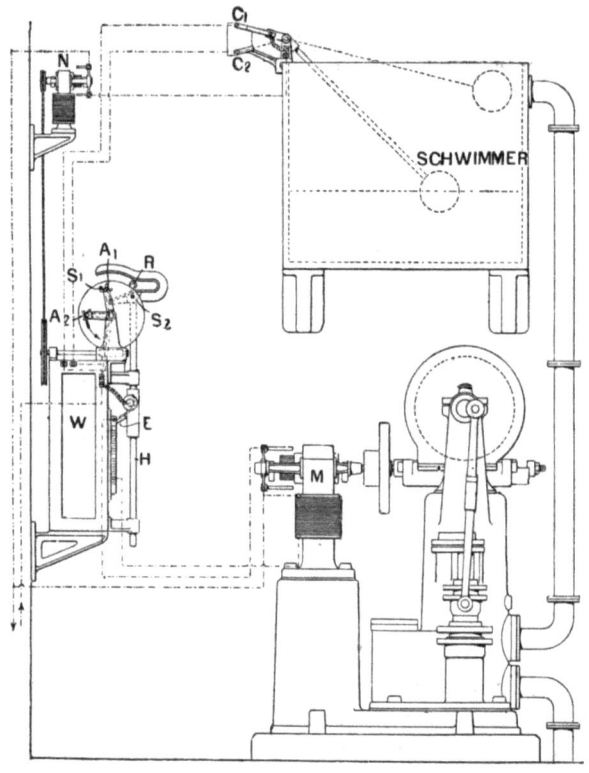

Fig. 151.

zum raschlaufenden Elektromotor eine raschlaufende Kolbenpumpe geschaffen worden, welche die direkte Kupplung gestattet (Fig. 150).

c) Selbstthätig regulierende Pumpen.

In Fabriken erfolgt das Einschalten des Pumpenmotors meist durch einen Anlasswiderstand von Hand.

Soll dagegen die Pumpe einen Wasserbehälter selbstthätig gefüllt erhalten, ganz unabhängig von dem schwankenden Wasserverbrauch, so wird in dem Sammelbehälter ein Schwimmer angebracht, welcher den Betrieb der Pumpe nach dem Wasserstand reguliert.

Hat das Wasser hierbei seinen niedrigsten Stand erreicht, so wird durch den Schwimmer Kontakt C_1 (Fig. 151) geschlossen. Schalter A_1 ist bereits geschlossen, so dass Motor N durch Heben der Schubstange H und der Kontaktbürsten E den Anlasswiderstand W mit Hauptmotor M einschaltet. Hierauf wird durch Stift S_1 der Ausschalter A_1 und dadurch Hilfsmotor N ausgeschaltet, während Hauptmotor M die Pumpe betreibt und den Behälter füllt. Diesen Moment zeigt Fig. 151.

Das zufliessende Wasser hebt nun allmählich den Schwimmer, bis Kontakt C_2 geschlossen und durch Schalter A_2 Hilfsmotor N wiederum in Thätigkeit gesetzt wird. Dieser bewegt die Rolle R unter der Krücke am oberen Ende der Schubstange H hindurch, giebt diese frei, so dass sie heruntersinkt und den Hauptmotor M mit der Pumpe stillstellt. Den ausgeschalteten Anlasswiderstand zeigt Fig. 152. Gleichzeitig hat Stift S_2 den Schalter A_1 geschlossen, so dass bei dem nächsten niederen Wasserstand das Anlassen ohne weiteres erfolgen kann. Schliesslich wird durch Stift S_1 der Ausschalter A_2 und somit Motor N ausgeschaltet.

Derartige Pumpenanlagen können sowohl für Gleichstrom als auch für Drehstrom eingerichtet werden.

Durch die selbstthätige Regulierung eignen sich elektrisch betriebene Pumpen ebenso vorzüglich für die Wasserversorgung kleinerer Städte, Fabriken, Wohnhäuser und Villen, wie auch für die Wasserstationen der Eisenbahnen, bei welchen die Beaufsichtigung der

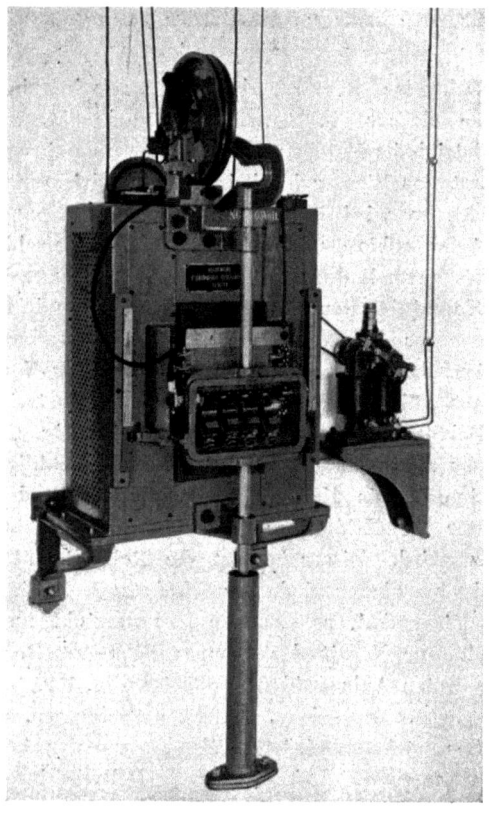

Fig. 152. Anlasswiderstand für selbstthätig regulierende Pumpen, Gleichstrom.

Wasserstände meist mit erheblichen Kosten und Umständen verknüpft ist.

13. Elektrisch betriebene Aufzüge.

a) Anordnung elektrisch betriebener Aufzüge.

Fig. 153. Kohlenaufzug, Gleichstrom.
Königliches Fernheiz- und Elektricitätswerk Dresden.

Die Aufzüge gehören zu den Maschinen mit intermittierendem Betrieb, welcher für den Elektromotor deshalb besonders günstig ist, weil letzterer in den Arbeitspausen still steht und keinerlei Verluste verursacht.

Die Verbindung des Motors mit der Windentrommel erfolgt meist mittels Schneckentriebes, (Fig. 153 bis 155). Falls auf geräuschlosen Gang kein besonderer Wert zu legen ist, kann man des besseren Wirkungsgrades wegen auch Zahnräder verwenden. Als Anlassvorrichtung finden die oben beschriebenen Umkehranlasswiderstände Verwendung (S. 176 u. 198). Bei Drehstrom ist unter Umständen ein einfacher Umschlaghebel ausreichend.

Damit der Motor möglichst klein ausfällt, empfiehlt

Fig. 154. Aufzug, Drehstrom.

es sich, ein Gegengewicht vorzusehen, welches das Gewicht des Fahrkorbes sowie einen Teil der Maximallast ausgleicht. Es leistet hierbei der Motor beim Aufgange, wie beim Niedergange Arbeit, welche jedoch stets nur einem Teil der Maximallast entspricht. Elektromotor sowohl als Schnecke bezw. Zahnradübersetzung sind daher für eine geringere Last als die Maximallast zu dimensionieren. Auch wird hierdurch Anlagekapital und Betriebskosten vermindert.

Fig. 155. Personenaufzug, Drehstrom.

b) Vergleich elektrisch und hydraulisch betriebener Aufzüge.

Zur Bestimmung der Betriebskosten wurde mit einem **elektrisch betriebenen Lastenaufzug** eine grosse Anzahl Hübe bei verschiedener Belastung ausgeführt, wonach sich folgende Tabelle ergab:

Anzahl ganzer Hübe auf und ab	Belastung Kilo	Durchschnittliche Amp. bei		Spannung Volt	Stand des Wattstundenzählers	
		Aufgang	Abgang		zu Anf.	zu Ende
30	75	5	9	220	22 800	25 000
30	200	9	5	220	25 000	27 200
30	300	15	2	218	27 200	29 400
30	400	18	0	219	29 400	32 000

Die Hubhöhe betrug 23,4 m. Hieraus berechnen sich bei einem Preise von 16 Pf. für 1000 Wattstunden die durchschnittlichen Betriebskosten eines Hubes zu:

$$\frac{(32\,000 - 22\,800) \times 16}{1000 \times 120} = \mathbf{1{,}23\ Pfennig}.$$

Für einen entsprechenden, direkt wirkenden **hydraulischen Aufzug** beträgt der Wasserverbrauch für den Hub 616 l. Der Aufzug soll 20 Fahrten in der Stunde ausführen können und das erforderliche Wasser dabei durch eine mittels Gasmotors betriebene Pumpe nach einem ca. 29 m hochliegenden Reservoir geschafft werden, und zwar zur genügenden Sicherheit in der Hälfte dieser Zeit. Die Pumpe muss demnach stündlich die Wassermenge für 40 Hübe liefern und hat bei einem Gesamtwirkungsgrad von 50 Proz. 5,29 PS zu leisten.

Bei einem Verbrauche von 0,9 kbm Gas für die Pferdestärke und Stunde, zum Preise von 12,4 Pf. für

den kbm, wie er zur Zeit in Berlin gilt, berechnen sich die Kosten für einen Hub auf:
$(5{,}29 \times 0{,}9 \times 12{,}4) : 40 =$ **1,48 Pfennig.**

Erhält die Fahrstuhlanlage das Wasser direkt von der städtischen Wasserleitung zum Preise von 15 Pf. für den kbm, so betragen die Kosten für einen Hub:
$(616 \times 15) : 1000 =$ **9,24 Pfennig.**

Es stellt sich also der elektrische Betrieb bei weitem am günstigsten.

Fig. 156. Kohlen-Transportbänder, Gleichstrom.
Centrale Luisenstrasse der Berliner Elektricitäts-Werke.

Für die Gasmaschine ist ferner meist ein besonderer Maschinist notwendig. Die geringe Wartung des Elektromotors hingegen kann vom Aufzugswärter mitbesorgt werden.

In ähnlicher Weise wie für Aufzüge ist auch für Kohlen-Transportbänder (Fig. 156) und Elevatoren der elektrische Betrieb äusserst zweckmässig.

14. Elektrisch betriebene Laufkrane.

Bei Laufkranen hat der Elektomotor jede andere Betriebsweise vollständig verdrängt. Seine Einfachheit, die geringe Raumbeanspruchung und die Leichtigkeit der Kraftzuführung mittels Schleifkontakte hat ihm diese Ueberlegenheit verschafft.

Die Laufkrane können mit Rücksicht auf ihren Antrieb in zwei Hauptgruppen getrennt werden, die Einmotorkrane und die Mehrmotorenkrane.

Die Einmotorkrane entstanden aus den Kranen mit hydraulischem, mit Dampf- oder Seilbetrieb etc., indem der Antriebsmotor oder die Seilscheibe durch einen Elektromotor ersetzt wurde. Dieser Motor arbeitet direkt gekuppelt oder mittels Räder-, Schnecken- oder Riemenübersetzung auf eine Vorgelegewelle, von der aus die verschiedenen Bewegungen des Kranes, das ist Lastheben, Kranfahren und Katzenfahren mittels Reibungskupplungen und Wendegetrieben ausgeführt werden. Der komplizierte Mechanismus für die Bewegungsübertragung und -Aenderung stellt an die Ausführung und Montage dieser Krane hohe Anforderungen und verlangt dauernd sorgfältige Ueberwachung und gute Bedienung; trotzdem sind häufig Reparaturen notwendig. Vor allem aber ist es bei diesen Kranen nicht möglich, das Anheben der Last und das Fahren von Kran und Katze sanft und stossfrei einzuleiten, was die Krane besonders für Verwendung in Giessereien und bei Montagen weniger geeignet macht.

Fig. 157. Laufkran für 30 Tonnen, Gleichstrom.
Friedrich Krupp, Essen.

Fig. 158. Laufkran für 15 Tonnen, Drehstrom.
Görlitzer Maschinenbau-Anstalt und Eisengießerei.

Man baut daher Einmotorkrane neuerdings seltener, verwendet vielmehr für jede Bewegungsart des Krans einen besonderen Antriebsmotor, wodurch erst die Vorteile des elektrischen Antriebes ganz ausgenutzt werden.

Fig 159. Laufkran-Katze, Drehstrom.

Der Motor für Einmotorkrane unterscheidet sich meist in keiner Weise von einem normalen Transmissionsmotor. Er läuft gewöhnlich leer an oder hat beim Anlaufen ausser der eigenen Reibung nur diejenige der leerlaufenden Vorgelegewelle zu überwinden. Ein grosses Anzugsmoment ist also nicht erforderlich, und man verwendet daher in diesen Fällen bei Gleichstrom fast ausschliesslich Nebenschlussmotoren.

Bei Mehrmotorenkranen (Fig. 157, 158 u. 161)

Fig. 160. Führerstand für Laufkran, Drehstrom, mit Umkehr-Anlasswiderständen.

müssen die Motoren dagegen aus der Ruhe sofort unter voller Belastung anlaufen können. Das Anzugsmoment muss also besonders gross sein. Nach meist kurzer Betriebsdauer kommt dann der Motor wieder zur Ruhe, um nach ebenfalls kurzer Zeit wieder anzulaufen, ev.

Fig. 161. Portalkran für 20 Tonnen, Drehstrom.
Gusslager in der Maschinenfabrik der A. E. G.

im umgekehrten Drehsinn. Die Motoren arbeiten also intermittierend. Als mittlerer „intermittierender Kranbetrieb" kann ein Betrieb gelten, bei dem der Motor, nachdem er ca. 5 Minuten voll belastet war, während etwa der doppelten Zeit stromlos ist und sich bis zur nächsten Arbeitsperiode wieder abkühlen kann. Hierfür werden von der A. E. G. Motoren mit besonderer Kranwicklung geliefert, welche gegenüber den normalen Transmissionsmotoren mit etwa der $1^1/_2$ fachen Leistung, der Kran-Nennleistung, beansprucht werden können.

Bezüglich der Wahl der Stromart ist folgendes zu bemerken:

Da Transmissionsmotoren für Gleichstrom und Drehstrom gleich vollkommen ausgebildet sind, kann für Einmotorkrane ohne weiteres die Stromart gewählt werden, die am bequemsten zur Verfügung steht.

Bei Mehrmotorenkranen ist jedoch fast immer Drehstrom vorzuziehen. Der Gleichstrom-Hauptstrommotor hat zwar die günstige Eigenschaft, bei kleiner Last rascher, bei grosser langsamer zu laufen. Dies kommt jedoch nur ausnahmsweise für grosse Förderhöhen (Hafen-Drehkrane S. 252) zur Geltung. Bei plötzlicher Entlastung aber geht er durch, während der Drehstrommotor seine Umdrehungszahl fast genau beibehält. Auch die Steuerapparate sind für Drehstrom (Fig. 160) in gleich vorzüglicher Weise durchgebildet, wie für Gleichstrom. Insbesondere für Fabrikanlagen etc., in denen der Drehstrommotor wegen seiner sonstigen Vorteile (s. S. 82 u. 179) den Vorzug verdient, erscheinen daher Mehrmotorenkrane mit Drehstrombetrieb am zweckmässigsten.

Zu den Laufkranen sind auch die Kohlen-Verladevorrichtungen (Fig. 162) zu rechnen.

Fig. 162. Kohlen-Verladevorrichtung, Drehstrom.
Norddeutsche Kohlen- und Kokes-Werke A. G., Hamburger Hafen

15. Elektrisch betriebene Drehkrane.

Für elektrisch betriebene Drehkrane haben im allgemeinen die oben für die Laufkrane angestellten Betrachtungen gleichfalls Geltung.

Fig. 163. Portal-Drehkrane, transportabel, Gleichstrom.
Hafen Genua, Speicheranlage der Warehouses Company Ltd.

Bezüglich der äusseren Anordnung werden die Drehkrane ausgeführt als feststehende, als Portal-

Fig. 164. Portal-Drehkrane, transportabel. Gleichstrom.
Freihafenanlage Kopenhagen.

Fig. 165. Winkel-Drehkran, transportabel, Drehstrom.
Tonnerei-Gesellschaft Ruhrort in Strassburg, Sporelinselhafen.

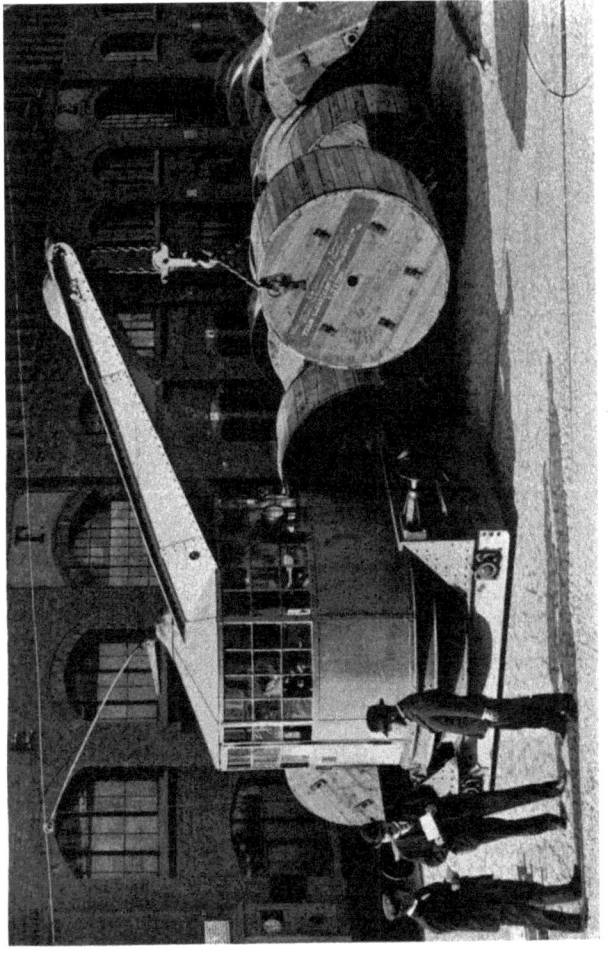

Fig. 166. Fahrbarer Drehkran. Gleichstrom.
Kabelwerk Oberspree der A. E. G.

Fig. 167. Drehkran, transportabel, Gleichstrom.
Königliches Fernheiz- und Elektricitätswerk Dresden.

krane (Fig. 163 u. 164), als Winkelkrane (Fig. 165) oder als Wagenkrane (Fig. 166 u. 167). Die Anordnung des Drehkranes selbst und die innere Ausstattung

Fig. 168. Führerstand mit Anlasswiderständen eines Drehkranes, Drehstrom.

bleibt dabei immer annähernd die gleiche. Auf einer drehbaren Plattform ist ein Windewerk (Fig. 169) angebracht, das einem solchen für elektrische Fahrstühle ähnlich ist, indem der Elektromotor, ebenso wie dort, mittels Schnecke oder Zahnradübersetzung eine Windentrommel treibt.

Fig. 169. **Windewerk** eines Drehkranes, Drehstrom.

Auch bei Drehkranen werden Einmotorkrane und Mehrmotorenkrane verwendet. Erstere haben für Hub- und Drehbewegung einen gemeinsamen Elektromotor, welcher. ununterbrochen laufend, mittels Friktionskupplungen auf die eine oder andere Bewegung eingeschaltet wird. Mehrmotorenkrane, die ihres genaueren Arbeitens wegen in überwiegender Mehrzahl Verwendung finden, besitzen dagegen zwei Motoren,

Fig. 170. Steuerschalter mit Hebel-Antrieb für Krane.

einen für das Drehen und einen für Heben und Senken.

Jeder dieser Motoren hat dabei seinen eigenen Steuerschalter (Fig. 168 u. 169). Diese lassen sich sowohl für Hebel-Antrieb (Fig. 170), als auch für Antrieb mittels Handrades (Fig. 171) einrichten. Bei ersterer Form kann, insbesondere für die kleineren Typen, die Anordnung derartig getroffen werden, dass die Bewegungsrichtung des Hebels der Bewegungsrichtung der Last entspricht. Also Anheben des Hebels bedeutet

Fig. 171. Steuerschalter mit Handrad für Krane, Gleichstrom.

Aufgehen der Last und Senken des Hebels Niedergehen der Last. In gleicher Weise kann man bei Steuerschaltern mit Handrad (Fig. 171) die Drehrichtung des letzteren entsprechend der zugehörigen Drehrichtung des Kranes einstellen.

Der Steuerschalter wird zweckmässig mit einem

Bremslüftungs-Elektromagneten verbunden, der bei Unterbrechung des Stromes sofort selbstthätig ein Bremsgewicht fallen lässt. Bei Drehstrom kann man auch durch Gegenstrom bremsen, indem man den Strom entgegen dem augenblicklichen Drehungssinn des Motors einschaltet, also z. B. bei Senken der Last den Steuerhebel auf Heben einstellt. Je nachdem das Verhältnis zwischen dem Drehmoment des Motors und dem entgegengesetzt wirkenden der Last dabei durch die Widerstände des Steuerschalters geregelt wird, kann die Last festgehalten oder mit beliebig geringer Geschwindigkeit gesenkt werden.

16. Elektrisch betriebene Schiebebühnen und Drehscheiben.

Schiebebühnen und Drehscheiben sind nur zeitweilig mit grösseren und kleineren Unterbrechungen in Thätigkeit. Der Betrieb derselben mit Elektricität gewährt also gegenüber dem mechanischen oder dem direkten Dampfbetrieb dieselben namhaften Vorteile wie der intermittierende Betrieb von Aufzügen und Kranen. Als Stromart kann je nach den vorliegenden Verhältnissen Drehstrom sowohl wie Gleichstrom genommen werden. Der Motor befindet sich samt der Uebersetzungs-Vorrichtung auf der Schiebebühne (Fig. 172) bezw. Drehscheibe, fährt also mit derselben. Die Stromzuleitung erfolgt durch Schleifkontakte.

Fig. 172. Schiebebühne für Eisenbahn-Werkstätten-Gleichstrom.

17. Elektrisch betriebene Bohrmaschinen.

a) Elektrisch betriebene Schnell-Bohrmaschinen.

Bei den elektrisch betriebenen Schnell-Bohrmaschinen, welche für kleinere Leistungen bis zu etwa $1/2$ Pferdestärke gebaut werden, ist der Motor mit der Bohrspindel unter Verwendung einer Riemenschwinge zu einem einheitlichen Ganzen verbunden (Fig. 173 u. 174).

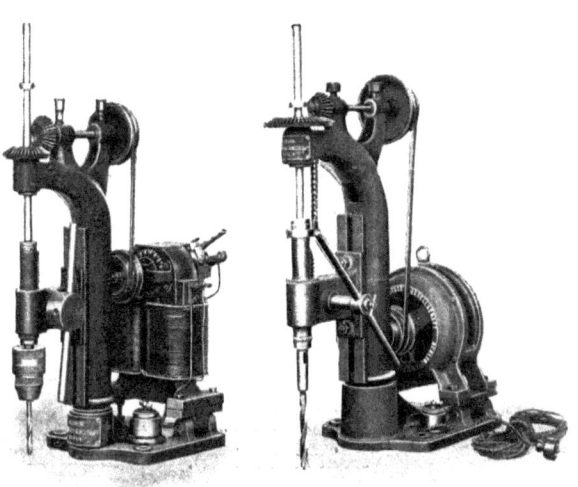

Freistehende Schnell-Bohrmaschinen
Fig. 173 für Gleichstrom.   Fig. 174 für Drehstrom.

Die Maschine stellt man direkt auf die zu bohrenden Platten etc., wobei der Strom mittels beweglicher Leitungsschnüre, welche jeder Versetzung der Maschine leicht folgen, zugeführt wird.

Bei einer andern Art Schnell-Bohrmaschinen, welche zur Massenfabrikation zahlreich Verwendung finden, ist

Fig. 175. Kleine Vertikal-Bohrmaschinen, Gleichstrom.

der Bohrer direkt auf die Welle des Motors gesetzt, während ein kleines Bohrtischchen gehoben oder gesenkt wird (Fig. 175).

b) Transportable elektrisch betriebene Bohrmaschinen.

Durch die Einführung des elektrischen Betriebes in Fabriken und Werkstätten, insbesondere durch den Einzelantrieb mittels des Drehstrommotors, ist innerhalb kurzer Zeit eine vollständige Verschiebung der Arbeitsweisen eingetreten. Die Transmissionswellen sind in Wegfall gekommen und hiermit die Rücksichten auf ihre günstigste Beanspruchung, durch welche die Disposition in den Werkstätten und die Aufstellung der Arbeitsmaschinen nach vielen Richtungen hin gebunden war. Jetzt braucht man sich nur von der Rücksichtnahme auf den eigentlichen Gang der Fabrikation leiten zu lassen. Die auf einander folgenden

Fig. 176. Transportabler Drehstrommotor.

Arbeitsprozesse lassen sich räumlich neben einander abwickeln, so dass durch den Hin- und Hertransport der Arbeitsstücke keine unnütze Zeit oder Arbeitskraft verloren geht. Der Transportweg ist auf das geringste Mass beschränkt und der über den Maschinen frei gewordene Raum steht elektrisch betriebenen Laufkranen zur bequemsten und raschesten Ausführung der Transporte zur Verfügung.

Aber trotz aller Vorrichtungen erscheint es oft wünschenswert, Ortsveränderungen schwerer Gussstücke zu umgehen. Dies tritt z. B. ein, wenn ein voluminöses Stück auf der Richtplatte bereits ausgerichtet ist und der Transport nach einer andern Werkzeugmaschine und ein Wiederausrichten daselbst Tage kosten würde, während für die eigentliche Bearbeitung höchstens einige Stunden erforderlich sind. Dies Missverhältnis zwischen dem Zeitverlust des Transportes gegenüber der eigentlichen Bearbeitung wird noch grösser, wenn es sich um kleinere Neben-

Fig. 177. Transportabler Gleichstrommotor.

arbeiten, insbesondere um das Bohren von Löchern an verschiedenen Stellen handelt. Hierbei ist die Möglichkeit eines erheblichen Zeitgewinnes gegeben, wenn diese Nebenarbeiten gleichzeitig mit der Vornahme einer Hauptarbeit ausgeführt werden, und diesem Zwecke dienen die transportablen Werkzeuge. Es sind das fahrbare Drehstrommotoren (Fig. 176) oder auch Gleichstrommotoren (Fig. 177), welche durch eine biegsame Welle mit einfachen Werkzeugmaschinen, hauptsächlich Bohrvorrichtungen, gekuppelt werden können. Die ausserordentliche Zwekmässigkeit dieser transportablen Motoren hat ihnen bereits weiteste Verbreitung verschafft.

Fig. 178. Grosse Radial-Bohrmaschine, Drehstrom.

c) Elektrisch betriebene Radial-Bohrmaschinen.

Auch grössere Bohrmaschinen, insbesondere Radial-Bohrmaschinen (Fig 178), bis zu den grössten Leistungen, eignen sich gut für elektrischen Einzelbetrieb, da dieselben meist intermittierend arbeiten müssen.

18. Elektrisch betriebene Drehbänke, Hobelmaschinen und Fräsmaschinen.

Der elektrische Antrieb von Drehbänken, Fräsmaschinen und Hobelmaschinen ist je nach Grösse und Konstruktion der betreffenden Maschinen sehr ver-

Fig. 179. Drehbank, Drehstrom.

schiedenartig. Auf jeden Fall aber liegt gerade hier eines der wichtigsten Gebiete für elektrischen Einzelantrieb mittels Drehstromes vor. Der Elektromotor wird dabei der Drehbank (Fig. 179), der Fräsmaschine (Fig. 180) etc. direkt angegliedert und der Antrieb vielfach mittels kurzen Riemens bewirkt.

Das Anlassen geschieht durch einfachen Schalter, da die erforderlichen **Kräfte** meist nicht erheblich sind. Grössere Motoren werden mittels Anlasswiderstandes ‚ bethätigt. Unter Umständen hat dabei eine

Fig. 180. Grosse **Fräsmaschine**, Drehstrom.

Maschine mehrere Motoren. So bewirkt bei grossen Plandrehbänken (Fig. 181) ein Motor die Drehung des Arbeitsstückes und ein zweiter die Auf- und Abbewegung des Rahmens mit den Drehstählen.

Fig. 181. Grosse Plandrehbänke, Drehstrom.

19. Elektrisch betriebene Giesserei-Maschinen.

Von den verschiedenen Maschinen in Giessereien sind fast sämtliche ihrer intermittierenden Betriebsweise wegen für elektrischen Einzelbetrieb geeignet. Ausser

Fig. 182. Metall-Kreissäge, Drehstrom.

Lauf- und Drehkranen sind hier die Giespfannen-Wagen zu nennen, die ganz ähnliche Ansprüche an den elektrischen Betrieb stellen, wie die Krane. Weiter kommen noch in Frage Metall-Kreissägen zur Bearbeitung von Gussstücken, wie sie auch zum Schneiden von Profileisen Verwendung finden (Fig. 182), ferner Formsand-Mischmaschinen (Fig. 183) etc.

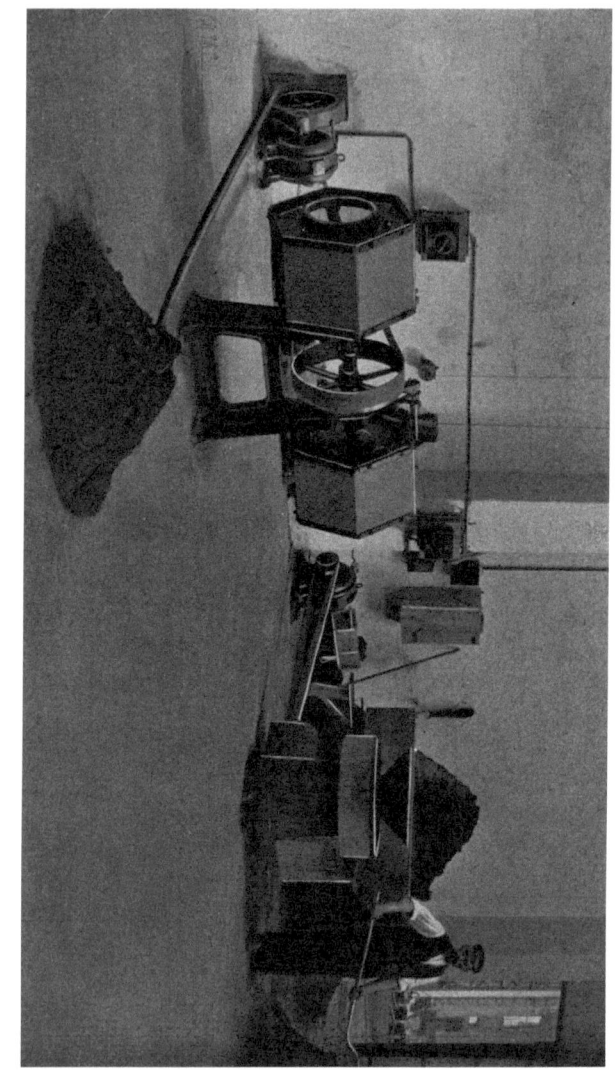

Fig. 183. Formsand-Mischmaschine für Giessereien, Drehstrom.

20. Elektrisch betriebene Holzbearbeitungsmaschinen.

Fig. 184. Bandsäge für Tischlereien, Drehstrom.

Der elektrische Antrieb ist bei **Holzbearbeitungsmaschinen** deshalb besonders günstig, weil sie meist einen stark intermittierenden Betrieb haben und ausserdem infolge ihrer hohen Umdrehungszahlen den Anschluss des Elektromotors in einfacher Weise gestatten. Es wird aber auch weiterhin eine grosse Feuersicherheit gewährleistet, ein Umstand, der gerade für Tischlereien und Holzbearbeitungswerkstätten von grösster Bedeutung ist. Besonders grossen Vorteil bietet in

Fig. 185. Kreissäge für Tischlereien, Drehstrom.

dieser Beziehung der Drehstrommotor mit Kurzschlussanker, da bei ihm eine Funkenbildung ausgeschlossen ist, und auch die zugehörigen Anlassvorrichtungen in sicherster Weise wirken. Dieser Motor ist ausserdem auch gegen Holzstaub und Schmutz weit weniger empfindlich als der Gleichstrommotor.

Bei Bandsägen erfolgt der Anschluss des Motors entweder derart, dass der Anker direkt auf die Welle der unteren Sägeblattrolle aufgesetzt wird, oder es wird eine einfache Räderübersetzung vorgesehen (Fig. 184).

Fig. 186. Decoupiersäge, Drehstrom.

Für Kreissägen (Fig. 185) ist auch Riemenbetrieb anwendbar, wobei Riemen-Spannrollen eine möglichst kurze Entfernung des Motors von der angetriebenen Welle ermöglichen. Bei Decoupiersägen (Fig. 186) wird der Motor gleichfalls unmittelbar an die Maschine angebaut, um dann entweder direkt oder mittels Zahnradübersetzung den Antrieb zu bewirken. Da bei diesen Maschinen der Arbeiter möglichst beide Hände zur Bedienung des zu bearbeitenden Holzstückes frei haben muss, empfiehlt es sich, den Ausschalter für den Elektro-

Fig. 187. Schärfmaschine für Sägeblätter, Drehstrom.

motor am unteren Teile des Maschinengestelles anzubringen und die Bethätigung desselben mittels eines Fusshebels vorzunehmen.

Auch für zahlreiche andere Holzbearbeitungsmaschinen lässt sich der elektrische Antrieb in gleich einfacher Weise vornehmen, so besonders bei Schärfmaschinen für Sägeblätter (Fig. 187), Hobelmaschinen, Universal-Fräsmaschinen, Holzdrehbänken etc.

21. Elektrisch betriebene Webstühle und Hilfsmaschinen für Webereien.

Bei Einführung des elektromotorischen Antriebes in Webereien, insbesondere für die Webstühle,

Fig. 188. Drehstrom-Webstuhlmotor mit Riemenschwinge.

wurden zunächst nur die Transmissionsstränge durch Elektromotoren von entsprechender Leistungsfähigkeit im Gruppenbetriebe bethätigt. Mehr und mehr zeigte sich jedoch die Notwendigkeit, die Elektromotoren den besonderen Eigentümlichkeiten der angetriebenen Maschinen anzupassen und möglichst für jede Maschine im Einzelantrieb einen besonderen Motor aufzustellen. Ermöglicht wurde dies jedoch erst durch den Drehstrombetrieb, für welchen die A. E. G. eigens einen Webstuhlmotor (Fig. 188) konstruiert hat. Der Antrieb erfolgt dabei, da die Umdrehungszahl des Motors für direkten Antrieb meist zu gross ist, entweder mittels Zahnradvorgeleges oder mittels Riemens.

Bei Zahnradantrieb ist auf der Motorwelle ein kleines Triebrad angebracht, welches in ein grösseres, auf der anzutreibenden Welle des Webstuhles befindliches Zahnrad (Fig. 190) eingreift. Soll die Geschwindigkeit der Webstuhlwelle geändert werden, so wird das kleine Triebrad des Motors durch ein anderes mit entsprechend geänderter Zähnezahl aber gleicher Teilung ersetzt.

Fig. 189. Drehstrom-Webstuhlmotor mit Riemenschwinge, versenkte Anordnung.

Für Riemenbetrieb (Fig. 191) wird der Motor auf eine Riemenwippe montiert, welche meistens aus einem winkelförmigen Bock besteht, an dessen einem Arme der Motor drehbar befestigt ist (Fig. 191). Mittels dieser Vorrichtung kann der Motor auf dem Boden, an der Wand oder unter der Decke beliebig angebracht werden. Eine andere Wippe (Fig. 188) dient für seitlichen Riemenzug, und eine weitere (Fig. 189) zur teilweisen Versenkung des Motors in den Fussboden.

Durch den Einzelantrieb ist jeder Webstuhl von den übrigen vollkommen unabhängig, sodass bei dem Anhalten eines derselben die andern in keiner Weise in Mitleidenschaft gezogen werden. Bei Transmissionsbetrieb dagegen ist fast immer, wenn ein Stuhl ein- oder ausgeschaltet wird, eine wenn auch nur geringe

Fig. 190. Webstuhl mit Motor und Zahnradantrieb, Drehstrom.

Fig. 191. Webstuhl mit Motor und Riemenantrieb, Drehstrom.

Veränderung in der Geschwindigkeit der übrigen in Betrieb befindlichen Stühle derselben Abteilung zu bemerken. Bei gewöhnlichen Zeugen und Stoffen mögen diese Unterschiede zumeist ohne Bedeutung sein. Für feinere Ware, besonders für Seidenstoffe, hat sich dagegen thatsächlich herausgestellt, dass Einzelantrieb ein gleichmässigeres Gewebe erzeugt. Ausserdem wird

Fig. 192. Aufbäummaschine, Drehstrom.

durch diese Vorzüge gleichzeitig die Leistungsfähigkeit der Webstühle merklich gesteigert. Es ist daher der elektrische Einzelantrieb insbesondere für Seidenwebereien entschieden die günstigste Betriebsart.

Aber auch für viele Nebenmaschinen, als Aufbäummaschinen (Fig. 192), Kettenscheer-Maschinen (Fig. 193) etc., hat sich derselbe in zahlreichen Fällen vorzüglich bewährt.

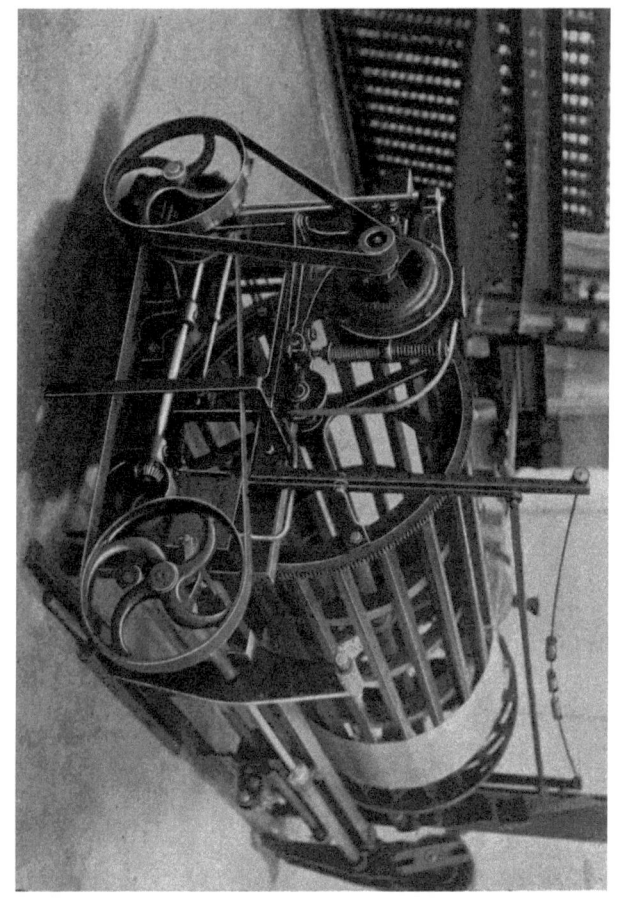

Fig. 193. Kettenscheer-Maschine, Drehstrom.

Fig. 194. Kalander für Textilfabriken, Drehstrom.

22. Elektrisch betriebene Maschinen für Bleichereien und Färbereien.

In Bleichereien und Färbereien lassen sich zahlreiche kleine Maschinen, insbesondere der Bleiche selbst, ferner Wickel- und Legemaschinen etc., welche eine ziemlich regelmässige Arbeitsweise haben, in einzelne Gruppen zusammenfassen.

Einzelantrieb dagegen findet Anwendung bei den hauptsächlichsten Maschinen des Appretiersaales, den Kalandern, den hydraulischen Mangeln und den Zeugdruckmaschinen.

Für die Kalander (Fig. 194) wird der Antrieb meist bewirkt unter Zwischenschaltung einer einfachen oder doppelten Stirnrad-Uebersetzung. Als Anlassvorrichtung sind dabei Widerstände erforderlich, die eine Aenderung der Umdrehungszahl in weiten Grenzen gestatten.

Bei hydraulischen Mangeln (Fig. 195) wird der Elektromotor direkt an die Hauptwelle der Maschine gekuppelt und bewirkt sowohl die Umdrehung der Walzen, als auch die Bethätigung einer Druckpumpe, durch deren Druckwasser die Walzen fortdauernd gegeneinander gedrückt werden.

Auch die Zeugdruckmaschinen (Fig. 196) werden zweckmässig für Einzelbetrieb eingerichtet, da gerade diese Maschinen mit sehr unregelmässigen und oft lang andauernden Pausen arbeiten. Insbesondere wenn ein neues Muster eingestellt wird, muss der Motor bald langsam, bald schnell, oft fast ruckweise arbeiten. Ist die Maschine dann richtig eingestellt, so soll sie dauernd schneller laufen. Aber auch hierbei sind je nach Art des Stoffes und der Farben feine Unterschiede in der

Fig. 195. Hydraulische Mangel. Drehstrom.

Fig. 196. Zeugdruckmaschine, Drehstrom.

Geschwindigkeit zu machen. Es sind daher auch diese Maschinen mit Anlasswiderständen auszurüsten, die eine erhebliche Aenderung der Umdrehungszahlen bis zu zehn Prozent und weniger der Höchst-Geschwindigkeit zulassen müssen.

Mit Rücksicht auf seine Widerstandsfähigkeit gegen Nässe, Feuchtigkeit und Schmutz ist für Bleichereien und Färbereien der Drehstrommotor allen anderen Antriebsmitteln überlegen.

23. Elektrisch betriebene Spinnereimaschinen.

Für die Maschinen in Spinnereien und ähnlichen Betrieben sind die Antriebsverhältnisse oft fast die gleichen, wie in Webereien und Bleichereien, so dass also meist Einzelbetrieb mit Drehstrommotoren im Vordergrunde steht.

Bei grösseren Maschinen, wie bei Verseilmaschinen in Kabelwerken (Fig. 197) etc. ist es schon durch die Grösse des Motors geboten, jede Maschine besonders anzutreiben. Das Anlassen wird dabei durch einen Metall- oder Flüssigkeits-Anlasswiderstand bewirkt, der ein langsames Anlassen mit verminderter Geschwindigkeit, wie beim Einstellen der Maschine erforderlich ist, gestatten muss.

Bei Umspinnmaschinen (Fig. 198) und Spulmaschinen sind immer eine kleinere oder grössere Anzahl Spulen etc. auf einem Gestell mit gemeinsamer Welle vereinigt, welche dann durch den Elektromotor angetrieben wird. Das Anlassen kann hier oft durch einen einfachen Schalthebel bewirkt werden, da die erforderlichen Kräfte meist nicht sehr gross sind.

Fig. 197. Verseilmaschinen, Drehstrom.
Kabelwerk Oberspree der A. E. G.

Fig. 198. Umspinnmaschinen für Drähte, Drehstrom.

24. Elektrisch betriebene Maschinen für Buchdruckereien.

Für Druckerpressen (Fig. 199), die wichtigste Maschine in Druckereien, eignet sich der elektrische Einzelbetrieb besonders wegen des intermittierenden

Fig. 199. Schnellpresse für Buchdruckereien, Gleichstrom.

Betriebes derselben, da diese Maschinen während des Einrichtens des neuen Satzes stets längere Zeit stillstehen müssen. Der Antrieb geschieht durch Riemen oder Friktionsräder (Fig. 200). Der Motor ist in letzterem Falle pendelnd auf einer Schwinge aufgestellt und das Schwungrad der Druckerpresse, nachdem sein Umfang sorgfältig abgedreht ist, gleichzeitig als Friktionsscheibe benutzt.

Je nach der Art der Druckbogen und der Schnelligkeit des Druckes ist die Umdrehungszahl der Presse zu verändern. Dies wird bewirkt durch Anlasswiderstände, welche eine Verminderung der Geschwindigkeit

Fig. 200. Friktionsantrieb einer Schnellpresse, Gleichstrom.

bis zu 40 Proc. zulassen. Diese Widerstände sind mit dem Bremshebel der Druckerpressen verbunden, so dass mit einem Griff der Motor ausgeschaltet und die Presse gebremst werden kann.

Auch für zahlreiche andere Maschinen des Buchdruckerei- und Buchbindereigewerbes ist der elektrische Antrieb von grossem Vorteil, insbesondere für Präge-

Fig. 201. Prägepresse, Gleichstrom.

pressen (Fig. 201), Beschneidemaschinen, Rückenrundpressen, Heftmaschinen etc.

Fig. 202. Poliermotor mit Scheibe und Schwabbel, Modell PM, Gleichstrom.

25. Elektrisch betriebene Poliermotoren.

Elektrisch betriebene Poliermotoren finden in Werkstätten der Bijouterie-, der Silberwaren-Fabri-

Fig. 203. Gleichstrommotor Modell PM mit Schnurscheibe.

kation etc. immer ausgedehntere Verbreitung zum Antrieb der bisher mittels Fusses oder durch Transmissionen betriebenen Polierspindeln.

Gegenüber den ersteren bietet der Polier-Elektromotor den Vorteil, dass der Arbeiter seine ganze Aufmerksamkeit der Behandlung des Arbeitsstückes zuwenden kann und viel sauberer und schneller zu arbeiten vermag, als bei dem ermüdenden Fussbetrieb. Bei Transmissionsbetrieb fällt dieser Uebelstand zwar fort, dagegen ist wegen der hohen Geschwindigkeit

Fig. 204. Poliermotor mit Schmirgelscheiben, Drehstrom.

der Polierspindeln von 1800 bis 2000 Umdrehungen in der Minute die Zwischenschaltung von Vorgelegen mit mehrfachen Uebersetzungen erforderlich. Diese Vorgelege drücken, besonders auch durch ihre Leerlaufsarbeit, den wirtschaftlichen Wirkungsgrad der ganzen Anlage ausserordentlich herab.

Die durch ihr geschlossenes Gehäuse gegen Staub geschützten Polier-Elektromotoren werden sowohl für Gleichstrom- (Fig. 202 u. 203) wie für Drehstrombetrieb (Fig. 204) gebaut. (Leistungen und Dimensionen der Motoren Modell PM s. Abschnitt V Tabelle 1.)

26. Elektrisch betriebene Centrifugen und Maschinen für Zuckerfabriken.

Fig. 205. Zuckercentrifuge, Drehstrom.

Die bei der Herstellung des Zuckers und seiner Nebenprodukte unvermeidliche Feuchtigkeit und die dabei auftretenden Unreinlichkeiten erfordern für

Fig. 206. Centrifugenstation, Drehstrom. Zuckerraffinerie von Fr. Meyer's Sohn, Tangermünde.

Fig. 207. Drehkran für Centrifugen-Einsätze, Drehstrom.

Zuckerfabriken und Zuckerraffinerien einen Elektromotor einfachster Konstruktion und grösster Leistungsfähigkeit, wie er in dem Drehstrommotor gegeben ist.

Diese Motoren sind entweder mit Kurzschlussanker ausgerüstet, oder sie besitzen Schleifringe mit abhebbaren Bürsten, so dass sie also auch im letzteren Falle während des Betriebes als Kurzschlussmotoren arbeiten. Das Anlassen geschieht in einfachster Weise entweder mittels einfachen Schalthebels oder mittels Anlasswiderstandes, für welchen letzteren vielfach Flüssigkeitsanlasswiderstände in Anwendung gebracht werden.

Für eine Anzahl Maschinen ist dabei vielfach Gruppenantrieb zulässig. Hierher gehören hauptsächlich Maischen, Vakuumpumpen, Lösepfannen, Rührwerke, Transportschnecken, Fahrstühle, Sackwäsche (Fig. 209), Sackwinden etc., ferner Knippsmaschinen und Zuckerbrecher. Andere Maschinen, wie die Brotfräsen (Fig. 208), erhalten jede ihren besonderen Elektromotor.

Die grösste Bedeutung hat aber in Zuckerfabriken und Zuckerraffinerien der elektrische Antrieb für die Centrifugen. Auch hierfür ist sowohl das System des Gruppenbetriebes als auch das System des Einzelbetriebes vertreten. Insbesondere der letztere Betrieb (Fig. 205 u. 206) ist von hohem Interesse, da er die vollkommenste Art eines elektrischen Antriebes darstellen dürfte. Direkt auf der senkrechten Centrifugenwelle ist der Anker des Motors befestigt, der weder Schleifringe noch Bürsten besitzt, da ihm als vollkommenem Kurzschlussanker keinerlei Strom von aussen zugeführt zu werden braucht. Die Anordnung ist derartig getroffen, dass der ganze Motor alle Schwankungen und Vibrationen der Centrifugentrommel und Welle ohne weiteres mit ausführen kann. Von besonderer Bedeutung ist dabei die Eigenschaft des

Elektromotors, unter grosser Ueberlastung anlaufen zu können, da bei dem Centrifugenbetrieb die grossen Massen der Trommel in verhältnismässig kurzer Zeit in Bewegung zu setzen sind.

Besteht die Anlage, wie es fast immer der Fall zu sein pflegt, aus einer grösseren Anzahl von Centri-

Fig. 208. Brodfräse für Zuckerfabriken, Drehstrom.

fugen, so wirken beim Anlassen einer derselben in gleicher Weise wie es bei dem Transmissionsantrieb dieser Maschinen der Fall ist, die schon in Betrieb befindlichen durch ihre Schwungkraft mit und unterstützen dadurch die stromerzeugende Primärstation.

Gegenüber dem häufig überfliessenden Zuckersaft hat sich der Elektromotor im Betriebe als durchaus widerstandsfähig gezeigt; er ist dabei allerdings gegen die hauptsächlichsten Verunreinigungen durch eine Blechkappe geschützt.

Fig. 209. Sackwäsche, Drehstrom.

Auch das Einbringen und Herausnehmen der Einsätze in die Centrifugen erfolgt oft durch elektrische Kraft mittels eines durch einen Drehstrommotor betriebenen Drehkranes (Fig. 207).

27. Elektromotorischer Antrieb von landwirtschaftlichen Maschinen.

In der Landwirtschaft und deren Nebenbetrieben ist der elektromotorische Antrieb für eine grosse Anzahl von Maschinen geeignet. Dabei ist es aber nicht

Fig. 210. Häckselmaschine, Gleichstrom.

notwendig, die elektrische Betriebskraft für jede dieser Maschinen ständig in Bereitschaft zu halten. Eine grosse Anzahl derselben ist vielmehr nur periodenweise in Thätigkeit, und da die Elektromotoren infolge der verlangten Leistungen meist nicht übermässig schwer ausfallen, so werden sie hierfür transportabel oder fahrbar eingerichtet. Diese Motoren treiben nun entweder mittels Riemens eine einzelne Maschine, z. B. eine etwa auf dem Hofe stehende Häckselschneidemaschine an (Fig. 210) oder eine Schrotmühle (Fig. 211) etc.; oder aber sie finden Anwendung für den Antrieb einer vorhandenen Transmission mit Getreidequetsche, Oelkuchenbrecher etc., einer Werkstatts-Transmission mit Schleifstein, Bandsäge, Bohrmaschine und Exhaustor für das Schmiede-Gebläse, für den Antrieb einer Molkereitransmission mit Butterfass, Butterkneter, Milchvorwärmer und Separator etc.

Fig. 211. Schrotmühle, Gleichstrom.

Andere Maschinen, welche längere Zeit hinter einander in Betrieb sind und deren Arbeit sich über das ganze Jahr erstreckt, erhalten zweckmässig jede einen eigenen Motor. Hierzu gehören unter Umständen die schon erwähnten Schrotmühlen (Fig. 211), Milchseparatoren (Fig. 212) etc.

Vor allem aber ist für die Dreschmaschinen (Fig. 213), welche unabhängig von den übrigen Maschinen den ganzen Tag arbeiten müssen, ein besonderer Elektromotor erforderlich. Da der Dreschkasten transportabel ist und dieselbe Dreschmaschine auf den verschiedenen Tennen des Gutshofes, auf den Vorwerken und auf dem Felde benutzt werden muss, wird auch der Elektro-

Fig. 212. Milchseparator, Gleichstrom.

motor transportabel eingerichtet oder aber an dem Dreschkasten selbst befestigt. Die Leitungszuführung nach allen Stellen, an denen gedroschen werden soll, erfolgt durch blanke, an Telegraphenstangen befestigte Kupferdrähte, an welche der Elektromotor mittels eines entsprechend langen, biegsamen Kabels angeschlossen wird.

Fig. 213. Dreschmaschine auf dem Felde, Gleichstrom.

Fig. 214. Fahrbare Torfbrikett-Presse, Drehstrom.

28. Elektrisch betriebene Maschinen für Ziegeleien und Cementfabriken.

Für Ziegeleien und Cementfabriken hat sich die elektrische Kraftübertragung und Kraftverteilung bereits in vielen Fällen vorzüglich bewährt. Der Grund hierfür liegt darin, dass einerseits der Elektromotor Feuchtigkeit und Schmutz gut zu vertragen vermag und andererseits die Entfernungen oft recht erhebliche sind. Es ist daher insbesondere der Drehstrommotor hier an seinem Platze.

Für den elektrischen Antrieb kommen hauptsächlich in Frage Ziegelpressen, Ventilatoren für die Trockeneinrichtungen, Ziegelaufzüge, Schlammpumpen, Chamottemühlen etc.

Die höchsten Anforderungen werden dabei an die Elektromotoren der Ziegelpressen gestellt; doch hat sich gezeigt, dass dieselben dem schwankenden und oft weit über das Normale gehenden Kraftverbrauch dieser Maschinen durchaus gewachsen sind.

In ähnlicher Weise geschieht auch der Betrieb von Pressen für Torfmoor-Briketts. Da hier die Pressen immer an denjenigen Plätzen aufzustellen sind, wo jeweilig der Torf gewonnen wird, so ist es zweckmässig, dieselben fahrbar einzurichten (Fig. 214). Torfpresse und Motor sind dabei auf ein gemeinsames Wagengestell montiert. Die Stromzuführung erfolgt durch blanke, an Holzmasten befestigte Leitungen, die längs der abzutorfenden Strecke geführt sind. Von dieser Oberleitung wird der Strom den Motoren durch ca. 30 m lange, dreiadrige bewegliche Kabel zugeführt.

Fig. 215. Drehstromdynamo, betrieben durch Schwelgasmaschine.
A. Riebeck'sche Montanwerke, Oberröblingen am See.

29. Elektrisch betriebene Maschinen für Bergbau und Hüttenwesen.

Im Bergbau und Hüttenwesen hat der elektromotorische Antrieb von seinem ersten Entstehen ab

Fig. 216. Grubenventilator, Gleichstrom.

eine ausserordentliche Bedeutung erlangt. Ueber Tage und unter Tage hat er sich den bisherigen Antriebsweisen gegenüber als überlegen erwiesen. Die grössten

Entfernungen werden mit Leichtigkeit überwunden. Nässe, Feuchtigkeit und Schmutz beeinflussen die Sicherheit des Betriebes in keiner Weise, und unter Tage können sämtliche Dampfleitungen mit ihrer Wärmeausstrahlung, den Kondensationswasser-Verlusten und der grossen Raumbeanspruchung vermieden werden.

Fig. 217. Unterirdische Wasserhaltung mit Riedler-Express-Pumpen, Drehstrom.

Zur Erzeugung der erforderlichen Elektricität finden meist Dampfmaschinen, oder falls Wasserkräfte zur Verfügung stehen, Turbinen oder Peltonräder Verwendung. Bei Hüttenwerken werden im ersteren Falle vielfach die Hochofengase unter Kesseln verfeuert. In neuerer Zeit ist nun ein Fortschritt von ausserordentlicher Bedeutung gemacht worden, indem man diese Hochofengase direkt in Gasmaschinen, welche ihrerseits Dynamomaschinen betreiben (Fig. 45) ausnützt. Derartige Maschinen für 600 PS und mehr haben sich im Betriebe bereits durchaus zufriedenstellend bewährt. Auch ein Parallelarbeiten der angetriebenen Drehstrom-Dynamos ist unter Anwendung von Dämpfern (s. S. 156) in sicherer Weise erzielt worden. Der grosse Vorteil der neuen Gas-Maschinen liegt nun darin, dass dieselben eine beinahe doppelt so grosse Wärmeausnützung besitzen als die Dampfmaschinen. Man vermeidet also nicht nur die Kessel-Anlage vollständig, sondern gewinnt auch aus der gleichen Menge Hochofengase eine annähernd doppelt so grosse Leistung, wie bei einem zwischengefügten Dampfbetrieb. Viele Tausende von Pferdestärken, die bisher nutzlos verloren gingen, können auf diese Weise ausgenützt und unter Verwendung hochgespannten Drehstromes auf weite Gebiete verteilt werden. Dem elektromotorischen Antrieb im Berg- und Hüttenwesen sind somit die weitgehendsten, neuen Aussichten eröffnet.

Fig. 218. Abteufpumpe, Drehstrom.

Ganz ähnlich gestalten sich die Verhältnisse bei Braunkohlengruben durch Ausnützung von Schwelgasen in Gasmotoren (Fig. 215).

Für elektrischen Betrieb kommen dabei hauptsächlich in Betracht: Grubenventilatoren, unterirdische Wasserhaltungen, Streckenförderungen, Fördermaschinen und Grubenbahnen, ferner Aufbereitungsanlagen, sowie Separationen, Wäschereien und Kokereien mit ihren

Fig. 219. Luftkompressor für Gruben, Gleichstrom.

zahlreichen und verschiedenen einzelnen Maschinen.

Die Grubenventilatoren eignen sich besonders für elektrischen Antrieb. Unter Tage insbesondere gestatten sie infolge des gedrängten Zusammenbaues mit dem Motor und der leichten Zuführung der Betriebskraft das Unterbringen auch auf schwer zugänglichen Strecken und haben den Dampf-Ventilatoren gegenüber noch den Vorteil, dass kein Dampf wegzu-

Fig. 220. Fördermaschine, Gleichstrom.
Eisenerzgrube Hollertszug bei Herdorf am Sieg.

schaffen ist. Der Antrieb geschieht zweckmässig durch direkte Kupplung (Fig. 216) oder durch Riemen.

Für unterirdische Wasserhaltungen hat der elektrische Betrieb ganz besonderen Wert, da die Dampfleitung mit der schädlichen Erwärmung in den

Fig. 221. Fördermaschine, Drehstrom.
A. Riebeck'sche Montanwerke, Oberröblingen am See.

Schächten und Maschinenräumen wegfällt, das Wasser nicht durch die Kondensation des Abdampfes erwärmt wird und der ganze Raumbedarf ein erheblich geringerer wird. Der letztgenannte Vorteil tritt noch deutlicher hervor bei Verwendung der schnelllaufenden Riedler-

Express-Pumpen (Fig. 150 u. 217), die sich für direkte Kupplung mit Elektromotoren vorzüglich eignen. Durch Schaffung besonderer Motorengrössen ist aber auch die Möglichkeit gegeben, langsamer laufende Pumpen unter Anwendung direkter Kupplung elektrisch zu betreiben.

Besonders günstig gestaltet sich auch der elektrische Antrieb für Abteufpumpen (Fig. 218), die, transportabel eingerichtet, mit dem Motor zugleich im Schacht auf- und niedergelassen werden können, je nachdem die Abteufarbeiten vorwärts schreiten.

Luftkompressoren (Fig. 219), welche hauptsächlich für Gesteinsbohrmaschinen die erforderliche Druckluft zu liefern haben, erhalten ihren Antrieb bei kleineren Ausführungen meist unter Zwischenschaltung von Zahnradübersetzungen. Bei grösseren Anlagen erfolgt der elektrische Antrieb dagegen direkt.

Die Verwendung des Elektromotors für Haspel und Winden der verschiedensten Art und Grösse lässt sich ohne weiteres mittels Drehstromes oder Gleichstromes ausführen.

Bei grossen Fördermaschinen, für welche Räderübersetzungen ausgeschlossen sind, finden direkt gekuppelte, ganz langsam laufende Elektromotoren, die für diesen Zweck besonders hergestellt sind, Verwendung. Ein Anlass- und Regulier-Apparat, wie ihn die A. E. G. auf ganz neuer Grundlage herstellt, giebt dabei den Fördermaschinen die ausgedehnteste Manövrierfähigkeit bei grösster Betriebssicherheit. Kleinere Fördermaschinen, die auch für Seilfahrt dienen können, erhalten ihren elektrischen Antrieb unter Zwischenschaltung von Räderübersetzungen (Fig. 220 u. 221).

Grosse Verbreitung haben auch bereits elektrische Grubenbahnen (Fig. 222) und Streckenförderungen gefunden.

Fig. 222. Grubenbahn, Gleichstrom.

Fig. 223. Kupferwalzwerk, Drehstrom.
Kabelwerk Oberspree der A. E. G.

In gleich vielseitiger Weise wie im Bergbau hat der Elektromotor auch in Hüttenwerken und Hochofenanlagen sich Eingang verschafft. Gichtaufzüge und Gichtverschlüsse, ferner Trio-Walzenstrassen (Fig. 223),

Fig. 224. Richtpresse, Drehstrom.

Rollgänge, Grobscheeren und Feinscheeren, Richtpressen (Fig. 224) etc., sie alle haben sich für elektrischen Betrieb geeignet erwiesen und die grossen wirtschaftlichen Vorteile dieser Betriebsweise dargethan.

30. Elektrisch betriebene Maschinen für Schiffe.

An Bord von Schiffen kommt der elektrische Antrieb hauptsächlich in Frage für den Betrieb der Hilfsmaschinen.

Fig. 225. Schiffswinde, Drehstrom.

Diese auf dem ganzen Schiff verstreut liegenden Maschinen wurden früher sämtlich durch einzelne kleine, ungünstig wirkende Dampfmaschinen von 5 bis 40 PS angetrieben und erhielten ihren Dampf von der Centralkesselanlage im Kesselraum durch ein weitverzweigtes Rohrleitungsnetz, so dass also hier, wie oben (S. 98) gezeigt, für die Einführung des elektromotorischen Antriebes die geeignetsten Vorbedingungen vorhanden waren.

Zahlreich ist denn auch der elektrische Betrieb an

Bord eingeführt worden, wobei hauptsächlich folgende Hilfsmaschinen in Betracht kommen.

Für seemännische Zwecke: Steuerapparat, Hilfs-

Fig. 226. Transportable Bohrmaschine für Schiffsräume, Gleichstrom.

steuerapparat, Ankerlichtmaschine, Schiffskräne und Schiffswinden (Fig. 225).

Für maschinelle Zwecke: Circulationspumpen, Aschheissmaschinen, transportable Bohrmaschinen (Fig. 226), Kohlenwinden. Unterwindgebläse.

Fig. 227. Heizraumventilatoren, Gleichstrom. Schnelldampfer „Deutschland" der Hamburg-Amerika-Linie.

Fig. 228. Bergungsdampfer „Herakles".

Fig. 229. Pumpenanlage, Drehstrom. An Bord des Bergungsdampfers „Herakles".

Für hygienische Zwecke: Ventilatoren (Fig. 227), Eismaschinen, Meerwasser-Destillierapparat.

Für Sicherheitszwecke: Lenzpumpen, Feuerlöschpumpen, Verschlussvorrichtungen für die Durchgänge durch wasserdichte Schotte.

Für militärische Zwecke an Bord von Kriegsschiffen: Geschützschwenkvorrichtungen, Munitionswinden, Luftkompressoren der Torpedoarmierung.

Die Maschinen werden dabei entweder mittels Schneckenrad-Uebersetzung angetrieben, wie es bei Winden etc. der Fall ist, oder direkt gekuppelt, wie bei den Ventilatoren.

Bezüglich der Stromart verdient, falls an Bord Motorenbetrieb überwiegt, der Drehstrom den Vorzug. Dieser ist ausserdem ohne jeden Einfluss auf die Kompassnadel, während bei Gleichstrom eine Beeinflussung derselben niemals mit Sicherheit ausgeschlossen erscheint.

Sind bei Verwendung von Drehstrom auch Scheinwerfer an Bord zu betreiben, die vorläufig immer Gleichstrom erfordern, so ist in der Primärstation auch eine Gleichstrom-Dampfdynamo aufzustellen und als Reserve Drehstrom-Gleichstrom-Umformer*).

Die Verwendung des Elektromotors zum Betriebe von Schiffsschrauben, also zur Bewegung von Schiffen selbst, beschränkt sich zur Zeit in der Hauptsache auf kleine Vergnügungs- oder Fährboote (Fig. 230). Der Strom wird dabei durch eine unter den Sitzen aufgestellte Akkumulatoren-Batterie geliefert, deren Ladung von einer an Land befindlichen Dynamomaschinen-Station aus erfolgt.

---

*) C. Arldt: Gleichstrom oder Drehstrom an Bord (Marine-Rundschau 1896, S. 649), sowie: Die Elektricität an Bord von Handelsdampfern (Zeitschrift des Vereins Deutscher Ingenieure 1897, Heft 44 und 45).

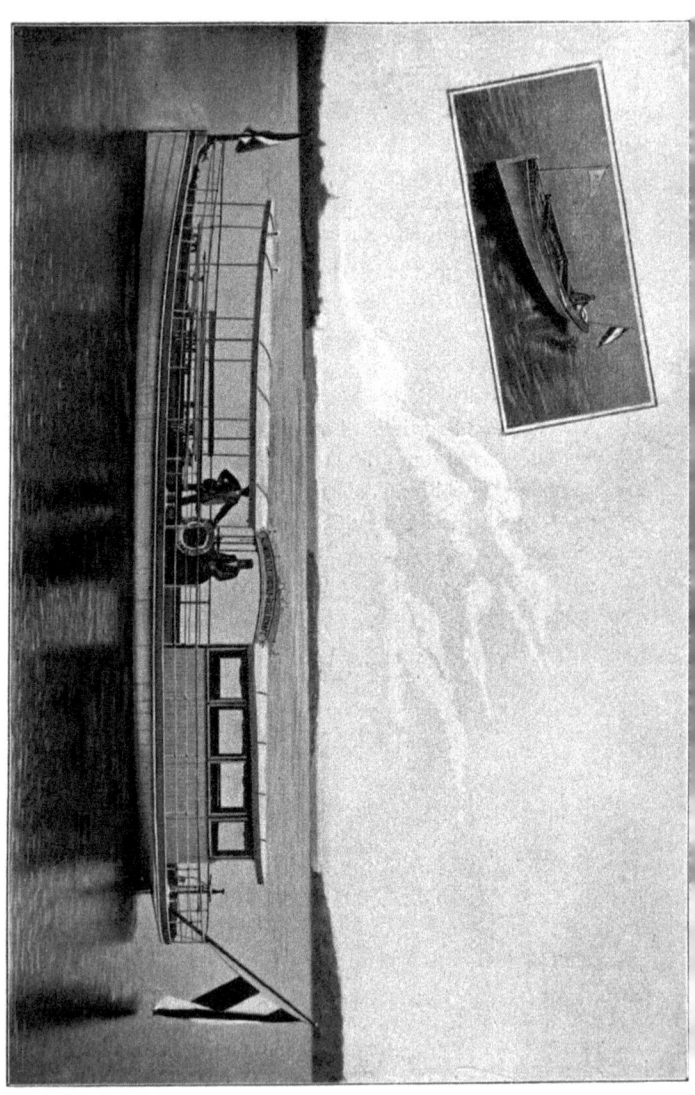

Fig. 230. Elektrische Akkumulatoren-Boote

Der Fahrschalter, sowie die Ausschalter für eine elektrisch bethätigte Signalglocke und für die Glühlampen der Positionslaternen und der übrigen Beleuchtung sind sämtlich in der Nähe des Steuerrades aufgestellt, so dass der Bootsführer von seinem Stande aus den ganzen Betrieb leiten kann.

Eine eigenartige Verwendung der Elektricität an Bord ist diejenige für **Bergungsdampfer**. Diese Schiffe besitzen eine umfangreiche Pumpenanlage zum

Fig. 231. Wagen zum Ziehen von Schiffsmodellen, Gleichstrom.

Auspumpen der zu bergenden, durch Taucher vorher gedichteten Wracks. Da diese Pumpen nicht nur von Bord des Dampfers aus arbeiten sollen (**Fig. 228**), sondern auch unter Umständen auf das Wrack selbst zu bringen sind, also transportabel sein müssen, erscheint elektrischer Antrieb (**Fig. 229**) ganz besonders zweckmässig.

Auch zum **Ziehen von Schiffsmodellen**, um deren Kraftbedarf zu ermitteln, dient der Elektromotor, wobei derselbe auf einem **Wagen** montiert ist (**Fig. 231**).

31. Elektrisch betriebene Rammen.

Der elektrische Antrieb wird auch bei Rammen mit nicht zu grossem Bärgewicht mit Vorteil angewendet.

Fig. 232. Elektrische Ramme für Hafenbauten.
Auf einem Kahn montiert.

Besonders geeignet sind diejenigen Rammen-Systeme, bei welchen durch den Elektromotor eine Kette ohne Ende angetrieben, der Bär in seiner tiefsten Stellung in diese Kette eingehakt, bis zu der erforderlichen

Fig. 233. Elektrische Ramme, Drehstrom.

Höhe gehoben und hier wieder ausgelöst wird, um nach dem Herabfallen das Spiel von neuem zu beginnen (Fig. 234). Da bei diesem System Motor und Windewerk fortdauernd in Bewegung sich befinden, so bleiben die Belastungsstösse innerhalb zulässiger Grenzen.

Fig. 234. Elektrische Ramme, Triebwerk mit Drehstrommotor.

Besonders ist der elektrische Antrieb für solche Rammen geeignet, die, wie es z. B. bei Wasserbauten oft erforderlich ist, fahrbar auf einer Schute untergebracht werden müssen (Fig. 232 u. 233).

32. Elektrisch betriebene Knetmaschinen für Konditoreien etc.

Die ausserordentliche Verbreitung des Elektromotors auch für die kleinsten Betriebe zeigt sich unter

Fig. 235. Knetmaschine für Konditoreien etc., Gleichstrom.

anderm in der Anwendung desselben für Knetmaschinen in Konditoreien. Unter Zwischenschaltung eines Zahnrad- oder Schneckengetriebes erfolgt hier der Antrieb. Den Anlasswiderstand bethätigt dabei ohne weiteres der Konditor selbst.

33. Elektrisch betriebene Eismaschinen.

Bei Eismaschinen (Fig. 236) betreibt der Elektromotor die Ammoniak- oder Kohlensäurepumpe. Infolge der Leichtigkeit der Stromzuführung mittels

Fig. 236. Eismaschine, Gleichstrom.

elektrischer Leitungen kann die Maschine an jeder beliebigen Stelle aufgestellt werden.

Sie eignet sich besonders wegen ihres einfachen Betriebes und reinlichen Arbeitens zur Konservierung von Fleisch und Lebensmitteln in Schlächtereien, Hotels, und auf Schiffen; ferner für Milchwirtschaften, zur Eisfabrikation in Konditoreien etc.

34. Elektrisch betriebene Bahnen und Lokomotiven.

Unter den elektrisch betriebenen Bahnen lassen sich drei Hauptgruppen unterscheiden. Diese sind:

Elektrisch betriebene Strassenbahnen,
Elektrisch betriebene Fabrikbahnen,
Elektrisch betriebene Vollbahnen.

Fig. 237. Feldbahn, Gleichstrom.

Die Strassenbahnen, deren hohe Bedeutung für den Verkehr in Städten bereits allgemein anerkannt ist, bilden ein für sich abgeschlossenes Ganzes und sind daher hier nicht weiter zu erörtern.

Fabrikbahnen, Grubenbahnen etc. finden meist Verwendung zum Transport von Gütern und Materialien. Die Verschiedenheit dieser letzteren bedingt auch eine grosse Verschiedenheit in der Art und Grösse der zu verwendenden Transportwagen, so dass demnach hier die Anwendung elektrischer Lokomotiven zur Fortbewegung von Zügen angebracht ist. Das Gebiet derselben ist denn auch bereits ein sehr ausgebreitetes, da fast alle grösseren Werke Elektricität für Licht- und Kraftzwecke schon besitzen und somit der erforderliche Strom für Bahnzwecke in wirtschaftlicher Weise abgegeben werden kann.

Fig. 238. Akkumulatoren-Lokomotive.

Bei Wahl der Spurweite ist zu berücksichtigen, ob es sich um das Anschlussgleis einer Hauptbahn oder um eine ganz unabhängige Bahnanlage handelt. Im ersteren Falle wird eine normalspurige Gleisanlage am Platze sein, um die Möglichkeit zu besitzen, Güterwagen der Hauptbahn direkt weiter zu führen und ein Umladen zu vermeiden. Handelt es sich dagegen um einen Schienenweg, welcher nicht den Anschluss an das Hauptbahnnetz bildet, so ist fast aus-

Fig. 239. Bahnmotor geschlossen, Gleichstrom.

Fig. 240. Bahnmotor offen, Gleichstrom.

schliesslich die Schmalspur anzuwenden. Denn da bei dieser die Gleisentfernung nur 1 m und abwärts bis 0,5 m beträgt, welch' letzteres Mass hauptsächlich für Feldbahnen (Fig. 237) und für Grubenbahnen (Fig. 222) in Betracht kommt, so fallen die Kosten für den

Fig. 241. Vollbahn-Lokomotive, Gleichstrom.

Bahnkörper und Gleisoberbau auch entsprechend niedriger aus.

Die Stromzuführung erfolgt am zweckmässigsten mittels oberirdischer Zuleitung. Ausnahmsweise, wenn diese nicht zulässig oder Strom aus der Centrale nicht zu allen Bedarfszeiten zur Verfügung steht, können auch Akkumulatoren-Lokomotiven (Fig. 238) Verwendung finden, die jedoch hohe Unterhaltungskosten bedingen.

Als Betriebsstrom dient für Fabrikbahnen etc. fast immer Gleichstrom. Der Lokomotiv-Elektromotor (Fig. 239 u. 240) überträgt seine Leistung auf die Triebräder meist mittels gefräster Stirnräder.

Fig. 242. Rangier-Lokomotive, Gleichstrom.

Für Vollbahnen und Hauptbahnen, bei denen der elektrische Betrieb sich auch bereits einzuführen beginnt, sind sowohl elektrische Lokomotiven für Personenzüge (Fig. 241), wie auch für den Rangierdienst auf Bahnhöfen (Fig. 242) mit gutem Erfolge in Betrieb. Insbesondere letzterer hat eine Ersparnis an Betriebskosten von ca. 40 Proc. gegenüber demjenigen der Dampflokomotive ergeben.

Die grossartigste Umwälzung auf dem Gebiete des Bahnwesens ist aber gegenwärtig im Entstehen begriffen mit der Herstellung elektrischer Schnellbahnen. Für eine besondere Studiengesellschaft, stellt die A. E. G., welche zu den Begründern und Mitgliedern

Fig. 243. Motorwagen für elektrische Schnellbahnen.
Drehstrom 12000 Volt.

dieser Gesellschaft zählt, einen Schnellbahnwagen her, wie ihn Fig. 243 in allerdings noch nicht ganz ausgebautem Zustande zeigt. Die Spannung des zugeführten Drehstroms beträgt 12000 Volt, und vier Drehstrommotoren mit einer gesamten Maximalleistung von 3000 PS können dem Wagen die bisher für unerreichbar gehaltene Geschwindigkeit von 200 km in der Stunde geben.

V.

Maschinen-Tabellen.

35. Tabellen über Leistungen, Gewichte, Preise u. Abmessungen von A. E. G.-Maschinen.

(Auswahl einiger der gebräuchlicheren, normalen Typen bis ca. 1500 KW.)

Tabelle 1a. Gleichstrommotoren „PM":

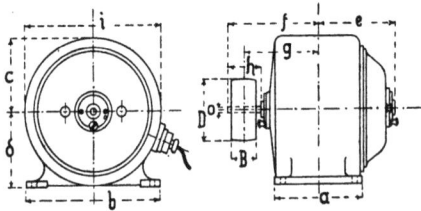

Fig. 244.

Masse in Millimetern (Fig. 244).

Modell	a	b	c	d	e	f	g	h	i	o	B	D	D_1
PM_2	124	210	105	106	135	132	117	35	209	9	30	60*	57*
PM_3	165	260	128	130	152	148	133	35	255	10	30	85	—

* Masse D und D_1 gelten für zweistufige Schnurscheibe. Die Masse d, o, B, D und D_1 werden genau eingehalten. Die Masse f und h können Unterschiede von 2 bis 3 mm aufweisen. Die Angaben für die übrigen Masse sind annähernde.

Tabelle 1b. Gleichstrommotoren „PM".

Modell	Spannung in Volt	Stromverbrauch in Amp ca.	Gesamtverbrauch in Watt ca.	Umdrehungen in der Minute	Leistung in PS	Maschine mit Anker u. normaler Riemenscheibe, ohne Fundamentschienen	
						Gewicht Netto ca. kg	Preis M.
PM₂ „	110 220	1,5 0,8	165 175	1700	1/8	20	130,— 150,—
PM₃ „	110 220	2,5 1,3	275 290	2100	1/4	27,5	175,— 200,—

Preise ohne Verbindlichkeit.

Tabelle 1c. Gleichstrommaschinen „EG".

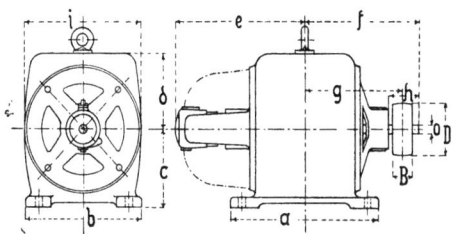

Fig. 245.

Masse in Millimetern. (Fig. 245.)

Modell	Polzahl	a	b	c	d	e	f	g	h	i	o	B	D
EG₅	2	310	240	135	130	235	223	188	60	240	16	40	100
EG₁₀	2	345	275	170	162	287	264	225	70	275	20	50	110
EG₂₀	4	310	280	180	173	260	250	210	85	345	30	70	120
EG₃₀	4	345	320	205	200	315	300	245	110	400	35	100	150
EG₅₀	4	370	320	210	205	370	340	295	120	410	40	140	170
EG₇₅	4	420	400	275	270	408	365	305	135	540	45	120	200
EG₁₀₀	4	440	400	280	275	438	393	330	140	550	50	150	245

Die Masse c, o, B, D werden genau eingehalten. Die Masse f und h können Unterschiede von 2 bis 3 mm aufweisen. Die Angaben für die übrigen Masse sind annähernde.

Tabelle 1d. Gleichstrommaschinen „EG".

Modell	Dynamo					Motor					Gewicht Netto	Preis
	Spannung in Volt	Stromstärke in Amp.	Gesamtleistung in Watt	Umdrehungen in der Min.	Kraftverbrauch in PS	Spannung in Volt	Verbrauch in Amp.	Gesamtverbrauch in Watt	Umdrehungen in der Min.	Leistung in PS		
		ca.	ca.	ca.	ca.		ca.	ca.	ca.	ca.	ca kg.	M.
EG 5	115/160	1,95–1,4 2,9–2,05 4,35–3,1 —	225 330 500 —	1050–1250 1400–1650 1950–2300 —	0,5 0,7 1,0 —	110	2,65 3,5 4,7 6,3	290 380 520 700	720 1100 1550 2300	0,25 0,35 0,5 0,7	} 50	230
	230/320	0,98–0,7 1,45–1,05 2,17–1,55 —	225 330 500 —	1050–1250 1450–1700 1950–2300 —	0,5 0,7 1,0 —	220	1,32 1,75 2,35 3,20	290 380 520 700	720 1150 1550 2300	0,25 0,35 0,5 0,7		
	—	— — —	— — —	— — —	— — —	440	0,8 1,2 1,6	350 520 700	1200 1600 2300	0.3 0,5 0,7		
EG 10	115/160	3,9–2,8 5,7–4,1 8,7–6,3 —	450 660 1000 —	950–1100 1300–1500 1800–2150 —	0,85 1,2 1,75 —	110	4,8 6,3 8,6 11,8	530 700 950 1300	650 1000 1450 1950	0,5 0,7 1,0 1,4	} 80	300
	230/320	1,95–1,4 2,85–2,05 4,35–3,1 —	450 660 1000 —	950–1100 1300–1500 1800–2150 —	0,85 1,2 1,75 —	220	2,4 3,2 4,3 5,9	530 700 950 1300	680 1000 1450 2100	0,5 0,7 1.0 1,4		
	—	— — —	— — —	— — —	— — —	440	1,3 2,16 3,0	570 950 1300	1000 1450 2100	0,55 1,0 1,4		
EG 20	115/160	8–5.75 11,5–8,2 16–11,5 —	925 1300 1850 —	850–980 1250–1450 1700–2000 —	1,7 2,35 3,25 —	110	9,5 12.7 17,5 22.7	1050 1400 1900 2500	620 930 1320 1800	1,0 1,4 2,0 2,7		400
	230/320	4–2,9 5,65–4,1 8–5,8 —	925 1300 1850 —	850–980 1250–1450 1700–2000 —	1,7 2,35 3,25 —	220	4,75 6,37 8,65 12,3	1050 1400 1900 2700	620 930 1320 1950	1,0 1,4 2,0 2,9	78	
	460	2,6 4 —	1200 1850 —	1450 1700 —	2,2 3.25 —	440	2,9 4,3 6,15	1280 1900 2700	1050 1320 1950	1,25 2,0 2,9		} 450
EG 30	115/160	12–8,6 17–12 24–17 —	1375 1950 2750 —	780–900 1200–1400 1550–1850 —	2,4 3,3 4,5 —	110	13 18,2 24,5 36,5	1420 2000 2700 4000	580 900 1250 1900	1,5 2,15 3,0 4,5		500
	230/320	6–4,3 8,5–6 12–8,5 —	1375 1950 2750 —	780–900 1200–1400 1550–1850 —	2,4 3,3 4,5 —	220	6,5 9,1 12,3 18,2	1420 2000 2700 4000	580 900 1250 1900	1.5 2.15 3,0 4,5	} 123	
	460	3,9 6 —	1800 2750 —	1200 1550 —	3,3 4,5 —	440	4,25 6,15 9,1	1870 2700 4000	900 1250 1900	2,0 3.0 4,5		} 525

		Dynamo				Motor					
Modell	Spannung in Volt ca.	Stromstärke in Amp. ca.	Gesamtleistung in Watt ca.	Umdrehungen in der Min. ca.	Kraftverbrauch in PS ca.	Spannung in Volt	Verbrauch in Amp. ca.	Gesamtverbrauch in Watt ca.	Umdrehungen in der Min. ca.	Leistung in PS ca.	Gewicht Netto ca. kg	Preis M.
EG 50	115/160	20–14,5 26–19 32—23 40—29	2300 3000 3650 4600	740– 870 980—1150 1130–1330 1400–1650	4 5,1 6,1 7,5	110	21,5 28 32,5 40 52,5	2370 3050 3600 4400 5800	550 750 900 1150 1550	2,5 3,3 4 5 6,7	170	630
	230/320	10–7,2 13–9,4 16–11,5 20–14,5	2300 3000 3650 4600	740– 870 980—1150 1130–1330 1400–1650	4 5,1 6,1 7,5	220	10,8 14 16,5 20 26,5	2370 3050 3600 4400 5800	550 750 900 1150 1550	2,5 3,3 4 5 6,7		
	460	8 10	3650 4600	1130 1450	6,1 7,5	440	8,2 10 11,8	3600 4400 5200	900 1200 1450	4 5 6		650
EG 75	115/160	29–21 36—26 49–35 58–42	3350 4200 5600 6700	680–800 840–970 1070–1250 1270–1500	5,8 7 9 10,5	110	32 38,5 50 58 73	3500 4250 5500 6400 8000	500 640 850 1050 1330	3,75 4,7 6,25 7,5 9,5	258	800
	230/320	14,5–10,5 18–13 24,5–17,5 29–21	3350 4200 5600 6700	680–800 840–970 1070–1250 1270–1500	5,8 7 9 10,5	220	16 19,3 25 29 36,5	3500 4250 5500 6400 8000	500 640 850 1050 1330	3,75 4,7 6,25 7,5 9,5		
EG 100	115/160	39–28 52–37,5 59–42,5 78–56	4500 6000 6800 9000	660–750 850–980 980–1150 1180–1400	7,6 9,8 10,8 14	110	42 53 60 77 100	4600 5850 6600 8500 11000	470 630 770 980 1350	5 6,6 7,5 10 13	317	900
	230/320	19,5–14 26–18,7 29,5–21 39–28	4500 6000 6800 9000	660–750 850–980 980–1150 1180–1400	7,6 9,8 10,8 14	220	21 26,5 30 38,5 50	4600 5850 6600 8500 11000	470 630 770 980 1350	5 6,6 7,5 10 13		

Dynamo 125/250/500 Volt ca. 5% mehr Umdrehungen bei gleicher Leistung.
Motor 125/250/500 Volt ca. 8% mehr Umdrehungen bei gleicher Leistung.
Preise ohne Verbindlichkeit.

Tabelle 2a. Gleichstrommaschinen „PG".

Modell	Dynamo					Motor					Maschine mit Anker und normaler Riemenscheibe, ohne Fundamentschienen	
	Spannung in Volt	Stromstärke in Amp. ca.	Gesamtleistung in Watt ca.	Umdrehungen in der Min. ca.	Kraftverbrauch PS ca.	Spannung in Volt	Verbrauch in Amp. ca.	Gesamtverbrauch in Watt ca.	Umdrehungen in der Min. ca.	Leistung PS ca.	Gewicht Netto ca. kg.	Preis M.
PG 25	110 220 220 110	26 13 26 36,5	} 2860 5720 4015	200 400 275	5 9,5 7	110 220 220 110	26 13 26 36,5	} 2860 5720 4015	160 350 220	3 6,5 4,25	} 565	1325,—
PG 50	110 220 220 440	52 26 52 26	} 5720 }11440	175 330 320	9,5 18,5	110 220 220 440	52 26 52 26	} 5720 }11440	138 290 280	6 13	} 980	} 1875,— 1975,—

Preise ohne Verbindlichkeit.

Tabelle 2b. Gleichstrommaschinen „PG".

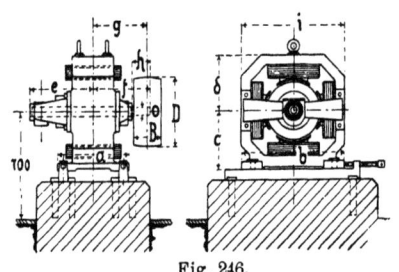

Fig. 246.

Masse in Millimetern (Fig. 246).

Modell	a	b	c	d	e	f	g	h	i	o	B	D
PG 25	480	550	315	300	363	336	300	111	600	52	120	400
PG 50	550	730	380	365	440	410	410	125	730	55	250	460

Die Masse c, o, B, D werden genau eingehalten. Die Masse f und h können Unterschiede von 2 bis 3 mm aufweisen. Die Angaben für die übrigen Masse sind annähernde.

Tabelle 3a. Gleichstrommaschinen „SG".

Modell	Dynamo					Motor					Maschine mit Anker und normaler Riemenscheibe, ohne Fundamentschienen	
	Spannung in Volt	Stromstärke in Amp. ca.	Gesamtleistung in Watt ca.	Umdrehungen in der Min. ca.	Kraftverbrauch PS ca.	Spannung in Volt	Verbrauch in Amp. ca.	Gesamtverbrauch in Watt ca.	Umdrehungen in der Min. ca.	Leistung PS ca.	Gewicht Netto ca. kg	Preis M.
SG₁₅₀ 4 polig mit 2 Lagern	120	167	20000	900	31	110	173	19000	780	22	1000	1875,—
	160	125		1060		—	—	—	—	—		
	240	**84**		**910**		220	86,5	19000	**800**	**22**		1900,—
	320	63		1070		—	—	—	—	—		
	500	**32**	16000	**1050**	25,5	500	32	16000	**960**	**19**		1975,—
	120	84	10080	500	17	110	87,5	9570	390	11		1900,—
	160	63		560		—	—	—	—	—		
	240	32	7700	530	13	220	35	7700	420	8,5		1975,—
SG₂₀₀ 4 polig mit 2 Lagern	120	225	27000	840	42	110	230	25300	740	30	1390	2375,—
	160	165		940		—	—	—	—	—		
	240	**112**		**830**		220	115	25300	**730**	**30**		2450,—
	320	84		950		—	—	—	—	—		
	500	**50**	25000	**980**	40	500	50	25000	**890**	**29**		2650,—
	120	112	13440	440	21,5	110	117	12900	380	15		2450,—
	160	92		480		—	—	—	—	—		
	240	50	12000	500	20	220	52	11440	400	13		2650,—
SG₃₀₀ 4 polig mit 2 Lagern	120	300	36000	740	55	110	310	34100	640	41	1760	2820,—
	160	225		840		—	—	—	—	—		
	240	**150**		**690**		220	155	34100	**610**	**41**		3000,—
	320	110		780		—	—	—	—	—		
	500	**72**		**820**		500	72	36000	**760**	**42,5**		3100,—
	120	150	18000	390	29	110	155	17000	320	20		2820,—
	160	120		430		—	—	—	—	—		
	240	75	18000	390	29	220	78	17000	320	20		2970,—
SG₄₀₀ 4 polig mit 2 Lagern	120	400	48000	660	73,5	110	406	44660	580	54	2500	3550,—
	160	300		730		—	—	—	—	—		
	240	**200**		**660**		220	203	44660	**585**	**54**		
	320	150		730		—	—	—	—	—		
	500	**96**		**760**		500	96	48000	**690**	**57,5**		3850,—
	550	87		800								
	120	200	24000	355	37,5	110	205	22550	300	26		3650,—
	160	160		380		—	—	—	—	—		
	240	100	24000	380	38	220	103	22600	300	26		3900,—
SG₅₀₀ 6 polig mit 2 Lagern	120	500	60000	630	91	110	506	55600	545	66	2560	4100,—
	160	375		700		—	—	—	—	—		
	240	**250**		**620**		220	253	55600	**560**	**66**		4350,—
	320	185		700		—	—	—	—	—		
	500	**120**		**660**		500	120	60000	**610**	**72**		4400,—
	550	109		675								
	850	**60**	51000	**700**	82	800	60	48000	**625**	**57**		4350,—
	120	250	30000	310	47	110	255	28000	280	32,5		4350,—
	160	200		340		—	—	—	—	—		
	240	125	30000	320	47	220	128	28200	250	32,5		

	Dynamo					Motor					
Modell	Spannung in Volt ca.	Stromstärke in Amp. ca.	Gesamtleistung in Watt ca.	Umdrehungen in der Min. ca.	Kraftverbrauch PS ca.	Spannung in Volt ca.	Verbrauch in Amp. ca.	Gesamtverbrauch in Watt ca.	Umdrehungen in der Min. ca.	Leistung PS ca.	Maschine mit Anker und normaler Riemenscheibe, ohne Fundamentschienen Gewicht Netto ca. kg / Preis M.
SG₆₀₀ 6 polig mit 2 Lagern	120	600	} 72000	540	} 108	110	610	67100	460	81	} 4900,—
	160	450		600		—	—	—	—	—	
	240	300		540		220	305	67100	465	81	} 4950,—
	320	220		600		—	—	—	—	—	
	500	144		540		500	144	72000	490	87	} 3200 } 4900,—
	550	130		560		—	—	—	—	—	
	850	85		600		800	85	68000	540	82	} 5300,—
	120	300	} 36000	285	} 55	110	310	34100	225	40	
	160	240		310		—	—	—	—	—	} 5100,—
	240	200	48000	360	75	220	205	45100	320	53,5	
SG₇₀₀ 6 polig mit 3 Lagern	120	700	} 84000	470	} 126	110	710	78000	415	95	
	150	560		525		—	—	—	—	—	
	240	350		470		220	355	78000	415	95	} 6650,—
	300	280		525		—	—	—	—	—	
	500	168		475		500	170	85000	445	104	} 4300
	550	152		490		—	—	—	—	—	
	850	98		520		800	100	80000			} 6500,—
	120	350	} 42000	235	} 65	110	360	40000	195	48	
	150	280		270		—	—	—	—	—	} 6650,—
	240	170	} 41000	235	} 64	220	175	38500	205	45	
	300	136		270							
SG₈₀₀ 8 polig mit 3 Lagern	120	835	} 100000	355	} 150	110	850	93500	310	115	
	150	660		385		—	—	—	—	—	} 7200,—
	240	415		355		220	425	93500	315	115	
	300	330		390		——	—	—	—	—	
	550	180		370		500	200	100000	335	122	} 5100 } 7300,—
	850	117		400		800	117	93600	360	115	
	120	415	50000	180	76	110	425	46750	160	56	} 7200,—
	120	540	64800	250	100	110	550	60500	220	73	
						110	1030	113000	370	140	7600,—
	240	210	50000	180	76	220	213,5	47000	150	56	} 7200,—
	240	270	64800	250	100	220	275	60500	220	73	
SG₁₀₀₀ 10 polig mit 3 Lagern	120	1000	} 120000	285	} 180	110	1030	113300	265	140	} 11500,—
	150	800		330		—	—	—	—	—	
	240	500		300		220	515	113300	265	140	} 11300,—
	300	400		340		—	—	—	—	—	
	550	220		290		500	227	113300	270	140	} 11400,—
	850	140		320		800	140	112000	290	135	} 7600 } 11475,—
	120	500	60000	150	91	110	520	57200	130	70	11300,—
	120	700	84000	200	127	110	715	78650	175	97	11600,—
	240	350	} 85000	160	} 127	220	350	77000	145	95	
	300	280		175		—	—	—	—	—	
	500	270	} 135000	320	} 200	500	275	137000	300	170	} 11400,—
	550	245		340							

Die Spannungen von 160 oder 150 bezw. 300 Volt gelten bei Ladung von Akkumulatoren für die Dynamomaschinen von 120 bezw. 240 Volt Normalspannung. Bei jeder Bestellung von Maschinen und Ankern ist Angabe des Modells, der Spannung, Stromstärke und Umdrehungszahl erforderlich. — Preise ohne Verbindlichkeit.

Tabelle 3b. Gleichstrommaschinen „SG".

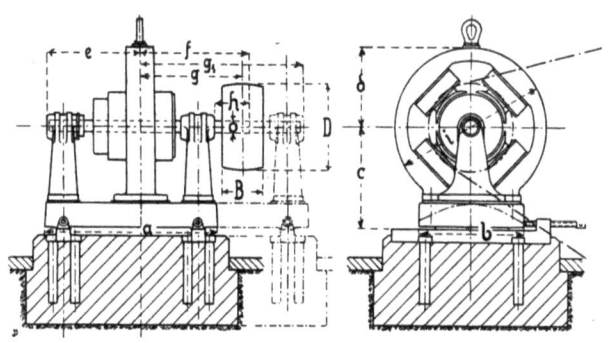

Fig. 247.

Masse in Millimetern (Fig. 247).

Modell	Pol-zahl	a	a_1	b	c	d	e	f	g	g_1	h	i	o	B	D
SG 150	4	1050	—	620	570	425	530	660	580	—	190	850	55	200	420
SG 200	4	1210	—	650	620	470	665	770	680	—	225	940	60	250	460
SG 300	4	1260	—	720	670	516	705	820	715	—	265	1032	70	300	540
SG 400	4	1325	—	820	740	587	720	865	775	—	260	1175	80	320	560
SG 500	6	1315	2100	860	780	615	716	884	790	1380	285	1230	90	360	600
SG 600	6	1400	2300	900	820	650	760	1025	925	1540	305	1300	100	550	720
SG 700	6	1280	2180	1000	880	705	760	755	830	1440	215	1410	110	550	840
SG 800	8	1570	2370	1020	930	750	790	1060	955	1600	390	1500	110	550	1100
SG 1000	10	1620	2580	1180	1100	905	920	985	1020	1700	245	1810	120	550	1400

Für Ausführung mit 2 Lagern gilt: a, b, c, d, e, f, g, h, i, o. Die Maschinen SG$_{150}$ bis SG$_{600}$ werden normal mit 2 Lagern und Riemenscheibenmassen B, D ausgeführt. SG$_{700}$ bis SG$_{1000}$ werden mit 2 Lagern nur für direkte Kupplung ausgeführt.
Für Ausführung mit 3 Lagern gilt: a_1, b, c, d, e, g_1, i, o, B, D.
Die Masse c, o, B. D werden genau eingehalten. Die Masse f und h können Unterschiede von 2 bis 3 mm aufweisen. Die Angaben für die übrigen Masse sind annähernde.

Tabelle 3c. Gleichstrommotoren „SG" mit veränderlicher Umdrehungszahl (s. S. 169).

Modell	Volt	Amp ca.	Watt-verbrauch ca.	Umdrehung pro Minute ca.	Leistung PS	Umdrehungs-steigerung	Modell	Volt	Amp. ca.	Watt-verbrauch ca.	Umdrehung pro Minute ca.	Leistung PS ca.	Umdrehungs-steigerung
SG 150	110	30	3300	150—525	3		SG 200	110	45	4950	135—425	4,5	
	110	70	7700	300—1050	7,5	1:3,5		110	90	9900	270—950	10	1:3,5
	220	35	7700	300—1050	7,5			220	45	9900	270—950	10	
SG 300	110	60	6600	105—420	6,5		SG 400	110	77	8450	95—380	8,5	
	110	120	13200	210—840	13,5	1:4		110	154	16900	190—760	18	1:4
	220	60	13200	210—840	13,5			220	77	16900	190—760	18	
SG 500	110	99	10900	85—340	11		SG 600	110	118	13000	75—300	13,5	
	110	198	21800	175—700	23	1:4		110	235	26000	150—600	28	1:4
	220	99	21800	175—700	23			220	118	26000	150—600	28	
SG 700	110	133	14600	65—260	15		SG 800	110	163	18000	50—200	19	
	110	266	29300	125—500	32	1:4		110	325	35800	95—380	40	1:4
	220	133	29300	125—500	32			220	163	35800	95—380	40	

Tabelle 3d. Grosse Gleichstromdynamos
für direkte Kupplung, ev. Seilbetrieb.

Modell	Kilowatt ca.	Volt ca.	Ampere ca.	Umdrehungen in der Min. ca.	Kraftverbrauch in PS ca.	Modell	Kilowatt ca.	Volt ca.	Ampere ca.	Umdrehungen in der Min. ca.	Kraftverbrauch in PS ca.
F_{500}	66	115	575	175	100	EF_{2200}	312	230	1360	120	470
	66	230	287	200	100		312	550	565	120	470
SG_{1000}	110	230	480	180	165	SG_{5000}	350	230	1525	140	525
F_{800}	120	230	525	150	180		350	550	636	140	525
	100	230	435	125	150		400	500	800	160	600
	120	250	480	150	180		500	150	3335	200	745
	120	300	400	150	180	F_{2700}	340	230	1480	125	510
	120	600	200	155	180		340	550	620	125	510
EF_{1100}	150	230	653	140	225		400	230	1740	150	590
	200	230	870	185	300		325	800	406	120	485
	200	550	365	185	300	F_{3400}	425	230	1850	105	630
	175	230	760	160	262		425	550	775	105	630
F_{1500}	170	230	740	150	255		350	240	1460	87	520
	200	230	870	175	300						
	200	550	365	175	300	NF_{5000}	500	230	2175	105	750
	145	120	1200	130	216	F_{3600}	500	130	3850	100	750
	170	500	340	150	255		500	230	2175	100	750
UF_{4000}	200	550	365	220	300		500	550	910	100	750
	300	500	640	330	446	BF_{6000}	645	230	2800	100	960
F_{2000}	250	230	1090	145	375		675	250	2700	105	1000
	250	550	455	150	375		675	500	1350	105	1000
	225	250	900	135	336		607	135	4500	100	900
	200	250	800	125	300	F_{7200}	620	155	4000	68	920
	220	550	400	135	330		750	230	3265	85	1115
SG_{4000}	300	230	1310	160	450		800	140	5700	90	1180
	300	550	546	160	450	F_{8500}	850	550	1545	85	1260
	320	250	1280	180	480						
	300	250	1200	165	450	F_{10000}	1100	230	4800	85	1635
	400	250	1600	215	600		1100	280	3940	85	1635
	400	330	1200	215	600						

Die angegebenen Leistungen gelten für Dauerbetrieb.
Maschinen für andere Leistungen und Umdrehungen auf Anfrage.
Preise auf Anfrage.

Tabelle 4a. Drehstromdynamos „DM".

Modell	Spannung zwischen je 2 Hauptleitungen in Volt	Stromstärke in jeder Leitung in Ampere ca.	Leistung in Kilowatt bei $\cos\varphi = 1$ ca.	Kraftbedarf mit Erregung in PS $\times \cos\varphi$ ca.	Umdrehungen in der Minute bei 100 Wechseln in der Sekunde	Maximale Gleichstrom-Erregung in Amp. bei 110 Volt ca.	Maschine mit Anker ohne Riemscheibe und Fundamentschienen			
							mit zwei Lagern		mit drei Lagern	
							Netto-Gewicht ca. kg	Preis ℳ	Netto-Gewicht ca. kg	Preis ℳ
DM_{300}	120 / 200	175 / 105	36	55	750	10	1250	2750,-	—	—
DM_{600}	120 / 200	350 / 230	72 / 80	108 / 120	430	18	2800	5250,-	—	—
DM_{1000}	120 / 200	580 / 350	120	178	430	24	—	—	4450	7000,

Die vorstehenden Angaben gelten für Maschinen mit 100 Polwechseln pro Sekunde; wegen Maschinen mit anderen Wechselzahlen ist Anfrage erforderlich. — Preise ohne Verbindlichkeit.

Tabelle 4b. Drehstromdynamos „DM".

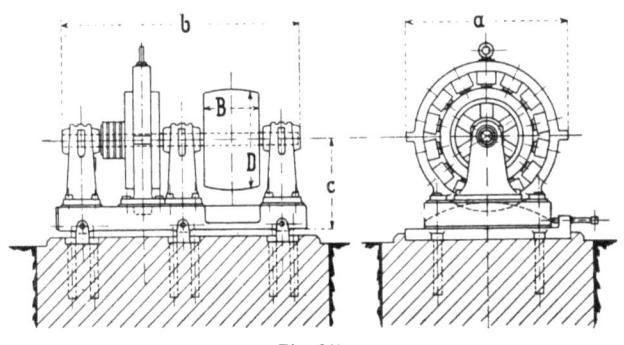

Fig. 248.

Masse in Millimetern. (Fig. 248.)

Modell	a	b	c	B	D
DM_{300} *	950	1350 *	550	300	640
DM_{600} *	1390	1795 *	780	550	900
DM_{1000}	1540	2280	823	550	1000

* DM 300 und DM 600 erhalten normal nur zwei Lager (hierauf bezieht sich auch Mass b).

Tabelle 4c. Drehstromdynamos „HDM" und „NDM"
für Riemen- oder Seilantrieb.

Modell	Leistung in Kilowatt KW × cos φ ca.	Kraftbedarf mit Erregung in PS bei cos $\varphi=1$ ca.	Umdrehungen pro Minute bei 10) Wechseln pro Sekunde	Maximale Gleichstrom-Erregung bei Motoren-Belastung in Kilowatt	Gewicht der Maschine		
					mit 2 Lagerschildern oder mit 2 Lagern auf gemeinsamer Grundplatte ca. kg	mit verlängerter Welle und 3 Lagern auf separater Sohlplatte ca. kg	mit 3 Lagern auf gemeinsamer Grundplatte ca. kg
HDM 750/30	30	46	750	1,75	1250	—	—
„ 750/40	40	61		1,8	1500	—	—
„ 750/50	50	76		1,9	1700	—	—
„ 750/75	75	114		2,2	2220	—	—
HDM 600/50	50	76	600	2,3	2100	—	—
„ 600/86	85	128		2,6	2500	2920	3670
„ 600/116	115	170		2,75	2900	3340	4140
„ 600/146	145	214		2,9	3300	3750	4600
HDM 500/100	100	148	500	2,3	3170	3700	5350
„ 500/126	125	185		3	3630	4250	5900
„ 500/150	150	222		3,4	5600	6270	6600
„ 500/175	175	258		3,7	6200	6880	7350
„ 500/200	200	295		4,05	6780	7530	8000
„ 500/250	250	366		4,7	7870	8800	9350
„ 500/300	300	440		5,8	8650	9750	10350
NDM 375/100	100	148	375	3	5900	6780	7370
„ 375/125	125	185		3,3	6450	7320	7940
„ 375/150	150	222		3,5	7000	7860	8500
„ 375/175	175	258		4	7550	8400	9080
„ 375/200	200	295		4,25	8070	8940	9650
„ 375/250	250	366		4,8	9150	10000	10760
„ 375/325	325	480		5,6	10770	11640	12440
„ 375/450	450	665		7,1	13470	14340	15200

Preise auf Anfrage.

Tabelle 4d. Drehstromdynamos „KSD", „NSD" und „GSD".
Für direkte Kupplung, ev. Seilbetrieb.
300 Umdrehungen in der Minute.

Modell	Leistung in Kilovolt-Amp. KW × cos φ	Ungefährer Kraftbedarf PS × cos φ	Maximale Erregung bei Motoren-Belastung ca. KW		Wirkungsgrad bei induktionsfreier Belastung ausschl. Luft- u. Lagerreibung			Wirkungsgrad bei cos φ = 0,8 ausschl. Luft- u. Lagerreibung			Schwungmasse normal GD^2 m² t.	Gewichte in Tonnen	
				Amp. bei 110 V.	$1/1$ Bel.	$1/2$ Bel.	$1/4$ Bel.	$1/1$ Bel.	$1/2$ Bel.	$1/4$ Bel.		Induktor	Gehäuse
KSD 300/110	65	95	2,6	24	93	91	85	90	86	80	1,0	0,9	2,7
KSD 300/120	72	106	2,7	25	93	91	86	90	87	80	1,0	1,0	2,7
KSD 300/135	80	116	2,8	26	93	91	86	91	87	81	1,0	1,0	2,9
KSD 300/165	100	145	3,1	28	94	92	87	91	88	82	1,2	1,2	3,0
KSD 300/200	120	173	3,4	30	94	92	87	92	88	83	1,4	1,3	3,1
KSD 300/240	145	210	3,7	34	94	92	87	92	89	83	1,6	1,5	3,3
NSD 300/135	135	195	3,5	32	94	93	88	92	90	84	3,5	2,1	4,3
NSD 300/165	165	236	3,8	34	95	93	89	93	90	85	3,9	2,2	4,5
NSD 300/200	200	286	4,1	37	95	94	89	93	91	85	4,4	2,4	4,7
NSD 300/240	240	343	4,4	40	95	94	90	94	91	86	4,9	2,7	5,0
NSD 300/300	300	424	4,9	44	96	94	91	94	92	87	5,7	3,1	5,4
GSD 300/200	400	566	6,6	60	96	94	91	94	92	87	11,3	4,4	6,1
GSD 300/240	480	680	7,0	64	96	95	92	95	92	88	12,7	4,9	6,7
GSD 300/300	600	840	7,6	69	97	95	92	95	93	89	15,1	5,7	8,0

215 Umdrehungen in der Minute.

Modell	KW × cos φ	PS × cos φ	KW	Amp. bei 110 V.	$1/1$ Bel.	$1/2$ Bel.	$1/4$ Bel.	$1/1$ Bel.	$1/2$ Bel.	$1/4$ Bel.	GD^2 m² t.	Induktor	Gehäuse
KSD 215/110	90	131	3,6	33	93	91	86	90	87	81	3,0	1,6	3,2
KSD 215/120	100	146	3,8	34	93	91	86	91	87	81	3,1	1,8	3,3
KSD 215/135	115	168	4,0	36	93	91	86	91	88	82	3,4	1,9	3,4
KSD 215/165	140	202	4,3	39	94	92	87	91	88	82	3,7	2,1	3,5
KSD 215/200	170	245	4,7	43	94	92	87	92	89	83	4,1	2,3	3,8
KSD 215/240	200	290	5,2	47	94	92	87	92	89	83	4,6	2,5	4,0
NSD 215/135	190	274	4,9	45	94	93	88	92	90	85	10,1	3,4	4,0
NSD 215/165	230	330	5,3	48	95	93	89	93	90	86	11,2	3,6	4,4
NSD 215/200	280	400	5,8	52	95	94	89	93	91	86	12,7	4,0	5,0
NSD 215/240	340	486	6,2	56	95	94	90	94	91	86	14,3	4,4	5,6
NSD 215/300	420	594	6,8	61	96	94	91	94	92	87	16,5	5,0	6,4
GSD 215/200	560	792	9,2	84	96	94	91	94	92	89	32,3	7,0	7,8
GSD 215/240	670	947	9,8	89	96	95	92	95	93	89	36,6	7,7	8,8
GSD 215/300	840	1180	10,6	97	97	95	92	95	93	89	43,0	8,9	10,3

150 Umdrehungen in der Minute.

Modell	Leistung in Kilovolt-Amp. KW $\times \cos\varphi$	Ungefährer Kraftbedarf PS $\times \cos\varphi$	Maximale Erregung bei Motoren-Belastung ca. KW		Wirkungsgrad bei induktionsfreier Belastung ausschl. Luft- u. Lagerreibung			Wirkungsgrad bei $\cos\varphi = 0{,}8$ ausschl. Luft- u. Lagerreibung			Schwung-masse normal GD^2 m^2 t.	Gewichte in Tonnen	
				Amp. bei 110 V.	$^1/_1$ Bel.	$^1/_2$ Bel.	$^1/_4$ Bel.	$^1/_1$ Bel.	$^1/_2$ Bel.	$^1/_4$ Bel.		Induktor	Gehäuse
KSD 150/110	130	190	5,2	47	93	91	86	91	87	81	8,4	2.5	3,9
KSD 150/120	145	212	5,4	49	93	91	86	91	88	82	8,8	2,6	4.1
KSD 150/135	160	234	5,7	51	93	92	87	92	88	82	9,4	2,7	4,3
KSD 150/165	200	290	6,2	56	94	92	87	92	89	83	10.5	3,0	4,6
KSD 150/200	240	348	6,8	61	94	92	87	92	89	84	11 8	3,3	4 8
NSD 150/135	270	390	7,0	64	94	93	89	93	90	86	31,3	5,2	6,0
NSD 150/165	330	473	7,5	68	95	94	89	93	91	86	34,8	5.6	6,6
NSD 150/200	400	570	8,2	75	95	94	89	93	91	86	38,5	6,2	6,9
NSD 150/240	480	687	8,8	80	95	94	90	94	91	87	43,0	6,8	7,7
GSD 150/200	800	1130	13,2	120	96	95	92	95	93	89	121,7	12,4	10,6
GSD 150/240	960	1360	14,0	128	96	95	92	95	93	89	136,8	13,4	11,9
GSD 150/300	1200	1680	15,2	138	97	95	92	95	93	89	159.5	15,9	13,3

107 Umdrehungen in der Minute.

KSD 107/110	180	263	7,2	66	93	91	86	91	87	82	24,4	3,5	4,9
KSD 107/120	200	292	7,5	68	93	91	86	91	88	82	25.2	3,6	5.0
KSD 107/135	225	328	7,9	71	93	92	87	92	88	82	27.2	3,8	5,3
KSD 107/165	270	390	8,6	78	94	92	87	92	89	83	29,6	4,1	5,7
KSD 107/200	340	492	9,5	86	94	92	87	93	89	84	34,0	4,7	5,9
NSD 107/135	380	550	9.8	89	94	93	89	93	91	86	92,3	7,6	7,1
NSD 107/165	460	660	10,5	95	95	94	89	93	91	86	99.0	8,2	7.8
NSD 107/200	560	803	11,5	105	95	94	90	94	92	86	112.0	9,3	8,2
GSD 107/200	1100	1560	18,4	168	96	94	92	95	93	89	393,0	20,4	13,8
GSD 107/240	1350	1920	19,7	179	96	95	92	95	93	89	445,0	22.7	15.6

83 Umdrehungen in der Minute.

KSD 83/110	240	350	9,3	85	93	91	86	91	88	82	55,2	4,8	6.1
KSD 83/120	260	380	9,7	88	93	92	87	91	88	82	57.5	4,9	6,3
KSD 83/135	290	424	10,2	92	93	92	87	92	88	83	60,5	5,3	6,6
KSD 83/165	350	505	11,1	101	94	92	88	92	89	83	67,0	5,7	7,1
KSD 83/200	430	623	12.2	111	94	93	88	93	89	84	76.0	6,3	7,6
NSD 83/135	480	685	12,6	115	95	93	89	93	91	86	204,6	10,2	9,3
NSD 83/165	580	828	13.5	122	95	94	90	93	91	86	225,0	11,0	10.2
NSD 83/200	720	1015	14.8	134	95	94	90	94	92	87	255,0	12,5	11,0
GSD 83/200	1450	2060	23,7	215	96	95	92	95	93	89	897,5	28,0	17.3
GSD 83/240	1700	2380	25,3	230	97	95	92	96	93	89	988,0	30,6	19,7

Maschinen für andere Leistungen und Umdrehungen auf Anfrage.
Preise auf Anfrage.

Tabelle 5a. Drehstrommotoren „KD" und „LKD".

Modell	Leistung in PS. des offenen Motors	Spannung zwischen 2 Leitungen „Volt"	Stromstärke in jeder Leitung „Amp."	Gesamtverbrauch in „Volt-Ampere"	Gesamt-Wattverbrauch	cos. φ	Undrehungen i. d. Min. bei 100 Wechseln i. d. Sek	Motor mit Kurzschluss-anker ohne Riemscheibe		Motor mit Stufen-anker ohne Riemscheibe		Motor mit Regulier-Schleifring-anker ohne Riemscheibe		Motor mit Anlass-Regulier-anker ohne Riemscheibe	
								Gewicht	Preis	Gewicht	Preis	Gewicht	Preis	Gewicht	Preis
	PS ca.	Volt ca.	Amp. ca.	Volt-Amp. ca.	Watt ca.	ca	n ca	ca. kg	M.	ca kg	M.	ca. kg	M.	ca. kg	M.
KD$_3$	1/4	115 190 215	1,75 1,05 0,95	340 340 345	255 255 260	0,75	1440	33	150,—	—	—	—	—	—	—
KD$_5$	1/2	115 190 215	2,9 1,8 1,6	570 575 575	485 490 490	0,85	1440	43	175,—	—	—	—	—	—	—
KD$_{10}$	1	115 190 215	5,3 3,2 2,8	1035 1045 1055	930 940 950	0,89	1440	66	200,—	—	—	—	—	—	—
KD$_{20}$	2 1,7	115 190 215 500	9,8 5,9 5,3 2,1	1940 1950 1970 1820	1750 1760 1770 1570	0,9 0.86	1440	90	275,—	120	410,—	110	410,—	—	—
KD$_{30}$	3 2,7	115 190 215 500	14,7 8,9 7,9 3,4	2930 2930 2940 2949	2630 2640 2650 2560	0,9 0.87	1440	125	325,—	150	460,—	135	460,—	—	—
KD$_{50}$	5	115 190 215 500	24,5 14,8 13,0 5,7	4880 4880 4880 4900	4390 4390 4390 4400	0,9	1440	155	400,—	175	575,—	170	575,—	—	—
LKD$_{50}$	5	115 190 215 500	24,7 15,0 13,2 5,7	4930 4930 4940 4950	4440 4440 4440 4450	0,9	960	194	575,—	230	775,—	215	775,—	—	—
KD$_{75}$	7 1/2	115 190 215 500	36,0 21,9 19,3 8,3	7180 7180 7180 7210	6470 6470 6470 6490	0,9	1440	245	625,—	—	—	—	—	265	825,—
LKD$_{75}$	7 1/2	115 190 215 500	36,6 21,1 19,5 8,4	7260 7260 7260 7300	6540 6540 6540 6570	0,9	960	325	800,—	—	—	—	—	355	1000,—
KD$_{100}$	10	115 190 215 500	47,5 28,7 25,4 10,9	9450 9450 9450 9500	8510 8510 8510 8550	0,9	960	370	900,—	—	—	—	—	400	1125,—

Preise ohne Verbindlichkeit.

Tabelle 5b. Drehstrommotoren „KD" und „LKD" mit Kurzschlussanker.

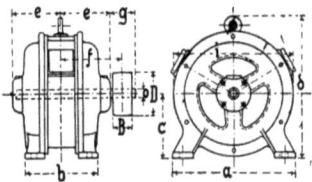

Fig. 249.

Masse in Millimetern. (Fig. 249.)

Modell	PS	Umdreh. pro Minute	a	b	c	d	e	f	g	i	o	B	D
KD_3	1/4	1440	300	170	150	325	125	150	50	290	16	40	100
KD_5	1/2	1440	320	180	160	345	130	155	55	310	20	40	100
KD_{10}	1	1440	340	215	170	380	145	180	70	330	20	60	120
KD_{20}	2	1440	400	250	200	440	170	215	90	385	25	80	130
KD_{30}	3	1440	440	260	220	490	175	230	110	430	30	100	150
KD_{50}	5	1440	490	270	245	540	180	235	110	480	35	100	150
LKD_{50}	5	960	520	280	285	620	185	255	145	560	40	130	150
KD_{75}	7,5	1440	540	360	270	590	335	400	135	534	45	120	185
LKD_{75}	7,5	960	660	370	330	730	350	425	150	644	50	150	245
KD_{100}	10	960	690	370	345	760	375	450	150	679	55	150	260

Tabelle 6a. Drehstrommotoren „HD".

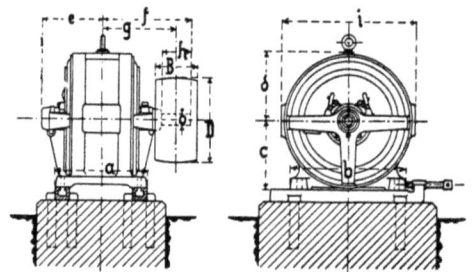

Fig. 250.

Masse in Millimetern. (Fig. 250.)

Modell	Leistung in PS	Umdrehung. in der Min. bei 100 W. in der Sek.	a	b	c	d	e	f	g	h	i	o	B	D
HD $750/10$	11	720	490	670	400	390	315	460	390	145	822	55	150	350
„ $1000/15$	16	960	500	640	375	370	340	490	415	150	776	60	150	320
„ $750/15$	17	720	500	720	420	415	330	480	405	150	872	60	150	420
„ $1000/20$	23	960	570	730	415	410	479	634	559	155	867	60	160	320
„ $750/20$	23	720	550	800	460	455	405	555	480	150	960	65	160	420
„ $1000/31$	36	960	630	730	415	410	440	605	525	165	868	60	200	400
„ $750/30$	35	720	590	860	490	485	483	673	588	190	1018	70	210	460
„ $750/40$	46	720	670	900	500	495	495	700	610	205	1044	80	230	4¿0
„ $750/50$	60	720	700	950	535	530	525	750	635	225	1114	90	270	500
„ $600/50$	55	575	700	950	560	555	525	750	630	225	1164	90	280	600
„ $600/85$	85	575	800	1150	650	640	550	855	690	305	1334	100	400	700
„ $500/100$	110	480	820	1320	750	740	670	915	735	345	1524	110	480	800
„ $600/115$	115	575	910	1150	650	640	600	890	740	290	1354	110	400	800
„ $500/126$	140	480	870	1320	750	740	555	885	735	330	1524	110	480	900

Tabelle 6b. Drehstrommotoren „HD".

Modell	Leistung in PS des offenen Motors	Spannung zwischen 2 Leitungen in „Volt"	Stromstärke in jeder Leitung „Amp."	Gesamt-Wattverbrauch	Gesamtverbrauch in „Volt-Ampere"	cos. φ	Umdrehungen in der Min. bei 100 Wechseln i. d. Sek	Motor mit Kurzschlussanker ohne Riemscheibe Gewicht ca. kg	Motor mit Kurzschlussanker ohne Riemscheibe Preis M.	Motor mit Regulier-Schleifringanker ohne Riemscheibe Gewicht ca. kg	Motor mit Regulier-Schleifringanker ohne Riemscheibe Preis M.	Motor mit Anlass-Regulieranker ohne Riemscheibe Gewicht ca. kg	Motor mit Anlass-Regulieranker ohne Riemscheibe Preis M.
	PS ca.	Volt ca.	Amp. ca.	Watt ca.	Volt-Amp. ca.	ca.	ca.						
HD$_{1000/15}$	16	115 190—215 500	76 46—40,5 17,5	13550 13600	15080 15100	0,9		530	1340,— 1360,—	560	1560,— 1580,—	580	1720,— 1730,—
HD$_{1000/20}$	23	115 190—215 500 1000	108.7 65,9—58,1 25 12,5	19450	21600	0,9	960	680	1560,— 1580,— 1610,—	710	1810,— 1830,— 1860,—	740	1980,— 2000,— 2030,—
HD$_{1000/31}$	36	115 190—215 500 2000	167 101—89 38,3 9,6	29800	33200	0,9		880	1980,— 2010,— 2050,—	910	2240,— 2260,— 2310,—	940	2410,— 2430,— 2470,—
HD$_{750/10}$	11	115 190—215 500	54 32,5—28,8 12,5	9650 9700	10700 10780	0,9		500	1300,— 1320,—	525	1530,— 1540,—	545	1680,— 1700,—
HD$_{750/15}$	17	115 190—215 500	84 50,5—44,5 19,3	14900 14950	16600 16650	0,9		625	1680,— 1690,—	650	1900,— 1910,—	670	2070,— 2080,—
HD$_{750/20}$	23	115 190—215 500 1000	110,5 66.5—58,8 25.3 12.65	19650	21850	0,9	720	750	1980,— 2000,— 2040,—	780	2240,— 2260,— 2310,—	810	2410,— 2430,— 2470,—
HD$_{750/30}$	35	115 190—215 500 2000	163 99—87,5 37,7 9.4	28250	32550	0,9		1020	2480,— 2500,— 2550,—	1050	2730,— 2760,— 2810,—	1080	2910,— 2940,— 2990,—
HD$_{750/40}$	46	115 190—215 500 3000	213 129—113,5 49 8.15	38000	42200	0,9		1220	2840,— 2880,— 2940,—	1270	3180,— 3210,— 3270,—	1300	3360,— 3400,— 3460,—
HD$_{750/50}$	60	115 190—215 500 3000	274 166—146,5 63 10,5	49000	54400	0,9		1430	3200,— 3240,— 3300,—	1480	3530,— 3570,— 3630,—	1520	3730,— 3760,— 3830,—
HD$_{600/50}$	55	115 190—215 500 1000—3000	251 152—134 57,6 28.8—9,6	44900	49900	0,9		1570	3700,— 3740,— 3810,—	1620	3990,— 4030,— 4100,—	1650	4150,— 4180,— 4250,—
HD$_{600/85}$	85	190—215 500 1000—3000	234—206,5 88,8 44,4—14,8	69150	76700	0,9	575	2320	4930,— 4980,— 5090,—	2380	5310,— 5360,— 5460,—	2430	5490,— 5540,— 5640,—
HD$_{600/115}$	115	190—215 500 1000—3000	314,5—278 119,5 59,75—19,9	93150	103400	0,9		3000	5810,— 5860,— 5980,—	3070	6210,— 6270,— 6390,—	3120	6400,— 6460,— 6580,—

Preise ohne Verbindlichkeit.

Modell	Leistung in PS PS ca.	Spannung zwischen 2 Leitungen „Volt" Volt ca.	Stromstärke in jeder Leitung „Amp." Amp. ca.	Gesamt-Watt-verbrauch Watt ca.	Gesamtverbrauch in „Volt-Ampere" Volt-Amp. ca.	cos. φ ca.	Umdrehungen in der Min. bei 100 Wechseln i. d. Sek. ca.	Ausführung mit Lagerschilder oder mit 2 Lagern auf gemeinsa[mer] Grundplatte mit Riemscheibe					
								Motor mit Kurzschlussanker		Motor mit Regulier-Schleifringanker		Motor [mit] Anlass[-] Regulier[-]anker	
								Gewicht ca. kg	Preis M.	Gewicht ca. kg	Preis M.	Gewicht ca. kg	P[reis M.]
HD 500/100	110	190–215 500 1000–3000 5000	304–268 115,5 57,7–19,3 11,55	90000	100000	0,9	480	2660	6140,– 6200,– 6320,–	2740	6560,– 6620,– 6740.	2800	67[..] 67[..] 69[..]
HD 500/125	140	190–215 500 1000–3000 5000	387–340 147 73,4–24,5 14,7	114100	127000	0,9		3140	6830,– 6890,– 7030,–	3240	7250,– 7320,– 7450,–	3300	742[..] 749[..] 762[..]
HD 500/150	170	190–215 500 1000–3000 5000	468–414 178 89–29,5 17,8	138200	153500	0,9		4600	8100,– 8180,– 8350,–	4700	8610,– 8690,– 8860,–	4770	878[..] 886[..] 903[..]
HD 500/200	230	190–215 500 1000–3000 5000	629–555 238 119–97 23,8	186000	206500	0,9		5530	9410,– 9490,– 9680,–	5630	9920,– 10000,– 10190,–	5700	1009[..] 1017[..] 1036[..]
HD 375/30	30	190–215 500	86,3–76,2 32,8	25500	28350	0,9	360	2300	4580,– 4620,–	2380	5030,– 5070.	2440	528[..] 532[..]
HD 375/40	40	190–215 500	113,8–100,5 43,25	33600	33730	0,9		2640	5340,– 5390,–	2720	5790,– 5840,–	2780	604[..] 609[..]
HD 375/50	50	190–215 500	141,5–124,8 53,7	41800	46500	0,9		2960	6100,– 6160,–	3040	6550,– 6610,–	3100	680[..] 685[..]
HD 375/75	75	190–215 500	211,0–186,5 80,2	62400	68300	0,9		4360	7630,– 7710,–	4430	8080,– 8160,–	4500	833[..] 840[..]
HD 375/150	165	190–215 500 1000–3000 5000	457–405 174 87–29 17,4	135200	150500	0,9		6250	10990,– 11100,– 11320,–	6350	11450,– 11560,– 11780,–	6430	1174[..] 1185[..] 1207[..]
HD 375/175	195	190–215 500 1000–3000 5000	535–473 203,5 101,6–33,9 20,3	158500	176000	0,9		6750	11970,– 12090,– 12320,–	6850	12420,– 12540,– 12780,–	6930	1271[..] 1283[..] 13070
HD 375/250	285	190–215 500 1000–3000 5000	778–687 295,5 147,8–49,25 29,6	203000	255500	0,9		8200	14700,– 14840,– 15130,–	8300	15160,– 15300,– 15590,–	8380	1545[..] 15590 15880
HD 375/300	345	190–215 500 1000–3000 5000	939–830 356 178–59,5 35,7	277000	308000	0,9		9150	16050,– 16200,– 16520,–	9250	16510,– 16660,– 16980,–	9330	1679[..] 16950 17270

Preise ohne Verbindlichkeit.

Tabelle 7a. Wechselstrom-Transformatoren „WA".

Modell	Leistung in Kilowatt × cos φ	Spannung in Volt primär bis zu	Wirkungsgrad bei Vollbelastung % ca.	Gewicht a. kg	Preis Mk.	Bemerkungen
WA₁	1	2000	91	70	280,—	Als Uebersetzungsverhältnis gilt das Verhältnis der Spannungen bei Leerlauf. Der Spannungsabfall beträgt bei induktionsfreier Belastung ca. 2 Proz., bei Belastung mit Motoren ca. 3—4 Proz. Die Transformatoren werden für 100—150 Wechsel (50—75 Perioden) per Sekunde gebaut. Wegen Transformatoren für andere Wechselzahlen ist Anfrage erforderlich. Bei Wechselzahlen unter 100, bis zu 80 herab, vermindert sich die Leistung und beträgt bei Transformatoren für 80 Wechsel (40 Perioden) ca. 90 Proz. der für 100 Wechsel angegebenen Leistung
WA₂	2	2000	92	85	325,—	
WA₃	3	3000	93	105	375,—	
WA₅	5	3000	94	150	450,—	
WA₅	4	5000	92		490,—	
WA₈	8	3000	95	236	575,—	
WA₈	7	5000	94		650,—	
WA₁₀	10	3000	96	295	690,—	
WA₁₀	9	5000	95		730,—	
WA₁₅	15	3000 / 5000	96	400	930,— / 1000,—	
WA₂₀	20	3000 / 5000	96,5	540	1150,— / 1250,—	
WA₃₀	30	3000 / 5000	97	800	1720,— / 1825,—	
WA₅₀	50	3000 / 5000	97	1450	2800,— / 3000,—	
WA₇₅	75	3000 / 5000	97	2000	4000,— / 4250,—	
WA₁₀₀	100	3000 / 5000	97	2500	5200,— / 5500,—	

Preise ohne Verbindlichkeit.

Tabelle 7b. Wechselstrom-Transformatoren „WA".

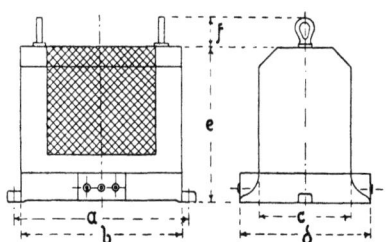

Fig. 251.

Masse in Millimetern. (Fig. 251.)

Modell	a	b	c	d	e	f
WA₁	370	330	230	350	365	57
WA₂	424	384	262	384	376	76
WA₃	429	384	270	400	425	76
WA₅	522	478	308	438	451	76
WA₈	630	580	332	468	523	99
WA₁₀	643	593	352	482	553	99
WA₁₅	735	675	382	542	602	99
WA₂₀	940	870	382	542	627	99
WA₃₀	1170	1090	420	598	705	117
WA₅₀	1497	1417	480	680	820	160

Tabelle 8a. Drehstrom-Transformatoren „DB".

Modell	Leistung in Kilowatt × cos φ	Spannung in Volt primär bis zu	Wirkungsgrad bei Vollbelastung % ca.	Gewicht ca. kg	Preis M.	Bemerkungen
DB_5	5	3000	93	250	650,—	Als Uebersetzungsverhältnis gilt das Verhältnis der Spannungen bei Leerlauf.
DB_8	8	3000	94	} 280	} 850,—	
	7	5000	92,5		} 880,—	
DB_{10}	10	3000	95	} 350	} 920,—	
	9	5000	94		} 1000,—	Der Spannungsabfall beträgt bei induktionsfreier Belastung circa 2 Proz., bei Belastung mit Motoren circa 3—4 Proz.
DB_{15}	15	3000	} 95	480	} 1150,—	
	14	6500			} 1250,—	
DB_{20}	20	3000	} 95,5	620	} 1475,—	
		6500			} 1575,—	
DB_{30}	30	3000	} 96	850	} 1850,—	Die Transformatoren werden für 100—150 Wechsel (50 bis 75 Perioden) per Sek. gebaut.
		6500			} 1950,—	
DB_{45}	45	3000	} 96	1150	} 2600,—	Wegen Transformatoren für andere Wechselzahlen ist Anfrage erforderlich.
		6500			} 2700,—	
DB_{60}	60	3000	} 96,5	1500	} 3320,—	
		6500			} 3460,—	Bei Wechselzahlen unter 100, bis zu 80 herab, vermindert sich die Leistung und beträgt bei Transformatoren für 80 Wechsel (40 Perioden) ca. 90 Proz. der für 100 Wechsel angegebenen Leistung.
DB_{80}	80	3000	} 97	1840	} 4450,—	
		6500			} 4700,—	
DB_{100}	100	3000	} 97	2200	} 5825,—	
		6500			} 6100,—	
DB_{150}	150	3000	} 93	3150	8200,—	
		6500				
DB_{200}	200	3000	} 98	3800	10300,—	
		6500				

Preise ohne Verbindlichkeit.

Tabelle 8b. Drehstrom-Transformatoren „DB".

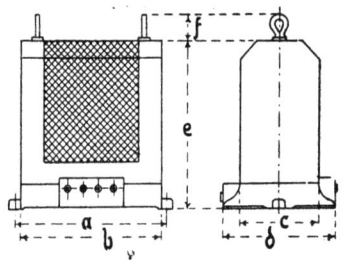

Fig. 252.

Masse in Millimetern. (Fig. 252.)

Modell	a	b	c	d	e	f
DB_5	485	430	320	460	720	99
DB_8	534	484	348	490	765	93
DB_{10}	585	535	352	492	814	99
DB_{15}	660	600	350	510	853	117
DB_{20}	860	790	360	520	905	117
DB_{30}	940	870	380	550	936	117
DB_{45}	1150	1080	412	592	1006	117
DB_{60}	1254	1184	452	632	1118	117
DB_{80}	1450	1370	473	655	1169	160
DB_{100}	1584	1504	484	670	1222	160
DB_{150}	1730	1650	503	700	1304	195
DB_{200}	1900	1810	545	750	1400	195

Tabelle 9. Bandkupplungen.

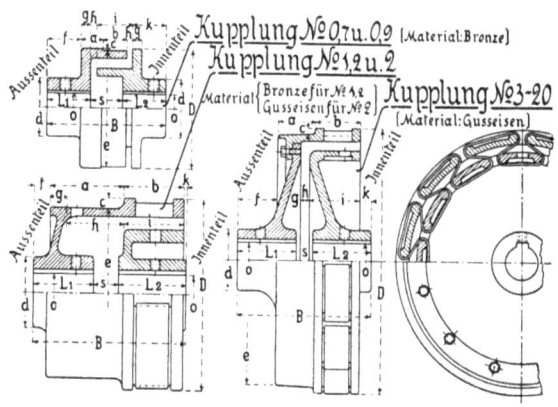

Fig. 253.

Masse in Millimetern. (Fig. 253.)

No.	D	Bohrung O			Baulänge B	$\frac{N}{n}$	Gewicht ca. kg.	L_1	L_2	a	b	c	d	e	f	g	h	i	k	s
0,7	70	9 bis	16		85	0,00087	1,2	30	30	16	20	2	32	66	22	8	5	28	22	25
0,9	90	15 „	20		95	0,0017	1,8	35	35	16	20	2	45	86	27	8	5	28	27	25
1,2	120	20 „	27		115	0,003	3,5	50	50	50	40	6	45	108	20	15	35	40	5	15
2	200	25 „	40		180	0,01	11	81	81	70	55	10	80	180	40	25	38	62	15	18
3	300	35 „	60		240	0,03	34	109	109	64	76	20	125	260	65	45	20	75	35	22
4	400	55 „	80		270	0,075	65	123	123	70	90	12	150	370	75	50	20	90	35	24
5	500	70 „	100		300	0,15	120	135	135	85	90	12	170	470	85	55	20	100	40	30
6	600	90 „	115		350	0,3	200	153	153	105	110	17,5	210	555	97	63	30	122	38	44
7	700	110 „	120		390	0,4	270	170	170	115	120	21	225	650	110	70	30	135	45	50
8	800	110 „	130		430	0,6	355	190	190	110	140	22	240	750	130	70	30	150	50	50
9	900	120 „	130		470	0,9	510	205	205	130	140	25	240	850	140	80	30	160	60	60
10	1000	120 „	140		540	1,4	730	240	240	145	170	25	260	950	155	95	40	180	70	60
12	1200	120 „	150		600	2,5	1040	280	280	145	180	25	285	1150	185	95	40	190	90	40
14	1400	140 „	175		650	3,75	1460	300	300	145	200	30	315	1330	205	95	50	200	100	50
16	1600	150 „	200		700	5	1970	325	325	135	200	35	360	1530	240	95	40	200	125	50
18	1800	175 „	225		750	7,5	2550	350	350	150	220	45	400	1710	250	100	50	220	130	50
20	2000	200 „	250		800	10	3200	375	375											

36. Annähernde Angaben über Preise und Hauptabmessungen elektrischer Primärstationen bis 1000 KW.

Tabelle 10. Primärstation mit Dynamo, Dampfmaschine und Kessel.

Leistung KW	Kraft-Bedarf PS	Dynamo mit Regulator, Schalttafel etc.			Dampfmaschine mit Riemen			Kessel, ausschl. Mauerwerk		
		Kosten ca. M.	Montage ca. M.	Gewicht ca. kg	Kosten ca. M.	Montage ca. M.	Gewicht ca. kg	Kosten ca. M.	Montage ca. M.	Gewicht ca. kg
6,6	10,5	1440	140	960	2650	265	1150	3000	400	4400
11	17	1920	180	1500	2700	270	1200	3800	410	4800
13,8	21,5	2320	190	1900	3300	330	1800	4200	420	5500
20	31	2660	230	1600	4200	420	3800	4500	430	6000
27	42	3240	275	2100	4800	460	4800	4800	440	7500
36	55	3900	330	2700	8600	750	7500	5200	450	8200
48	73,5	4600	400	3600	9500	850	9200	6300	490	9300
72	108	6400	520	4500	12400	1000	12900	7900	540	11600
84	126	7500	580	5800	13800	1100	13400	8700	600	12800
100	150	8600	660	6800	17100	1200	20000	9700	660	15800

Leistung KW.	Dampfpumpe, Injektor, Rohrleitung, Geländer etc.			Gesamtpreis Dynamo mit Dampfmaschine und Kessel ca. M.	Maschinenraumdimensionen m (Fig. 254)			Kesselraumdimensionen m (Fig. 255)		
	Kosten ca. M.	Montage ca. M.	Gewicht ca. kg		a	b	c	d	e	f
6,6	1130	220	1500	8220	7	4	3,5	8	4	5
11	1170	220	2200	9590	8	4	3,5	8	4	5
13,8	1200	230	2500	11020	8	4,5	4	9	4,5	5,5
20	1300	240	2700	12660	9	4,5	4	9	4,5	5,5
27	1440	250	3200	14280	9	4,5	4	9	4,5	5,5
36	1930	260	3500	19630	10	5	4	9	4,5	5,5
48	2060	280	4000	22460	10	5	4	9	4,5	5,5
72	2440	300	5000	29140	11	5,5	4,5	10	5	6
84	2500	320	5500	32500	11	5,5	4,5	10	5	6
100	2680	360	6500	38080	12	6	4,5	10	5	6

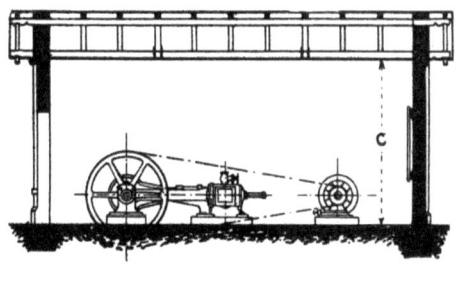

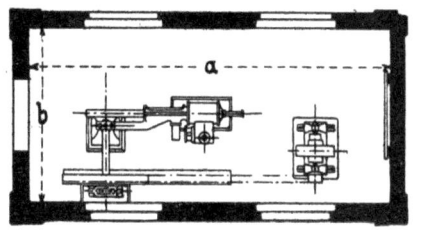

Fig. 254.

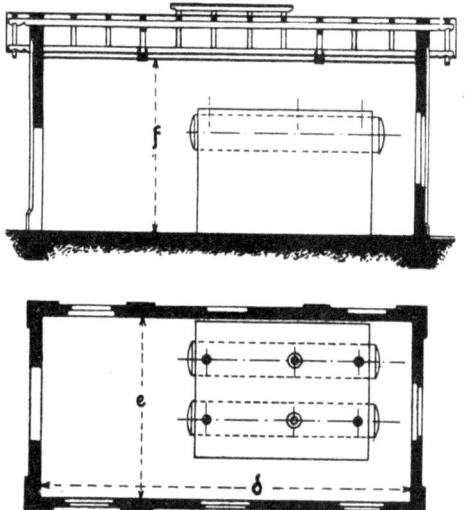

Fig. 255.

Tabelle 11. Primärstation mit Dynamo und Lokomobile.

Leistung KW	Kraft-Bedarf PS	Dynamo mit Regulator, Schalttafel etc.			Lokomobile mit Riemen			Gesamtpreis Dynamo mit Lokomobile ca. Mk.	Dimensionen m (Fig. 256)		
		Kosten ca. Mk.	Montage ca. Mk	Gewicht ca. kg	Kosten ca. Mk	Montage ca. Mk.	Gewicht ca. kg		a	b	c
3,3	5,5	1250	130	800	5000	550	5600	7250	6	3	3
6,6	10,5	1440	140	960	6500	660	6700	7940	6,5	3	3
8,3	13	1700	160	1200	7900	720	8000	9600	7	4	3
11	17	1920	180	1500	8400	750	8600	11320	7,5	4	3,5
13,8	21,5	2320	190	1900	10500	900	11500	12820	8	4	3,5
20	31	2660	230	1600	16500	1200	17500	19160	8,5	5	3,5
27	42	3240	275	2100	19000	1500	21000	22240	9	5	4
36	55	3900	330	2700	22000	1600	24000	25900	10	5	4
48	73,5	4600	400	3600	26500	2000	30000	31100	11	6	4
72	10,8	6400	520	4500	34000	2300	40000	40400	12	6	4

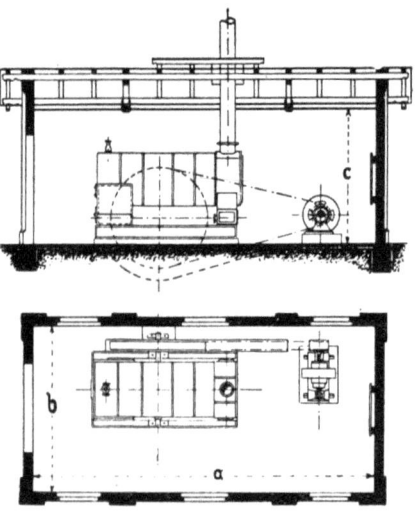

Fig. 256

In den vorstehenden Tabellen 10 und 11 sind bis zu Leistungen von 27 KW (42 PS) eincylindrische Dampfmaschinen ohne Kondensation und 6 bis 8 kg/qcm Dampfdruck angenommen; für Leistungen von 36 KW (55 PS) und darüber Zweicylinder-Expansions-Dampfmaschinen mit Kondensation und 8 bis 10 kg/qcm Dampfdruck.

Für noch grössere Leistungen giebt nachstehende Tabelle einige Angaben. Hierbei sind liegende Mehrfach-Expansions-Dampfmaschinen mit Kondensation für direkten Antrieb und für die angegebenen Umdrehungszahlen zu Grunde gelegt:

Leistung	Kraftbedarf	Dynamo		Dampfmaschine			Kessel			Gesamtkosten ausschl. Montage
		Kosten einschl. Schalttafel und Leitungen von Dynamo nach Schalttafel etc.	Montage	Umdrehungen in der Minute	Kosten	Montage	Kosten einschl. Dampfpumpe, Injektor, Rohrleitung Kanalabdeckplatten etc.		Montage	
KW	PS	ca. M.	ca. M.		ca. M.	ca. M.	ca. M.		ca. M.	ca. M.
200	300	23000	600	125	36000	2000	21000		1200	80000
500	750	34000	900	107	76000	3000	32000		1500	142000
1000	1500	56000	1400	83	115000	4000	59000		2000	230000

Die vorstehenden drei Tabellen welche sowohl für Gleichstrom als auch für Drehstrom Anwendung finden können, geben natürlich nur ein ganz allgemeines Bild von Primärstationen. Insbesondere sind die Preisangaben, den jeweiligen Verhältnissen entsprechend, grösseren oder kleineren Abweichungen unterworfen.

Für die Projektierung einer Primärstation von gegebener Leistung ist zunächst zu entscheiden, ob eine einzige Antriebsmaschine mit Dynamo die gesamte verlangte elektrische Energie liefern soll, oder ob mehrere Maschinensätze aufzustellen sind.

Der erstere Fall ist gegeben, wenn die Belastung während der ganzen Betriebszeit annähernd gleich gross bleibt. Hiermit werden zugleich die geringsten Anlagekosten bei guter wirtschaftlicher Ausnutzung für die Centralstationen erreicht.

Wenn dagegen infolge Nachtbetriebes oder dergleichen wesentliche Belastungsschwankungen für längere Zeiträume eintreten, so ist es zweckmässig, mehrere Maschinensätze zur Aufstellung zu bringen und die Verteilung der Belastung derartig zu treffen, dass jede Dampfmaschine mit ihrer Dynamo möglichst dauernd bei normaler Belastung, welche den günstigsten Wirkungsgrad ergiebt, arbeitet. Hierdurch ist ausserdem eine Reserve geschaffen, indem der eine Maschinensatz bei Reparaturen etc. für den andern eintreten kann. Die Daten für die einzelnen Maschinensätze stellen sich dabei um einige Prozent niedriger, als sie in obigen drei Tabellen angegeben sind.

Insbesondere werden bei grösseren Centralstationen immer mehrere Maschinensätze verwendet. Hierbei ist ausserdem bereits bei dem ersten Ausbau Rücksicht zu nehmen auf eine spätere Erweiterung sowohl der Kesselanlage, als auch der Dampfdynamomaschinen-Anlage und der Schaltanlage. Auf beistehendem Plane (Fig. 257) ist der erste Ausbau ausgezogen, während alle für Erweiterungen vorgesehenen Teile gestrichelt sind.

Da meist mit Anlagen für Elektromotorenbetrieb auch elektrische Beleuchtung verbunden ist, kann bereits hierdurch, wie schon oben erwähnt (s. S. 121), eine Teilung der Primärstation bedingt sein. Unter Umständen ist es auch zweckmässig, für die Beleuchtung Gleichstrom und für den Kraftbetrieb Drehstrom zu nehmen, wobei hauptsächlich der Umfang der Beleuchtungsanlage und die Verwendung von Bogenlampen

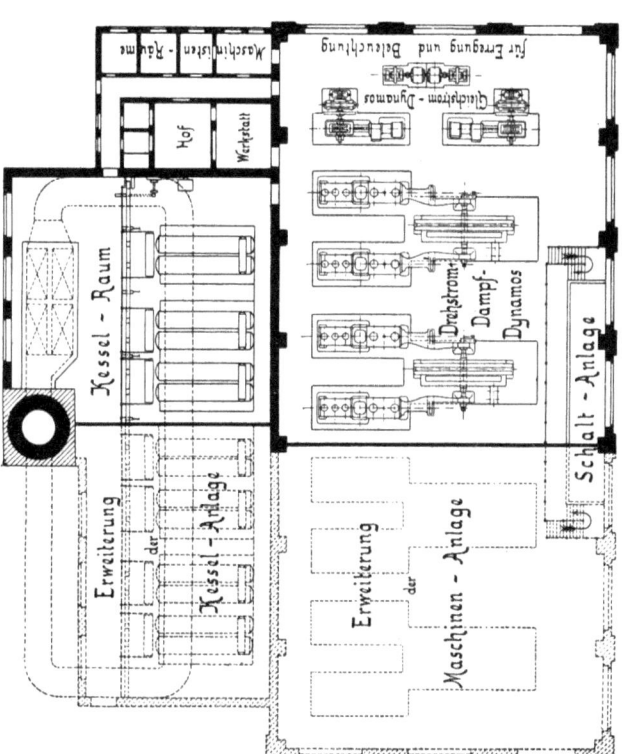

Fig. 257.
Plan einer grösseren Primärstation.
Drehstrom, mit vorgesehener Erweiterung.

ausschlaggebend ist. Allgemein gültige Regeln lassen sich indessen hierfür nicht aufstellen. Vielmehr ist stets der Rat einer erfahrenen Elektricitäts-Firma einzuholen.

Für elektrische Kraftübertragung auf weite Entfernungen sind fast immer die Kosten für die Fernleitung von massgebender Bedeutung. Dieselben werden um so kleiner, je höher man die Spannung wählt, da hiermit der Leitungsquerschnitt sich vermindert (s. S. 179). Für 1 km oberirdische blanke Einzelleitung für Fernleitungen stellen sich die Kosten ausschliesslich Masten, aber einschliesslich Isolatoren etc., für Spannungen bis zu 6000 Volt etwa folgendermassen:

Fernleitungs-Kosten.

Querschnitt in qmm	10	25	50	95
Kosten für 1 km M.	850	1500	3000	6000
Montage für 1 km M.	250	250	300	300

Für einphasigen Wechselstrom sind immer zwei solcher Leitungen erforderlich, für Drehstrom drei. Die annähernden Anschaffungskosten kann man daher finden, indem man die Angaben der obigen Zusammenstellung im ersteren Falle zweifach, im letzteren Falle dreifach einsetzt. Für grosse Stromstärken ist es zweckmässig, die Leitungen zu teilen (s. S. 76). Sämtliche Leitungen können an den gleichen Masten befestigt werden. Falls indessen die Leitungen auf getrennte Strecken verteilt werden können, ist die Betriebssicherheit eine grössere. Unter 10 qmm Querschnitt zu gehen ist mit Rücksicht auf die mechanische Festigkeit der Leitungen (nach den Vorschriften des Verbandes Deutscher Elektrotechniker s. S. 43) unzulässig.

Für unterirdische Fernleitungen mittels Erdkabel ist immer besondere Anfrage erforderlich.

VI.

Anhang.

37. Fragebogen.

Die nachfolgenden Fragebogen sollen einen Anhalt geben über alles dasjenige, was zur Beurteilung einer auszuführenden Kraftübertragung und zur Aufstellung eines vorläufigen Kostenanschlages erforderlich ist.

Der Fragebogen No. 1 ist bei jeder Anfrage zu beantworten, da in allen Fällen eine Kenntnis über Art und Erzeugung des zur Verfügung stehenden Betriebsstromes erforderlich ist.

Fragebogen No. 1. Primärstation.

a) Falls keine Elektricität vorhanden:
1. Ist eine Kraftquelle vorhanden und von welcher Art?
Dampfkessel-Anlage oder Dampfmaschinen?
Wasserkraft oder Turbinen-Anlage?
Hochofengase oder Schwelgase?
2. Wieviel eff. Pferdestärken stehen zum Antriebe der Primär-Dynamomaschinen zur Verfügung?
3. Wie gross ist der Dampfdruck vorhandener Kessel?
4. Wie gross ist die vorhandene Wasserkraft, in verfügbarem Gefälle (gemessen in m von Ober- bis Unterwasserspiegel)? und in Wassermenge (gemessen in kbm/Sek.)?

5. Wie gross ist die Umdrehungszahl in der Minute der vorhandenen Dampfmaschinen, Turbinen oder Haupttransmissionen, welche zum Antriebe von Dynamomaschinen dienen sollen?
6. Soll auch Strom für elektrische Beleuchtung geliefert werden?
7. Welches ist der grösste und welches ist der kleinste Stromverbrauch für die elektrische Beleuchtung, in Amp.?
8. Wieviel Bogenlampen und wieviel Glühlampen sind vorgesehen?
9. Wie lang ist der Weg für die elektrische Zuleitung von der Stromquelle bis zum Aufstellungsort des Motors, in m?

Ferner ist die Einsendung eines Situationsplanes über den für die Primärstation zur Verfügung stehenden Platz erwünscht.

b) Falls Elektricität vorhanden:

1. Kommt der Strom von einer (städtischen) Centrale oder ist eine eigene Dynamomaschinen-Station vorhanden?
2. Wird Gleichstrom, Drehstrom oder einfacher Wechselstrom geliefert?
3. Welche Spannung hat die Stromquelle, in Volt?
4. Wieviel Dynamomaschinen sind vorhanden?
5. Wieviel Strom kann jede derselben normal und im Maximum (bei der unter 4 genannten Spannung) liefern, in Amp.
6. Sind (bei Gleichstrom) Nebenschluss-, Serien- oder Compoundmaschinen vorhanden?
7. Ist das Zwei- oder Dreileitersystem bei Gleichstrom verwendet?

8. Ist eine Akkumulatoren-Batterie vorhanden und wie gross ist dieselbe nach Zellenzahl, Kapacität und Entlade-Stromstärke?
9. Welche Wechselzahl in der Minute (bei Dreh- oder Wechselstrom) hat die Stromquelle?
10. Findet eine Transformation der Spannung statt und welche?
11. Welche Leistung ist für die Elektromotoren-Anlage verfügbar, in Watt?
12. Was wird bisher durch die Elektricität betrieben, Bogenlicht, Glühlicht etc.?
13. Welches ist der grösste und welches ist der kleinste Stromverbrauch für die elektrische Beleuchtung, in Amp.?
14. Wie lang ist der Weg für die elektrische Zuleitung von der Stromquelle bis zum Aufstellungsort des Motors, in m?

Fragebogen No. II. Elektromotor.

1. Gewünschte normale Leistung des Motors in PS?
2. Was soll der Motor antreiben?
3. Erfolgt der Antrieb direkt oder durch Riemen?
4. Soll der Motor langsam anlaufen oder schnell?
5. Mit welcher Kraft in PS findet das Anlaufen statt?
6. Läuft der Motor dauernd oder wird derselbe häufig ein- und ausgeschaltet?
7. Steht Gleichstrom, Drehstrom oder einfacher Wechselstrom zur Verfügung?
8. Welche Spannung hat der Gleichstrom?
9. Bei Dreileiteranlagen für Gleichstrom, wie gross ist die Spannung zwischen den Aussenleitern?
10. Welche Spannung hat der Wechselstrom oder welche Spannung zwischen zwei Hauptleitungen hat der Drehstrom?

11. Welche Wechselzahl ist bei Drehstrom oder Wechselstrom vorhanden?
12. Im Falle der Anschluss an ein Elektricitätswerk erfolgt, welche besonderen Bedingungen schreibt das betreffende Elektricitätswerk für Motorenanschluss vor?
13. Ist die verlangte Leistung des Motors die höchstvorkommende oder eine Durchschnittsleistung?
14. Wie hoch steigt in letzterem Falle die Ueberlastung über die angegebene und auf wie lange ist dieselbe zu erwarten?
15. Ist es möglich einzurichten, dass der Motor durch Leerscheiben oder dergleichen leer oder nahezu leer anläuft?
16. Soll die Umdrehungszahl konstant bleiben oder soll zeitweilig mit verminderter Tourenzahl gefahren werden und wie lange?
17. Beantwortung des Fragebogens No. I. über die Primärstation, soweit dies nicht bereits durch vorstehende Fragen geschehen.
Ferner Einsendung einer Skizze über den Aufstellungsraum des Motors.

Fragebogen No. III. Ventilatoren.

1. Beantwortung des Fragebogens No. I über die Primärstation.
2. Für welchen Betrieb dient der Ventilator (für Fabriken, Restaurationen, Theater, Wohnräume etc.)?
3. Welche Menge Luft ist in der Minute zu liefern, in kbm?
4. Soll der Ventilator saugend oder drückend wirken?
5. Welchen Druck soll diese Luft haben, in mm Wassersäule?

6. Wie lang ist der Kanal, durch welchen die Luft zu drücken ist, in m?
7. Welchen Querschnitt hat der Kanal?
8. Wie gross ist der zu ventilierende Raum; Länge, Breite und Höhe, in m?

Fragebogen No. IV. Pumpen.

1. Beantwortung des Fragebogens No. I über die Primärstation.
2. Für welchen Betrieb dient die Pumpe (für Maschinenfabriken, Zuckerfabriken, Cementfabriken, Bauten etc.)?
3. Welche Menge Flüssigkeit ist in der Minute zu liefern, in kbm?
4. Welcher Art ist diese Flüssigkeit?
5. Wie gross ist die Saughöhe, in m?
6. Wie gross ist die Druckhöhe, in m?
7. Wie gross ist die gesamte Länge der Rohrleitung, in m?
8. Anzahl der Krümmungen in der Saugleitung und in der Druckleitung?
9. Ist der Betrieb ein ununterbrochener oder ein intermittierender?

Fragebogen No. V. Aufzüge.

1. Beantwortung des Fragebogens No. I über die Primärstation.
2. Was ist mit dem Aufzug zu befördern; nur Personen oder Personen und Lasten oder nur Lasten?
3. Welches ist die grösste zu fördernde Personenzahl?
4. Welches ist die grösste zu fördernde Last, in kg?
5. Wie gross ist die ganze Förderhöhe, in m?

6. Wie hoch sind die einzelnen Stockwerke, die zu befahren sind, in m?
7. Befindet sich der Fahrstuhl in einem besonderen Schacht im Hause oder im Treppenhause oder an einer Aussenwand des Hauses?
8. Ist er vollständig oder ist er teilweise ummauert oder liegt er in einem eisernen Gitterschacht?
9. Welcher lichte Raum steht als Fahrschacht zur Verfügung, Länge und Breite, in m?
10. Welche Hubgeschwindigkeit soll der Fahrkorb erhalten, m in der Sekunde?
11. An welcher Stelle des Baues kann das Windewerk mit dem Elektromotor Aufstellung finden?
12. Bestehen besondere örtliche Polizeivorschriften und welche?

Ausserdem Einsendung einer Zeichnung (Grundriss und Schnitt) des Fahrschachtes und des Raumes für das Windewerk nebst Angabe der Höhenmasse der einzelnen zu befahrenden Stockwerke.

Fragebogen No. VI. Laufkrane.

1. Beantwortung des Fragebogens No. I über die Primärstation.
2. Verwendung des Laufkranes für Giessereien, Maschinenfabriken, Höfe etc.?
3. Grösste Tragkraft des Kranes, in kg?
4. Spannweite, in m?
5. Hubhöhe, in m?
6. Hubgeschwindigkeit für volle Last, m in der Minute?
7. Hubgeschwindigkeit für halbe Last, m in der Minute?
8. Anzahl der Laufkatzen?

9. Fahrgeschwindigkeit der Laufkatzen, m in der Minute?
10. Fahrgeschwindigkeit des Kranes, m in der Minute?
11. Länge der Fahrbahn, in m?

Ausserdem Einsendung einer Zeichnung des Raumes, welcher zwischen der höchsten Stellung des Lasthakens und der Decke für den Kran zur Verfügung steht.

Fragebogen No. VII. Drehkrane.

1. Beantwortung des Fragebogens No. I über die Primärstation.
2. Art des Drehkranes (Portalkran, Winkelkran, fahrbarer Kran etc. s. S. 252)?
3. Grösste Tragkraft des Kranes, in kg?
4. Hubgeschwindigkeit der Last, m in der Minute?
5. Grösste Hubhöhe, in m?
6. Ausladung des Kranes von der Drehachse aus, in m?
7. Drehgeschwindigkeit, m in der Minute?

Ausserdem Einsendung einer Zeichnung des Raumes, den der Kran freilassen muss, damit Fuhrwerk oder Eisenbahnwagen etc. unter ihm hindurch fahren können.

Fragebogen No. VIII. Drehscheiben und Schiebebühnen.

1. Beantwortung der Fragebogens No. I über die Primärstation.
2. Welche Last ist zu befördern, in kg?
3. Dreh- bezw. Fahrgeschwindigkeit, m in der Minute?
4. Spurweite der Schienen, in m?
5. Grösster Achsenabstand der zu befördernden Wagen in m?

Ausserdem bei Umbau einer vorhandenen Drehscheibe oder Schiebebühne für elektrischen Betrieb Einsendung einer Zeichnung derselben.

Fragebogen No. IX. Centrifugen.

1. Beantwortung des Fragebogens No. I über die Primärstation.
2. Für welche Stoffe dient die Centrifuge?
3. Gewicht der gesamten rotierenden Masse in kg?
4. Gewicht der Füllmasse in kg?
5. Wieviel Centrifugen sind zu betreiben?
6. Wie gross ist die normale Umdrehungszahl in der Minute und nach wieviel Minuten wird dieselbe erreicht?
7. Wieviel eff. Pferdestärken sind zum normalen Betriebe erforderlich? Wieviel beim Anlaufen?

Ausserdem bei Umbau vorhandener Centrifugen für elektrischen Betrieb Einsendung einer Zeichnung derselben.

Fragebogen No. X. Wasserhaltungen für Bergbau, Wasserwerke etc.

1. Beantwortung des Fragebogens No. I über die Primärstationen.
2. Verwendung (ob unterirdische Wasserhaltung, Wasserversorgung für Städte, industrielle Werke etc.)?
3. Art des zu pumpenden Wassers, (ob rein, salzhaltig, säurehaltig, schlammig etc., ev. von welcher Temperatur)?
4. Von der Anlage zu fördernde Wassermenge, kbm i. d. Minute?
5. Förderhöhe total in m?
6. Saughöhe, gemessen bis zum Druckventil in m?
7. Widerstandshöhe (Förderhöhe und Zuschlag für Rohrleitungswiderstände etc.) total in m?

8. Ist die angegebene Leistung in ununterbrochenem Betriebe zu entwickeln oder ist der Betrieb intermittierend und in welcher Weise ist er letzteres?
9. Dimensionen des zum Einhängen der Maschinenteile verfügbaren, freien Förderschachtprofils (Skizze erwünscht)?
10. Maximales Gewicht, das in den Schacht eingehängt werden kann:
    im Förderkorb?
    am Förderseil, bei ausgebautem Förderkorb?
11. Ist die Pumpenstube bereits vorhanden? (Zeichnung derselben, sowie des Verbindungsganges zum Schacht und der Lage des Pumpensumpfes erbeten.)
12. Können in der Pumpenstube schlagende Wetter auftreten?
13. Temperatur in der Pumpenstube?
14. Anzahl der aufzustellenden Pumpeneinheiten?
15. Fördermenge pro Pumpeneinheit?
16. Wieviel Pumpen sind in konstantem Betrieb?
17. Wieviel Pumpen dienen als Reserve?
18. Ist eine spätere Erweiterung der Anlage vorzusehen?

Fragebogen No. XI. Fördermaschinen für Bergwerke.

1. Beantwortung des Fragebogens No. I über Primärstationen.
2. Was soll befördert werden?
3. Wieviel Tonnen sollen in jeder Schicht gefördert werden?
4. Wieviel Stunden dauert eine Schicht?
5. Teufe, in m?
6. Wird die Teufe später vergrössert, wann und auf wieviel?

7. Mit welcher max. Geschwindigkeit soll gefahren werden bezw. wie gross ist die reine Fahrzeit:
   bei Lastfahrt?
   bei Seilfahrt (Personenbeförderung)?
   bei Revisionsfahrt?
8. Welche Minimalzeit ist für An- und Abschlagen erforderlich?
9. Ist Förderung ein- oder zweitrümig?
10. Ist Schacht saiger oder tonnlägig?
11. Wie gross ist der Neigungswinkel gegen die Horizontale beim tonnlägigen Schacht?
12. Ist Seilgewicht ausgeglichen und in welcher Weise (Gegengewicht, Unterseil, konische Trommel oder Bobine)?
13. Wie gross ist im Schacht Abstand von Mitte bis Mitte Schale?
14. Werden auch Personen befördert?
15. Wie gross ist max. Personenlast pro Zug. (Auffahrt)?
16. Wie gross ist die Bergelast pro Zug?
17. Wie oft sollen pro Tag maximal Berge gefördert werden?
18. Wie oft hintereinander?
19. Wieviel Wagen fasst die Förderschale?
20. Wieviel Etagen hat sie?
21. Gewicht einer Schale einschliesslich Fang- und Aufhängevorrichtung?
22. Gewicht eines Wagens?
23. Gewicht des Seiles für den laufenden Meter?

Ferner Einsendung eines Situationsplans erforderlich oder, falls elektrischer Betrieb für eine vorhandene Förderanlage eingerichtet werden soll' Zeichnung der bisherigen Anlage.

Fragebogen No. XII. Walzenstrassen.

1. Beantwortung des Fragebogens No. I über Primärstationen.
2. Material des Walzgutes (Eisen, Stahl, Kupfer etc.)?
3. Leistung des Walzwerkes in Tonnen für die Stunde bezw. pro 10 stündigen Arbeitstag?
4. Form des fertigen Walzgutes (Stangen, Draht, Blech)?
5. Art der anzutreibenden Walze?
    Vor- oder Feinwalze?
    Wird die Walze reversiert?
6. Umdrehungszahl i. d. Min. der anzutreibenden Walze?
7. Durchmesser und Kalibrierung der Einzelwalzen (Geschwindigkeit des Walzgutes)?
8. Anzahl der Kaliber?
9. Sind ähnliche Walzenstrassen bereits mit Dampfmaschinen angetrieben (direkt oder Seilbetrieb)?
10. Wie gross ist die Leistung der letzteren? (ev. Cylinderdurchmesser und Hub, Anfangs-Ueberdruck, Zahl der Cylinder und Umdrehungszahl).
11. Wie schwankt der Kraftbedarf während einer Arbeitsperiode?
12. Wie lange dauert eine totale Periode?
13. Wie lange dauert die ev. Pause zwischen zwei Perioden?
14. Soll Motor mit der anzutreibenden Walze direkt gekuppelt werden, oder soll Seil- (bezw. Riemen-) betrieb zur Anwendung kommen?
15. Werden Vor- und Fertigstrasse vom gleichen Motor betrieben?
16. Wie gross ist der verfügbare Raum für den Elektromotor?
17. Soll derselbe bei Seilübertragung auf, über oder unter Flur gestellt werden?

Zeichnung, Situation der vorhandenen Strasse und der bezüglichen Dampfmaschine erwünscht.

Fragebogen No. XIII. Metall-Scheeren.

1. Beantwortung des Fragebogens No. I über die Primärstationen.
2. Was ist zu schneiden (Bleche, Blöcke etc.)?
3. Material (Kupfer, Eisen, Stahl etc.)?
4. Hauptdimension (Dicke bei Blechen, Querschnitt von Blöcken)?
5. Vom Messer auszuübender Druck in kg (Winkel zwischen Ober- und Untermesser, Scheerfestigkeit des Materials)?
6. Totaler Excenterhub in mm?
7. Wie wird Excenterhub ausgenützt (auf den wievielsten Teil der Umdrehung oder auf den wievielsten Teil des Hubes)?
8. Anzahl Umdrehungen (Doppelhübe) des Excenters i. d. Min.?
9. Anzahl der Schnitte i. d. Min. (beim stärksten zu schneidenden Material)?
10. Nutzeffekt der Scheere, gerechnet vom Messer bis zur Motorwelle?

Ferner ist eine Skizze der Scheere erwünscht.

Fragebogen XIV. Elektrische Lokomotiven.

1. Beantwortung des Fragebogens No. I über Primärstationen.
2. Dient die Lokomotive zum Rangieren oder zur Beförderung von Zügen?
3. Die Länge der zu befahrenden Strecke beträgt wieviel m?
4. Grösste mit voller Last zu überwindende Steigung und Länge derselben in m?

5. Kleinster Kurvenradius, in m?
6. Spurweite, in mm?
7. Die Lokomotive soll im Freien, in bedeckten Räumen, in Tunnels, in Gruben Dienste thun?
8. Was für Materialien sollen befördert werden?
9. Gewicht des ganzen auf einmal zu befördernden Zuges mit Ausschluss des Lokomotivengewichtes maximal in Tonnen, im Mittel in Tonnen?
10. Wie lange dauert der Lokomotivenbetrieb täglich in Stunden?
11. Wieviel Tonnen Nutzlast sind insgesamt an einem Tage zu befördern?
12. Das Gewicht eines leeren Wagens beträgt wieviel kg?
13. Der Zug besteht aus höchstens wieviel Wagen?
14. Grösste zulässige Höhe der elektrischen Lokomotive, in mm?
    Grösste zulässige Breite, in mm?
    Grösste zulässige Länge, gemessen über den Buffern, in mm?
15. Art der Stromzuführung.
    Oberleitung mit Schienenrückleitung?
    Hin- und Rückleitung oberirdisch?
    Akkumulatoren?
    Gemischter Betrieb?
16. Für Akkumulatorenbetrieb; welche Lasten, d. h. wieviel Züge mit wieviel beladenen bezw. leeren Wagen soll die Lokomotive mit einer Akkumulatorenladung befördern?
17. Für die Ladung der Akkumulatoren stehen zur Verfügung wieviel Zeit in Stunden, welche Spannung in Volt, welche Stromstärke in Amp.?

Für die Bearbeitung des Projektes sind ferner folgende Zeichnungen erwünscht: Lageplan, Höhenplan, Schienenprofil, kleinstes Durchfahrtsprofil.

38. Elektrotechnische Masseinheiten.

Volt: Die Einheit der Spannung, d. h. des Druckes, unter welchem der elektrische Strom den Leiter durchfliesst, heisst das Volt (V.).

Ampere: Das Mass für die Stromstärke ist das Ampere (Amp.). 1 Amp. ist die Stärke desjenigen Stromes, welcher mit der Spannung 1 V. einen Leiter vom Widerstande 1 Ω durchfliesst.

Ohm: Die Einheit des Widerstandes, welchen ein Leiter dem Durchgang des Stromes entgegensetzt, heisst das Ohm (Ω). 1 Ω ist gleich dem Widerstande einer Quecksilbersäule von 1,063 m Länge und 1 qmm Querschnitt bei 0° Celsius.

Watt: Die Leistung (Energie) eines elektrischen Stromes von 1 Amp. bei 1 Volt Spannung ($= 1$ Amp. $\times$ 1 Volt in der Zeiteinheit) heisst das Volt-Ampere oder Watt. 1 Kilowatt gleich 1000 Watt. 736 Watt $= 1$ Pferdestärke.

Wattstunde: Die Arbeit (Effekt), geleistet von dem Strom 1 Amp. bei 1 V. Spannung in 1 Stunde heisst Volt-Ampere-Stunde oder Wattstunde 1 Kilowattstunde $=$ 1000 Wattstunden.

Coulomb: Die Elektricitätsmenge, welche von der Stromstärke 1 Amp. in einer Sekunde befördert wird, heisst 1 Coulomb.

39. Alphabetisches Sachregister.

	Seite
Abteufpumpen	314
Akkumulatoren	36, 161
Akkumulatoren-Lokomotive	332
Ampere	22, 378
Anker	14
Ankerlichtmaschine	319
Ankerreaktion	31
Ankerrückwirkung	31
Ankerwindung	15
Anlass-Schleifringanker	193
Anlassvorrichtungen für Gleichstrom	170
Anlassvorrichtungen für Drehstrom	188
Anlasswiderstände, Flüssigkeits-	173, 196
Anlasswiderstände für Drehstrom	195
Anlasswiderstände für selbstthätig regulierende Pumpen (Gleichstrom)	238
Anlasswiderstände, Metall- für Gleichstrom	171
Anlasswiderstände, Umkehr-	176, 197
Antrieb der Dynamomaschinen	122
Anzugskraft der Elektromotoren	43, 189
Aschheissmaschinen	319
Asynchrone-Drehstrommotoren	79

	Seite
Asynchron-Zweimaschinen-Umformer	201
Aufbäummaschinen	281
Aufbereitungsanlagen	311
Aufzüge	239, 369
Ausgleichsleitung bei Drehstrom	55
Bahnen	331
Bandkupplung, elastische	214, 354
Bandsägen	275
Belasten einer Drehstromdynamo	139
Beleuchtung	121, 360
Bergbau	308
Bergungsdampfer	325
Beschneidemaschinen	292
Bleichereien	284
Bleikabel	38
Bohrmaschinen	263
Bohrmaschinen, Radial-	267
Bohrmaschinen, Schnell-	263
Bohrmaschinen, transportabel	264
Bohrmaschinen, Vertikale	264
Boote, Akkumulatoren-, elektrische	324
Bremslüftungs-Elektromagnete	260
Brodfräsen für Zuckerfabriken	299
Buchdruckereien	290
Bürsten	18

	Seite
Butterfässer	302
Butterkneter	302
Cementfabriken	306
Centrale	23, 121
Centrifugen	295, 372
Chamottemühlen	306
Cirkulationspumpen	319
Compoundmaschinen	27
Cos S	57, 88
Coulomb	378
Dampfdynamos für Gleichstrom	36
Dampf, Kraftübertragung mittels desselben	101, 113
Dämpfung bei Parallelbetrieb	155
Decoupiersägen	275
Direkte Kupplung	93, 123, 213
Doppel-Zellenschalter	163
Drehbänke	268
Drehkrane	252, 371
Drehkrane, Portal-	252
Drehrichtung bei Drehstrommotoren	196
Drehrichtung bei Gleichstrommotoren	44
Drehscheiben	261, 371
Drehstrom	18
Drehstromdynamos:	
Modell DM und LDM	61, 62, 347
Modell GDM	61, 64
Modell GSD	61, 64, 349
Modell HDM	348
Modell KDM	61, 64
Modell KSD	61, 64, 349
Modell NDM	61, 64, 348
Modell NSD	61, 64, 349
Drehstrom-Dynamomaschinen	52
Drehstromdynamos, Einfluss der Phasenverschiebung bei denselben	129

	Seite
Drehstromdynamos mit Zugstangen-Versteifung	71
Drehstromdynamos, Parallelschaltung derselben	129
Drehstrom-Gleichstrom-Umformer	199
Drehstrom, Kraftübertragung mittels desselben	179
Drehstrommotoren	78
Drehstrommotoren, asynchron	78
Drehstrommotoren, synchron	78
Drehstrommotoren:	
Modell HD	85, 352
Modell KD u. LKD	84, 351
Drehstrommotor für Einzelantrieb	213
Drehstrom-Parallelbetrieb	158
Drehstrom-Transformator	183, 353a
Dreieck-Schaltung	53
Dreileitersystem	39
Dreschmaschinen	302
Drosselung	74
Druckluft	111
Druckluft, Kraftübertragung mittels derselben	101
Druckwasser	112
Druckwasser, Kraftübertragung mittels desselben	101
Dynamomaschine	21
Dynamomaschinen, Antrieb derselben	122
Dynamomaschinen-Primärstation	121
Einfach-Zellenschalter	163
Einfluss der Phasenverschiebung bei Drehstromdynamos	129

Einmaschinen-Umformer	200
Einmotorkrane	244
Einwirkung des Stromes einer Wechselstromdynamo auf ihr eigenes Feld	134
Einzelantrieb	98, 209
Einzelantrieb mit Drehstrommotor	213
Einzelbetrieb	209
Eismaschinen	323, 330
Elastische Bandkupplungen	214, 354
Elektricität. Erzeugung derselben	14
Elektricität, Kraftübertragung mittels derselben	101
Elektrische Akkumulatoren-Boote	324
Elektrische Leitung	21
Elektrische Leitung bei Drehstrom	72
Elektrische Leitung bei Gleichstrom	36
Elektrischer Stromkreis	22
Elektrische und mechanische Uebertragungen, Vergleich zwischen diesen	93
Elektromagnet, Bremslüftungs-	261
Elektromotor	22, 367
Elektromotorische Kraft	15
Elevatoren	243
Energie	378
Entladen von Akkumulatoren	161
Entlasten einer Drehstromdynamo	139
Erregerspulen	14
Erregerstrom	35
Erregung der Drehstromdynamos	68
Erzeugung der Elektricität	14

Fabrikbahnen	331
Färbereien	284
Feinscheeren	317
Feldmagnete	14
Feld, magnetisches	15, 28
Feuerlöschpumpen	323
Flüssigkeits-Anlasswiderstände für Drehstrom	196
Flüssigkeits-Anlasswiderstände für Gleichstrom	173
Formsand-Mischmaschinen	271
Fördermaschinen	314, 373
Fragebogen	365
Fräsmaschinen	268
Fräsmaschinen, Universal-	276
Frequenz	18
Friktionsantrieb	95, 220
Friktionsantrieb von Schnellpressen	291
Gasmaschinen, Hochofen-	66, 309
Geschlossene Schaltung	53
Geschützschwenkvorrichtungen	323
Geschwindigkeits-Aenderung eines Nebenschluss-Elektromotors	169
Gesteinsbohrmaschinen	314
Getreidequetsche	302
Gichtaufzüge	317
Gichtverschlüsse	317
Giesserei-Maschinen	271
Gleichstrom	19
Gleichstrom-Dampfdynamo	35
Gleichstrom-Dynamomaschinen	27
Gleichstromdynamos, Parallelschaltung derselben	123
Gleichstrom-Gleichstrom-Umformer	206
Gleichstrom, Kraftübertragung mittels desselben	166

	Seite
Gleichstrommaschinen	
Modell EF	35, 346
„ EG	32, 339
„ F	35, 346
„ SG	33, 343
„ PG	45, 342
„ PM	298, 338
Gleichstrommotoren	43
Grobscheeren	317
Grubenbahnen	314, 331
Grubenventilatoren	311
Gruppenbetrieb	208
Häckselschneidemaschine	301
Haspel für Bergwerke	314
Hauptbahnen	335
Hauptspannung	55
Hauptstrom-Dynamomaschine, Kraftbedarf derselben	51
Hauptstrom-Dynamomaschine, Wirkungsgrad derselben	47
Hauptstrom-Elektromotor	51
Hauptstrom-Elektromotor, Wirkungsgrad desselben	47
Hauptstrommaschinen	27
Hauptstrommotoren	44, 166
Heftmaschinen	292
Heissmaschinen für Asche	319
Hilfssteuerapparat	319
Hintereinander-Schaltung	24
Hobelmaschinen	268, 276
Hochofen-Gasmaschinen	66, 310
Hochspannungs-Anlagen	181
Hochspannungs-Anlagen, Vorschriften dafür	43
Holzbearbeitungsmaschinen	273
Holzdrehbänke	276
Hüttenwerke	317
Hüttenwesen	308
Hydraulische Mangeln	284

	Seite
Induktionsfreie Widerstände	74
Induktiver Spannungsabfall	74
Induktor der Drehstromdynamos	66
Intermittierende Betriebe	98
Intermittierender Kranbetrieb	250
Kalander	284
Kapazität von Akkumulatoren-Batterien	165
Kettenscheer-Maschinen	281
Kilowatt	22, 378
Knetmaschinen	329
Knippsmaschinen	298
Kohlenaufzug	239
Kohlen-Transportbänder	243
Kohlenwinden	319
Kokereien	311
Kolbenpumpen	233
Kolbenpumpen, Wand-	234
Kommutator	19, 82
Kompressoren, Luft-	233
Korrektionsstrom, Watt-	142
Korrektionsströme, Wattlose	138, 143
Kraft, elektromotorische	15
Kraft, synchronisierende	143
Kraftbedarf einer Hauptstrom-Dynamomaschine	51
Kraftbedarf einer Nebenschluss-Dynamomaschine	51
Kraftlinien, magnetische	15, 28
Kraftübertragung	13, 21
Kraftübertragung, Lauffen-Frankfurt	180
Kraftübertragung mit Drehstrom	179
Kraftübertragung mit Gleichstrom	166

	Seite
Kraftübertragung mittels Dampfes	101
Kraftübertragung mittels Druckluft	101
Kraftübertragung mittels Druckwassers	101
Kraftübertragung mittels Elektricität	101
Kraftverteilung	22
Kran-Nennleistung	250
Kranbetrieb, intermittierender	250
Krane, Einmotor-	244
Krane, Mehrmotoren-	248
Krane, Steuerschalter hierfür	259
Krane, Wagen-	257
Krane, Winkel-	257
Kreiselpumpen	230
Kreissäge, Metall-	271
Kreissägen	275
Kupplung, direkte	93, 213
Kurzschlussanker	82
Kurzschlussmotor	82, 189
Laden von Akkumulatoren	161
Landwirtschaftliche Maschinen	301
Lauffen-Frankfurt, Kraftübertragung	180
Laufkrane	244, 370
Legemaschinen	284
Leistung, Einheit der	378
Leistung der Drehstrom-Dynamomaschine	56
Leistung einer Haupstromdynamo	51
Leistung einer Nebenschlussdynamo	51
Leistung eines Hauptstrom-Elektromotors	51
Leistung eines Nebenschluss-Elektromotors	51
Leistungsfaktor	57, 89

	Seite
Leitung, elektrische bei Drehstrom	72, 179
Leitung, elektrische bei Gleichstrom	36
Lenzpumpen	323
Lichtbetrieb	121
Lokomotiven	331, 376
Lösepfannen	298
Luftkompressoren	233, 314
Luftkompressoren der Torpedoarmierung	323
Magnetausschalter	173
Magneterregung der Drehstromdynamos	68
Magnetinduktor der Drehstromdynamos	66
Magnetisches Feld	15, 28
Magnetische Kraftlinien	15
Magnetismus, remanenter	36
Magnetregulator	70
Maischen	298
Mangeln, hydraulische	284
Maschinen für Schiffe	318
Maschinen, landwirtschaftliche	301
Maschinenstation	23
Mechanische und elektrische Uebertragungen, Vergleich zwischen diesen	93
Meerwasser-Destillierapparat	323
Mehrmotorenkrane	248
Messtransformatoren	160
Metall-Anlasswiderstände für Drehstrom	195
Metall-Anlasswiderstände für Gleichstrom	171
Metall-Kreissägen	271
Milchseparatoren	303
Milchvorwärmer	302
Mischmaschinen, Formsand-	27

	Seite
Mittelspannungs-Anlagen, Vorschriften dafür	43
Motoren-Anlagen, reine	38
Motorenstation	23
Muffenkupplung	93
Munitionswinden	323
Nacheilender Strom	136
Nebeneinander-Schaltung	24
Nebenschluss-Dynamomaschinen, Kraftbedarf derselben	51
Nebenschluss-Dynamomaschinen, Wirkungsgrad derselben	46
Nebenschluss-Elektromotoren, Leistung derselben	51
Nebenschluss-Elektromotoren, Wirkungsgrad derselben	46
Nebenschlussmaschinen	27
Nebenschlussmaschinen, Parallelschalten derselben	124
Nebenschlussmotoren	44, 168
Nebenschluss-Regulator	28, 31
Neutrale Achse	30
Oberirdische Leitung	38
Oelkuchenbrecher	302
Oeltransformatoren	187
Offene Schaltung	53
Ohm	378
Ohmsches Gesetz	42
Parallelbetrieb, Drehstrom	158
Parallel-Schaltung	24, 26
Parallelschaltung von Drehstromdynamos	129
Parallelschaltung von Compounddynamos	127
Parallelschaltung von Gleichstromdynamos	123

	Seite
Parallelschaltung von Nebenschlussdynamos	124
Periode	18, 60
Personenaufzug	241
Pfeilräder	95
Pferdestärke	378
Phase	56
Phase, Uebereinstimmung derselben	130
Phasenlampen	132, 159
Phasenspannung	55
Phasenvergleicher	160
Phasenverschiebung	57, 129
Phasenverschiebung, Einfluss derselben bei Drehstromdynamos	129
Phasenverschiebungs-Winkel	57
Phasen-Voltmeter	132, 159
Plandrehbänke	269
Poliermotor	293
Polzahl bei Drehstromdynamos	60
Polzahl bei Drehstrommotoren	86
Portal-Drehkrane	252
Prägepressen	292
Preise, annähernde über Primärstationen	355, 359
Preise, annähernde über Fernleitungen	362
Pressen für Torfmoor-Briketts	306
Primärstation	22, 365
Primärstation für Dynamomaschinen	121
Pumpen	230, 369
Pumpe, selbstthätig regulierende	237
Pumpe, Riedler-Express-	235
Querschnitt der elektrischen Leitung, Drehstrom	73, 179

	Seite
Querschnitt der elektrischen Leitung, Gleichstrom	42
Querschnitt von Fernleitungen	362
Radial-Bohrmaschinen	267
Rädervorgelege	218
Rammen	326
Regulier-Schleifringanker	193
Reihen-Schaltung	24
Reine Motoren-Anlagen	38
Remanenter Magnetismus	36
Richtpressen	317
Riedler-Express-Pumpen	235
Riemen	94, 218
Riemenbetrieb	122
Riemenschwinge	218
Riemenvorgelege	219
Ringanker	20
Rollgänge	317
Rückenrundpressen	292
Rückstrom bei elektrischem Betrieb	106
Rührwerke	298
Sackwäschen	298
Sackwinden	298
Schärfmaschinen für Sägeblätter	276
Scheeren, Metall-	317, 376
Scheibenkupplung	93
Scheinbare Watt	58
Schiebebühnen	261, 371
Schiffe, Maschinen hierfür	318
Schiffskrane	319
Schiffsmodelle, Wagen zum Ziehen derselben	325
Schiffswinden	319
Schlammpumpen	306
Schleifringanker	83, 191
Schleifringanker, Anlass-	193
Schleifringanker, Regulier-	193
Schleifringe	18
Schleuderrad-Ventilatoren	228

	Seite
Schlüpfung	86
Schneckenbetrieb	95
Schneckenrad-Uebersetzung	95, 216
Schnellbahnen	336
Schnellbohrmaschinen	263
Schnellpressen	290
Schraubenrad-Ventilatoren	225
Schrotmühlen	301
Schwelgas-Maschinen	311
Seilbetrieb	122
Sekundärstation	23
Selbstinduktion	75
Selbstthätig regulierende Pumpen	237
Sellerskupplung	93
Separationen	311
Serienmaschinen	27
Serien-Schaltung	24
Sicherheitsvorschriften des Verbandes Deutscher Elektrotechniker	43
Sicherungen	43
Spannung	22
Spannungsabfall	32
Spannungsabfall einer Leitung	38
Spannungsteiler	40
Spannungsverlust einer Leitung	38
Spannwerk der Drehstromdynamo-Gehäuse	72
Spezifischer Leitungswiderstand	42
Spinnereimaschinen	287
Starkstrom-Anlagen, Vorschriften dafür	43
Stern-Schaltung	53
Steuerapparat	319
Steuerschalter für Krane	259
Stirnradübersetzung	94
Strassenbahnen	331
Streckenförderungen	314
Strom, nacheilender	136

	Seite
Strom, voreilender	136
Strom, wattloser	60
Stromkreis, elektrischer	22
Stromrichtung	15
Stromstärke	22
Stromwandler	160
Stufenanker	83, 193
Synchrone Drehstrommotoren	78
Synchronosierende Kraft	143
Synchron-Zweimaschinen-Umformer	202
Torfmoor-Briketts, Pressen hierfür	306
Transformatoren	182
Transformator, Drehstrom-	183, 353a
Transformator, Wechselstrom-	182, 353
Transformatoren, Wirkungsgrad derselben	185
Transmissionen	96
Transportable Bohrmaschinen	264
Transportable Werkzeuge	266
Transportbänder für Kohlen	243
Transportschnecken	298
Trio-Walzenstrassen	317
Trommelanker	20
Uebereinstimmung der Phase	130
Umdrehungszahl der Drehstromdynamos	60
Umdrehungszahl der Drehstrommotoren	85
Umformer, Drehstrom-Gleichstrom-	199
Umformer, Einmaschinen-	200
Umformer, Gleichstrom-Gleichstrom-	206
Umformer, Zweimaschinen-	200

	Seite
Umkehr-Anlasswiderstände für Drehstrom	197
Umkehr-Anlasswiderstände für Gleichstrom	176
Umspinnmaschinen	287
Ungleichförmigkeitsgrad	149
Universal-Fräsmaschinen	276
Unterirdische Wasserhaltungen	313, 372
Unterwindgebläse	319
Vakuumpumpen	298
Ventilatoren, Schleuderrad-	228, 368
Ventilatoren, Schraubenrad-	225, 368
Verband Deutscher Elektrotechniker	43
Verbundmaschinen	27
Vergleich zwischen elektrischen und mechanischen Uebertragungen	93
Verschlussvorrichtung für die Durchgänge durch wasserdichte Schotte	323
Verseilmaschinen	287
Vertikal-Bohrmaschinen	264
Vollbahnen	335
Vollbahn-Lokomotive	334
Volt	22, 378
Volt-Ampere	22, 378
Volt-Ampere-Stunde	378
Voltmeter, Phasen-	132
Voreilender Strom	136
Vorschriften des Verbandes Deutscher Elektrotechniker	43
Wagen zum Ziehen von Schiffsmodellen	325
Wagenkrane	257
Walzenstrassen	317, 375
Wand-Kolbenpumpen	234
Wäschereien	311

	Seite
Wasserhaltungen, unterirdische	313, 372
Watt	22, 378
Watt-Korrektionsstrom	142, 143
Wattloser Korrektionsstrom	138. 143
Wattloser Strom	60, 138
Watt, scheinbare	58
Wattstunde	378
Watt, wirkliche	58
Webereien	277
Webstühle	277
Webstuhlmotor	277
Wechsel	18, 60
Wechselstrom	18
Wechselstrom-Transformatoren	182, 353
Wechselzahl	60, 129
Werkzeuge, transportabel	266
Wickelmaschinen	284
Widerstand	22
Widerstand der Leitung	42
Widerstand, induktionsfreier	74
Winden für Bergwerke	314
Windungen des Ankers	15
Winkelkrane	257
Wirkliche Watt	58
Wirkungsgrad der Drehstrommotoren	88
Wirkungsgrad der Transformatoren	185
Wirkungsgrad einer Compoundmaschine	51
Wirkungsgrad einer Drehstromdynamo	87
Wirkungsgrad einer Hauptstrom-Dynamomaschine	47
Wirkungsgrad einer Nebenschluss-Dynamomaschine	46
Wirkungsgrad eines Drehstrommotors	88
Wirkungsgrad eines Hauptstrom-Elektromotors	47
Wirkungsgrad eines Nebenschluss-Elektromotors	46
Wirkungsgrad elektrischer Gleichstrom-Maschinen	45
Zahnrad-Uebersetzung	94, 216
Zellenschalter, Doppel-	163
Zellenschalter, Einfach-	163
Zeugdruckmaschinen	284
Ziegeleien	306
Ziegelaufzüge	306
Ziegelpressen	306
Zuckerbrecher	298
Zuckerfabriken	295
Zuckerraffinerien	298
Zugkraft der Elektromotoren	43
Zusatzdynamo	163, 206
Zweimaschinen-Umformer	200

Druck von Otto Elsner, Berlin S. 42.

MIX
Papier aus verantwortungsvollen Quellen
Paper from responsible sources
FSC® C105338

If you have any concerns about our products,
you can contact us on
ProductSafety@springernature.com

In case Publisher is established outside the EU,
the EU authorized representative is:
Springer Nature Customer Service Center GmbH
Europaplatz 3, 69115 Heidelberg, Germany

Printed by Libri Plureos GmbH
in Hamburg, Germany